博客：http://blog.sina.com.cn/bjwpcpsy
微博：http://weibo.com/wpcpsy

A Systematic Approach to the Psychoanalytic Treatment of Narcissistic Personality Disorders

一种系统化处理自恋人格障碍的精神分析治疗

The Analysis Of the Self
自体的分析

［美］海因茨·科胡特（Heinz Kohut）著

刘慧卿　林明雄　译
吴和鸣　曾银川　审校

世界图书出版公司
北京·广州·上海·西安

图书在版编目（CIP）数据

自体的分析：一种系统化处理自恋人格障碍的精神分析治疗/（美）科胡特（Kohut，H.）著；刘慧卿，林明雄译. —北京：世界图书出版有限公司北京分公司，（2024.3重印）
书名原文：The Analysis of the Self: A Systematic Approach to the Psychoanalytic Treatment of Narcissistic Personality Disorders
ISBN 978-7-5100-5038-1

Ⅰ.①自… Ⅱ.①科… ②刘… ③林… Ⅲ.①精神分析—研究—心理学 Ⅳ.①B841

中国版本图书馆CIP数据核字（2012）第186254号

The Analysis of the Self © 2009 Heinz Kohut
Originally published by University of Chicago Press, 2009
Simplified Chinese edition © 2012 Beijing World Publishing Corporation
All rights reserved.

书　　名	自体的分析：一种系统化处理自恋人格障碍的精神分析治疗 ZITI DE FENXI
著　　者	［美］海因茨·科胡特
译　　者	刘慧卿　林明雄
责任编辑	张瑶瑶
出版发行	世界图书出版有限公司北京分公司
地　　址	北京市东城区朝内大街137号
邮　　编	100010
电　　话	010-64038355（发行）　64033507（总编室）
网　　址	http://www.wpcbj.com.cn
邮　　箱	wpcbjst@vip.163.com
销　　售	新华书店
印　　刷	河北鑫彩博图印刷有限公司
开　　本	787mm×1092mm　1/16
印　　张	18.5
字　　数	246千字
版　　次	2012年9月第1版
印　　次	2024年3月第10次印刷
版权登记	01-2011-5401
国际书号	ISBN 978-7-5100-5038-1
定　　价	52.00元

版权所有　翻印必究
（如发现印装质量问题，请与本公司联系调换）

推荐者序

《自体的分析》，是精神分析的自体心理学派创始人科胡特（Kohut）在1971年第一次系统地对自体心理学做出最初描述的作品，同时他也为当时已经过度理性的精神分析拾回了共情的人性能力。这部作品也是自体心理学发展旅程的开始。

科胡特在本书中延续了弗洛伊德对自恋障碍的探索，还提出了发展的治疗新模型。科胡特所提及的自恋障碍，并不是仅仅指美国精神障碍诊断标准（DSM-Ⅳ）所定义的自恋型人格障碍，而是自恋神经症下属的各种心理障碍。在弗洛伊德看来，自恋神经症是相对移情神经症而建立的一系列症状群。因此作为发展者的科胡特所定义的自恋障碍，是以弗洛伊德所定义的自恋神经症为蓝本的，具体分成自恋行为障碍和自恋人格障碍，包括多种性倒错、一些中轻度的人格障碍、各类自恋人格障碍、抑郁类疾病、暂发的精神病性妄想、工作生活动力缺乏等系列心理症状群，但并不包括弗洛伊德早期曾将之归类到自恋神经症的精神妄想型精神分裂。所以，《自体的分析》不仅仅是一本介绍治疗自恋人格障碍的作品，而是一本有关如何治疗各种与自恋相关的心理障碍的作品。重申这个问题，主要是因为我近十年来在中国各地所进行的自体心理学教学中，发现有的老师，甚至某些国外精神分析家在教学时，会把科胡特定义的自恋障碍误解成自恋人格障碍。这引起了对自体心理学的严重误读。

在有关自体障碍的治疗模型中，《自体的分析》发展两种自恋移情的模型，即基于理想化父母双亲影像的理想化移情与基于夸大自体的镜映移情。这是共情的理念再次在精神分析中得到舒张。科胡特在基于理想化父母双亲影像的理想化移情临床现象中指出，来访者在分析过程中会下意识地将因理想化受挫对父母双亲理想化影像投射到分析师身上，将分析家投射为一位或高学位、或具有优秀智力、或极富人格魅力的人物等现象，过去的分析家有可能将之理解为一种阻抗而给予面质或分析解释，但这种情况往往会导致分析的失败。科胡特强调，在此时，分析师如果能够放弃容纳这种投射，并且尝试共情这种现象，那在此后的分析中，经由恰好的挫折，来访者会渐渐认识到分析师的非理想性，然后经由此过程，来访者将能内化这一理想化的影像为自体的部分，获得生活理想的目标。

  而在基于夸大自体的镜映移情，科胡特描述了三种移情的分类，即狭义的镜映移情、密友移情（也译作另我移情、孪生移情等）、融合移情。镜映移情是临床中来访者希求分析师对来访者自我的理解；密友移情则是表现为来访者将分析师当成另一个自己的伙伴，与其分享共同的喜爱或技能；融合移情则是来访者要求分析师随时能深度地理解共情自我的情感或需要。科胡特认为在这些临床现象中治疗不应该过度节制，而应该理解来访者诸如此类的现象是由于过去受损而停滞发展的夸大自体在分析过程中被重新启动而导致。分析师如果能够包容且理解这些过程，并对来访者做出共情的、同频的回应，那来访者这些停滞的自体将能够渐渐恢复活力，而在之后的临床分析过程中由分析师那些无意的、非创伤性的恰好的挫折和转变的内化作用，渐渐矫正来访者的自体适应性，获得自我安抚的心理结构。

  科胡特在临床上强调，分析师在分析过程中，由对来访者的主体的深度共情（神入），而成为来访者自体客体经验的提供者，但在对来访者提供温暖容纳的环境的同时，又能提供恰好的挫折及转变的内化作用，为来访者创造了自体发展和适应社会的良机，最后使其获得人格的痊愈和成熟发展。这构成了经典自体心理学治疗的辩证模型，共情与恰好的挫折的并用。这也回应了一些对自体心理学只有共情而不敢于处理来访者愤怒的错误理解。其实对自恋和情感的矫正性过程，也是自体心理学的治疗核心之一。这正如科胡特在论文中所强调的养育的辩证性，"没有敌意的坚决，没有诱惑的深情"。

《自体的分析》是科胡特在精神分析的学术生涯广受赞誉的一本书，包括安娜·弗洛伊德等这样的经典精神分析的权威学者。它立足于经典精神分析的自我心理学的大地，将自体心理学的雏形形式作为一种补充技术装置到经典精神分析传统中。此书出版后，科胡特就被查出淋巴癌，而他的母亲也几乎差不多在同时去世。这无疑对他来说是一系列重大打击。他之后放弃了几乎所有学术组织的工作，但并没有垮掉，而是除了自己接受正常的淋巴癌治疗外，还同时更加专心致志地接待精神分析来访者以及思考自体心理学的重要命题。自体心理学的故事其实远远没有结束。在1971年，这个让科胡特高兴而又悲伤的年份，自体心理学才刚刚开始成形，一直积累到1978年时，科胡特出版了革命性的著作《自体的重建》，确立了自体心理学独立的发展。作为一个独立的心理学学派，自体心理学创立了。

自体心理学，现在已经是北美和澳洲精神分析的主角之一。从刚开始许多精神分析家的不接纳到之后的认同和赞赏，这有一个演变的过程。2000年左右，中国大陆开始有人渐渐阅读和接触自体心理学。近年来随着精神分析在中国的发展，自体心理学的爱好者正在快速增多。正逢龙年此时，《自体的分析》这本精神分析里程碑式的著作在中国大陆顺利出版，具有重要的专业发展意义，也是一件吉祥的事。

徐钧

2012年，龙年正月初一

审校者序

镜子与开光

一个治疗片断

在写《自体的分析》的推荐序时,想先摘录2012年6月12日治疗中的一个片断。

J,男,23岁,大学生,共进行每周一次的访谈五年。

(以下"W"代表我。)

J:看了拉康,他提到弗洛伊德的Fort-da,那是典型的自欺欺人,像幻觉。我把妈妈推开,我拉妈妈回来。母亲抽离之后留下的坑洞,用游戏填充。

这周还是有强迫症状,学校又让填一个表,填完发送后仍然在嘀咕:确定完成了?是否有遗漏?是否有不妥之处?先设定存在,然后否认,先确定,然后质疑,不断地在重复的质疑中体验强迫的快感、分离的焦虑感,也同时由此获得主动性、掌控感。

症状真是一个通道。打通,找到对应,原来我们以为是性,后来发现并不尽然。因此就有许多错位。

W:症状确实是一个金矿。

J:你很重要,你的引导很有帮助。

W:我只是"引"与"跟"一下。

J：你能有空间，给我留空间，我就走过来，否则，你妄动，我就被牵连了，贴着你。没有空间，粘在一起，没有回旋余地，窒息。

W：有点温尼科特"过渡空间"的意思。

J：嗯。说的话都是骗人的，你觉得呢？治疗师只需要开启。你如果不动，我就能成功地分离。

W：刚才我想到镜子。镜子做到位，玄览，心居玄冥之处，览知万物。你说的开启，就像老子说的涤除玄览，把镜子擦拭干净。

J：自己内心有镜子，才投射到你身上，内心的镜子是经验生成的，取材于经验，之后是确认、印证。

W：我又想到照镜子，很有意思，如庄子的用心若镜，不将不迎。

J：有时照出性，有时照出分离。碎片变成完整的镜子。

W：我在想，在强迫时，不确认事实，如填表之后的纠结，往往发生在你一个人的时候吗？你一个人在那里反复地想。

J：有人在，可以说出来，就像一种积累，就像往银行存钱。也并不完全是没人在，是没有心理上亲近的人。我突然明白了：犯了一个错误，我自己已经承认了是事实，比如与母亲分离，被她抛弃，我已经承认了，但母亲不承认，如果母亲和我都承认了，就合起来了，事情就过去了。

W：说出来，是在要求承担。亲近的人，是了解的人，愿意承担的人。

J：症状就是呐喊。

W：症状就是证词。

J：保留强迫症状，就是保留证据，否则就会有人逍遥法外。母亲认罪之后，该找个什么样的母亲？寻找母亲时，有强大的能量。

W：找不到时，会有挫败感。

J：不，现在不一样了，找不到时，回归到自己，非常平静。

W：或者，此时，处处是母亲，我曾写过一句话，"赤脚走在一地碎片上……每个碎片都闪耀着太阳的光芒。"

J：那些碎片一直在等待着一面镜子。

W：我想到了"开光"。开光之后，那些物品就有所不同了，感觉好像那些内在的碎片在某个瞬间开光了。

J：保留强迫症状的意图，是想去改变历史、想去扭转局面，就是不肯承认历史。所以，创伤不等于事实，发生了的是事实，当在把事实当创伤时，就是不肯接受事实……

这是真实的治疗情景，所以无法准确、系统地套用自体心理学理论去解读，然而又自觉其中渗透了浓厚的自体心理学的气息。文章必须搁置在此，好像才是一篇完整的序，作为我理解的自体心理学才有了一块立足的基石。

几个自体心理学的概念

在科胡特最重要的三部著作中，《自体的分析》被认为是过渡性的，也因而比较晦涩难读。阅读时让人迷失在概念的丛林，一边是古典精神分析的驱力，一边是通向即将到来的未来的自体客体。然而，在此丛林中，闪烁的阳光在丛林之外，穿透层层叠叠的枝叶，传递着时间的消息，照亮遍地的概念化石。

在整个精神分析思想史上，概念不断地从异己走向本己，从负性变成中性、正性，借助概念的变迁，我们愈来愈多地、更深地认得自身，亲近自我。如对阻抗、移情不再如临大敌，反而欣喜于这心灵智慧了不起的努力，迎接、聆听并接受心灵在曲曲折折表达中隐含的无限启示。而在这样的精神分析运动中，科胡特最具解放思想、实事求是的精神魅力。我们可以在科胡特温暖的镜映中，点石成金，把冰凉的概念化石变为闪耀的金矿。

首先是现象的概念。本书中，科胡特在与诸多病理现象，如精神病（psychosis）、边缘状态（boderline state）及移情神经症（transference neuroses）的比较之中，明晰自恋疾患（narcissistic disorders）的特点。

在较严重退行的情况下，自恋疾患会出现类似精神病或边缘性人格障碍的症状，鉴别的要点在于科胡特所说的心理资产（psychological assets），即尽管自体不稳定，但自恋疾患者有相对稳定的内在客体，并能够被动员、活化（mobilization），以自恋移情的形式表现出来。而相对于自恋疾患来说，移情神经症的客体是分化良好的。这里出现了一对概念，退行与活化，它们在一定程度上表示了心灵运动的方向，是并存的后退与前行。同时在以上的比较中，可以看到在本书中重要的分析维度：内在与外在，由这两个维度，可以串联起一系列自体心理学的概念。

其一，内在决定和影响着外在。在科胡特看来，内在的型构（configuration）或结构（structure）是自恋，包括夸大自体与理想化的双亲影像，两者是古老的自恋型构（archaic narcissistic configurations）。夸大自体说"我是完美的"，表现为全知全能的夸大幻想（grandiose fantasy），渴望无限的能力及自己的存在被看见、被赞美的表现癖自恋（exhibitionistic narcissism）。理想化的双亲影像则说"你是完美的，而我是你的一部分"，因此致力于与全知全能者的结合，从而获得完美的感受。

其二，内在来源于外在。科胡特假设自恋的经验来自婴儿的极乐状态（blissful state）。在遭遇现实的局限使之进入失乐园之后，儿童便以上述夸大自体及理想化双亲影像弥补丧失，重返伊甸园。又经由恰当的挫折，将之一点一点逐渐内化，心灵就如此在得而复失和失而复得中愈益丰富、稳定。

在更早期的论著中，科胡特曾写道："孩子需要母亲眼中反映的光辉来维持自恋力比多（narcissistic libidinal）的充满……"（Kohut, 1966），相反，如果目光暗淡必然神伤，母亲疏离、冰凉的目光，将把一个孩子遗弃在空寥的宇宙之中，使其永远找不到回家的归途。

由父母之神入（empathy）、由儿童之转变内化作用（transmuting internalization），有了，是真有。有了，就有了过滤刺激的屏障，调节张力、安抚情绪的缓冲器。如果没有，就没有。内在的缺失，必然"晒"之于外在。所以就有物质依赖，各种成瘾行为，只能以此饮鸩止渴；或者性欲化，靠娱乐且虐待身体以安顿一颗破碎的心；或者无休无止地追寻强势外在客体的认可与奴役……

最后，是有关治疗的概念。自体心理学的理论是复杂的，而治疗却是相对简单，只是做到这种简单却非常困难。科胡特说，治疗师并不需要多做什么，正是有所不为，不妄动，不去干扰个案，疾病特有的退行会自然发生。当自恋移情已经建立，通过与理想化自体客体结合（union）而获得自恋平衡，而又由于分析师与个案之间自然发生的诸多干扰事件，如度假、更改预约时间等，结合破裂了，此时修通（working through）才会开始启动。这些可被处理的破裂在言说和描述之后，接着就是对理想化自体客体自恋投注（cathexes）的撤回，啐啄同时，经由转变内化作用而形成内在心理结构。

三个朋友

科胡特说，一个人是由理想所前导，而为雄心所推动。这有两个清晰的位置，一前一后。在后期，科胡特实际上添加了第三个位置，或左或右，同行、陪伴的位置，即与技能相关的第三极。

每个位置上有一个人。当1978年科胡特去掉"自体—客体"（self-objects）中的连字符，变成"自体客体"（selfobject）时，更加明确了在个体内在，存在于自体与客体之间的一个区域或实在。它是所有僵化反应的源头，承载了无数创伤，同时，它也提供了不断更新的可能，它既封闭又开放，心灵由此稳步向前。

我们终身都在寻找三个朋友，一个在前，一个在后，一个在左右，换个说法，我们都在这三个位置互相滋养。这是我对科胡特自体客体的研究狭隘的理解。

L，我的另一个个案兴奋地向我提议，用设问"你是如何学会驾驶的"来做心理评估，这是他一个了不起的发现。他说驾驶是探索性的行为，面临着许多不确定的局面。在L学习驾驶的过程中，他极度恐惧于后边跟着的车辆，一方面看着前边，在小心地驾驶，一方面提心吊胆且惶惶不安地提防后边的司机跳起来骂他：你是怎么开车的？你会不会开车！与此同时，他还高度紧张于陪练的目光、叹气及训斥……最后，他干脆不用陪练，一个人跌跌撞撞从武昌开到汉口，从汉口开到武昌。他说，这就是他的人生，恐惧如影随形。其他人帮不了忙，谁也指望不上，反而是随时随地威胁、恐吓，他只好在绝望中独行。L肯定地说每个人学驾的过程，绝对反映了他的心理状态。L说，如果前边有一辆车我可以跟着，他已经历了许多，他帮我开辟着道路；如果后边的司机和蔼地说，"没事，别急，你干得不错，我顶你"；如果陪练真正陪着，微笑着……哦，如果真是如此，那将是不可思议的美好人生。

科胡特会说，你会拥有这样的朋友，同时拥有自己。

吴和鸣

2012年7月

自 序

自恋这个主题，也可以说是自体的灌注（力比多）[①]（Hartmann），是个非常宽泛而重要的话题，因为它不容置疑地指出了人类心灵的一半内容（另一半当然指的是客体）。因而，要对自恋的问题做一个完整的描述，这个工程之浩大，可能会远超过任何单一贡献者的知识与技巧的范围。

然而，甚至比上述巨大任务更关键的是，一个完整的呈现意味着这么一个事实：这个领域或多或少已被解决，或者对这领域的调查似乎至少已达瓶颈。换句话说，教科书式的取向，是特别适于某个时间点。在那个时间点，这个特定领域里的一系列重要进展已经完成，而这些重要进展现在需要一个更独立的评估和整合。它以一种通盘回顾的形式，整合最新的知识，最终以一种平衡的方式来呈现。当前关于自恋的论题本质的情形并非如此。

在精神分析后设心理学里，一个看似简单但却具有开拓性和决定性的进展，是"自体"的概念由自我的概念里分离出来（Hartmann）；获得并维持"同一性"的兴趣，与此同时，面临着这部分（前）意识的心智内容被暴露的危险（Erikson）；一个独立的精神生物的存在从原始的母子融合的模型中逐渐结晶出来（Mahler）；以及近年来在精神分析上产生的一些复杂的临床理论（Jacobson）和临床（A. Reich）的贡献——

[①] 原文词汇为"cathexe"，专有词汇，指把力比多注入某处。

所有的这些工作证实了精神分析师对这个新的主题开始逐渐感兴趣,从过去大量的材料趋向对客体世界研究的背景下,转向自我意象发展和动态变迁,或者说,更多的表述与自我的认知过程核心状态相一致,而不是与本我背景下的驱力(客体的表象)相一致。

  当接近自恋的理论问题时,会遇到这样一个困难:现在比过去更容易混淆自体灌注(力比多)和自我功能的灌注(力比多)——人们经常假定客体关系的存在而忽略了自恋。与之相反,在本书后面的篇幅中会继续强调,某些最强烈的自恋体验是与客体相关的;也就是,这些客体或者被用于服务自体和维持自体的本能投资,或者本身被体验为自体的一部分。我将称后者为自体—客体(self-objects)。

  本书一开始将澄清一些基本概念——自体、自我、超我和本我的概念,以及人格与认同的概念,它们是在不同层次上形成的抽象概念。自我、本我和超我隶属于"精神组织"这个抽象概念。这也是精神分析里的特定的、高级的(亦即远离体验)的概念。"人格"这个词与"认同"这个词一样,虽然被广泛使用,但并非是土生土长的精神分析词汇;它源于不同的理论架构,这种理论架构源于对社会行为的观察,以及一个人在同他人的互动过程中对自己(前)意识体验的描述,而不是源于深度心理学的观察。

  然而,"自体"浮现于精神分析的情境里,作为心智结构的一个内容,是在较低层次(亦即贴近体验的、精神动力学性质的抽象概念)的模型中提出的一个概念。因而,它不是一个心智的功能,它是心灵的结构,因为(a)它被本能的能量所灌注,以及(b)它有时间上的连续性,也就是说,它是持久的。而且,作为一个精神结构,自体也有精神上的地位。更确切地说,不同的——且经常会不一致的——自体表象不只呈现于本我、自我和超我里,也存在于心灵的单一代理者里。例如,可能存在着矛盾的意识和前意识的自体表象——例如,夸大与低劣——

并肩而坐，或者占据了自我领域内的限定区域，或者是本我与自我形成的连续体的精神领域的区段位置。因此，类似于客体的表象，自体是心智结构的一个内容，但不是其构成部分之一，也就是说，不是心灵的代理者。

这样的理论澄清，给本书的原则主题提供了一种架构，本书企图整合两个目标：深入地描述一组在自恋的一般领域里特定的正常与不正常的现象，以及了解与这些现象生来就相关的特定发展阶段。

尽管本专著的研究领域很宽广，但也只形成了部分对自恋的研究。这个研究特别集中于自恋人格分析中力比多力量（libidinal forces）的作用；关于攻击角色的讨论，将会另外阐述。另外，本书是发表于1959、1963（与Seitz）、1966、1968年的一系列研究的延续与扩展。个案材料及由之而来的结论，以及这些文章中所包含的概念，已通过授权书得以在本书中自由使用。这个专题完成了对构成自恋力比多方面的完整研究，而这些在早期论文里已开始了。

致 谢

一名分析师在呈现出他的心理学观点,并期望其被视为有效、有深度的心理学观点时,必须首先感谢他的那些个案(来访者),分析师受益于个案的合作,并从中逐渐增强了对自体的理解。其次,分析师受惠于他(或她)的学生。对一个要和较年轻的同事分享新想法与发现的老师而言,学生们的讨论与提出的问题都是无价的启发。基于对每种情况的不同考虑,显然我会对这两群协助者致以谢意,且不提他们的名字。

对于其他一些人,可以直接表达我的感激。我应格外地对安娜·弗洛伊德(Anna Freud)表示感谢,她读过这个研究的一个早期版本。她提的问题在许多重要方向上激发了我的灵感。我特别感激Marianne Kris医师不断支持我从事的研究。我也感谢如下的一群同事,他们对我陆续的手稿版本提供了反馈意见:Michael F. Basch、Ruth S. Eissler、John E. Gedo、Arnold Goldberg、George H. Klumpner、Paul H. Ornstein、Paul H. Tolpin和Janice Norton等。此外,Charles Kligerman医师更决定性地帮助我为本书命名。

我由衷地感谢在我这里咨询过的同事和我所督导的候选人的协助。他们的个案材料拓展了报告的实证基础,因而对我而言是有效的。在这方面,我要感谢David Marcus、Janice Norton、Anna Ornstein和Paul H. Ornstein等医师。

我要感谢《美国精神分析协会杂志》(*Journal of the American Psychoanalytic Association*)、《国际精神分析杂志》(*International*

Journal of Psychoanalysis），和《儿童精神分析研究杂志》（*The Psychoanalytic Study of the Child*）的编辑们允许我使用最初刊登于其出版物里的材料。

本书的最终手稿准备工作，是Regina Lieb与Lillian Bigler不辞辛劳地打字，且在（a）Charlotte Rosenbaum基金对学生心智健康临床中心和芝加哥大学精神医学系的支持和（b）芝加哥精神分析机构的研究基金的经济资助下完成的。

最后，我想感谢Lottie M. Newman，她协助我将手稿准备出版。在改善本书的形式与内容上，她给了很好的建议，这让我一直努力找寻最好的方式，以尽可能清楚地传达我的想法。对我而言，我们的合作是最让人愉悦的体验。

推荐者序
审校者序
自序
致谢

第一章　导论 ··· 001

第一部分　全能客体的治疗式激活

第二章　理想化移情 ·· 031
第三章　以临床实例来说明理想化的移情 ··················· 047
第四章　理想化移情的临床与治疗层面 ······················ 060
　　　　理想化移情与成熟形态的理想化的区别 ········ 060
　　　　理想化移情的变异 ··· 063
　　　　修通过程和理想化移情中其他临床问题 ········ 069

第二部分　夸大自体的治疗式激活

第五章　镜像移情的类型：根据发展的分类 083
　　通过扩展夸大自体的融合 090
　　另我移情或孪生 091
　　狭义的镜像移情 091
　　临床实例 099

第六章　镜像移情的类型：基于动力性起源的分类 105
　　原发镜像移情 106
　　夸大自体反应式的激活 107
　　次发镜像移情 108

第七章　镜像移情的治疗过程 113
　　自恋移情中的见诸行动治疗行动
　　　主义（therapeutic activism）的问题 122
　　关于激活的夸大自体的修通过程的目标 132
　　分析师在分析镜像移情中的功能 137
　　镜像移情作为修通过程工具的重要意义 149
　　在精神分析中带来治疗进展的机制的一般性陈述 153

第三部分　在自恋移情里的临床与技术问题

第八章　关于自恋移情的一般性陈述 159
　　理论上的考虑 159
　　临床上的考虑 172

		创伤状态 ·································	179
第九章		自恋移情的临床描绘 ························	187
第十章		分析师对理想化移情的某些反应 ··············	203
第十一章		分析师对镜像移情的某些反应 ················	211
第十二章		自恋型人格分析中的一些治疗转化 ············	230
		客体爱的提升与扩展 ························	230
		在自恋领域内的进展与整合的发展 ············	231
		神入（共情） ·····························	233
		创造力 ··································	239
		幽默与智慧 ······························	251

案例索引 ·· 255

参考文献 ·· 257

出版后记 ·· 271

第一章 导论

本书主要的内容是研究在自恋型人格（narcissistic personalities）的精神分析中，出现的某些特定移情（transference）或类似移情的现象，以及分析师对这些现象的反应，包括其反移情（countertransference）。本书的主要焦点不会放在精神分裂症和抑郁症上，因为有为数不少感兴趣并具有专长的分析师已经在此领域进行了探讨；甚至焦点也不会放在那些较轻微的或变相的（disguised form）精神障碍上，这类的精神病常被称为边缘状态（borderline states）。主要的焦点，将放在那些与之相关的、较不严重的特定人格困扰①，对这些人格困扰的治疗，在当前的精神分析实务中，占有相当的比例。毫无疑问，要在这种人格困扰与其它看似相关的较严重疾患之间画一条界线，并非易事。

---

① 本书提到的不同个案中，只有一位（G 个案）是精神病患。其余个案都是颇为活跃、社会适应相当良好、功能也很不错的人士，然而他们的人格困扰却多或少严重干扰了其工作与生产能力，也干扰了其幸福快乐与内在的平和。

在这类个案的精神分析过程中，有时会有暂时的退行摆荡（regressive swings），这时出现的某些症状，乍看之下，会令那些不熟悉严重自恋人格困扰的精神分析者认为，这些症状就足以被标定为精神病。然而奇怪的是，无论分析师或个案都不会对这些暂时的退行体验维持太大的警觉，即使如果单独来看这些体验的内容（例如妄想性猜疑；或妄想性身体感觉和自身感知的剧烈转变），确实有理由让人担心个案已经与现实严重脱节。但整体状况仍然是令人放心的，尤其因为导致该次退行的事件，通常可以被辨识出来，而且个案不久就学会当发生退行时，要去寻找移情的困扰（例如被分析师拒绝而受挫）。一旦分析师熟悉了这位个案——尤其只要他观察到某种形式的自恋移情（narcissistic transference）已经自动发生——他通常便能相当有信心地下结论：个案主要的困扰并非精神病，而且即使在以后的分析过程中又发生那种严重但暂时的退行现象时，他仍会坚信他的结论。

如何区分可分析的自恋人格困扰与精神病及边缘状态呢？个案的行为、症状或分析的过程中，有没有什么可辨识的特征，使被分析者和分析师在面对分析的过程中，即使明显出现某些看似不祥预兆的症状，某些显然有危险的退行摆荡，仍有相当程度安心的感觉？其实此刻我不太愿意讨论这些问题，不只是因为我相信随着理论的了解与临床的描述被整合到读者心中的同时，本书的整体内容将会逐步澄清有关鉴别诊断的课题；更重要的原因，是我看待精神病理的取向是深度心理学（depth-psychology）导向的，而深度心理学并不主张依照传统的医学模式看待临床现象，亦即不主张把临床现象看作疾病实体或病理的症候群，只基于行为上的准则即加以诊断和鉴别。然而为了说明，我现在要以动力—结构的（dynamic-structural）及起源学的（genetic）名词，对这类可分析个案的病理精髓预先做个摘要，同时概述在对这些人的人格困扰有了元心理学①的理解后,他们的抱怨该如何解释。

这些个案发生特定困扰的领域是在自体(self)以及那些以自恋力比多(narcissistic libido)灌注的古典客体(archaic object),即自体—客体(self-objects)。之所以称为古典客体,是因为这些客体仍与古典自体(archaic self)紧密地连结在一起(亦即,这些古典客体并未如一般客体一样,被体验为与自体是分离而独立的)。尽管这些个案的主要精神病理的固着点,是在精神发展时间轴中相当早的部分,我们还是不能只强调这些个案精神组织中的缺陷,同时也要强调其带来的资产②。

在缺陷方面我们可以说,这些个案仍固着在古典的夸大自体构造(archaic grandiose self configuration),或固着在古典的、过度刺激的、灌注(力比多)以自恋力比多的客体(narcissistically cathected object),或两者兼具。这些古典结构未曾被整合入人格中的其它部分,这导致两个主要的结果:(a)成人的人格及其成熟的功能都被削弱,因为它们得不到那些投资于古典结构的能量;(b)由于古典结构及其古典要求的突破与侵入,这些成人、这些个案的现实生活受到妨碍。换言之,将自恋力比多投资于那些古典构造,在某些层面上其致病作用,类似于古典移情神经官能症(transference neuroses),也就是本能地投资在潜意识的、被压抑的乱伦客体的情形。

虽然这类个案的精神病理颇为困扰,重要的是,还要了解他们

---

① 元心理学(Metapsychology):希腊语种,meta 指"超越"的意思,此处元心理学指的是对心理学的哲学研究,是一种系统性尝试发现和描述心理学现象和规律的学科。

② 重要且必须强调的是,精神病理的本质未必与疾病的严重程度有关。有些严重到令人失能的临床状况〔例如达到精神病程度的歇斯底里迷游状态(hysterical fugue)〕,是由于婴儿化客体灌注(力比多)(infantile object cathexes)的巨大侵入,淹没了现实自我(reality ego)而造成的;另一方面,有些属于自我的特定部分的短暂功能失调〔例如,某些失误(parapraxes)〕却是自恋灌注(力比多)的结果。关于此种自恋失误的显著例子,参见 Kohut(1970a)。

有些特定的资产,使他们有别于精神病和边缘状态。不同于后两种疾患的个案,自恋人格困扰的个案基本上已获致一个统整的自体(cohesive self),并且已建构完成统整的、理想化的古典客体。其次,不同于在精神病与边缘状态普遍见到的状况,古典自体或灌注(力比多)以自恋力比多的古典客体产生不可逆的解体(irreversible disintegration)的可能性,对这些个案并不构成严重的威胁。由于已获致这些统整而稳定的精神结构,这些个案能够建立特定的、稳定的自恋移情,这使得古典结构得以在治疗中重新激活(reactivation),却不致有继续退行至解体(fragmentation)的危险:因此他们是可分析的。在此可附带一提,看到某种稳定的自恋移情自发地发生,那就是最佳、最可靠的诊断征候,一方面可与精神病及边缘状态鉴别,另一方面也可与普通的移情神经官能症区分。换言之,评估一次分析(trial analysis),相比于详细检查行为表现与症状所得的结论,更具诊断与预后的价值。

以下这两则典型的梦,也许可以让我们对自恋人格困扰分析中的自恋移情的本质先有个了解,尤其我们会注意到,在移情中被调动(mobilized)了的特定精神病理,并未令个案感到有精神病解组的威胁。

第一个梦:个案身在一具火箭里,在离地表很远的高度上绕着地球运转。尽管如此,他并没有失控而被抛入太空中(精神病)的危险,因为在他运转轨道的中心,地球(灌注(力比多)以自恋力比多的分析师,亦即自恋移情)有一股看不见却强而有力的拉力在保护着他。

第二个梦:个案在玩荡秋千,前后摆荡,愈来愈高——然而却绝对不会有摔出去,或秋千失控翻绕一圈的危险。

有两位个案几乎完全一致地梦到第一个梦,但本书其它部分不会再提到他们。第二个梦则是 F 小姐梦到的,当时她正对分析工作中调动起来的、强烈的古典表现癖(exhibitionism)的刺激而感到焦虑。对前两位个案，当治疗中古典的夸大幻想（grandiose fantasies）被调动起来时，自恋移情保护他们免于永久丧失自体（即精神分裂症）的潜在危险。至于后面那位小姐的情形，当古典的表现癖力比多在分析中被调动起来，因而自我（ego）受到过度刺激〔即变成（轻）躁状态〕的潜在危险时，自恋移情则保护个案免于这种过度刺激的危险。在这三个案例的梦中，对分析师的移情一律都被描绘成非人的关系（重力这非人的拉力；个案与秋千中心的连结）——这点有力说明了这种关系的自恋本质。

虽然自恋人格困扰的根本精神病理与精神病有相当的差异，但研究前者还是有助于我们了解后者。我们若去仔细探求自体与自体—客体的特定、治疗控制下的、有限的、趋向解体的摆荡，以及详审在自恋人格困扰的分析过程中不算罕见的、相关的近似精神病（quasi-psychotic）现象，这便提供了一条了解精神病的特别有希望的管道——就好像深度而详尽地检查少数恶性或近似恶性细胞在有机体健康组织中的反应，也可能成果丰硕，而非只有专注于那些即将死于癌细胞转移的个案，才算是在研究癌症的问题。因此，虽然本书并非关注于精神病及边缘状态，但我从处理那些可分析的疾患所得到的对这些严重精神病理的一些观点，现在还是要做些说明。

正如自恋人格困扰的情形，精神病不应只以追溯其退行的角度来检视（或许甚至不应以此为主），即从（a）客体爱，经由（b）自恋，到（c）自体性欲的解体（autoerotic fragmentation）及（d）次发的（妄想式的）重建现实感。反而，如果沿着另一条有点不同的路径去追溯退行，以检视精神病的精神病理将会格外有收获——合乎"自恋有其独立的发展路线"的假设，此即沿着以下几个中间站：（a）较高级形态的自恋的崩溃；（b）退行至古典的自恋情势（positions）；（c）古典自恋状态的崩溃（包括被自恋地灌注（力比多）的古典客体的丧失）；（d）以明显精神病的形态,古典自体及古典自恋客体次发的(代偿的)复苏①。

在自恋人格困扰的分析中,前述最后一个阶段只会短暂地遇到;但那些稍纵即逝的现象,却让我们得以观察到隐藏在精神病牢不可破的病态情势后面的细节。例如,如果我们将统整的古典自恋构造:夸大自体(grandiose self)与理想化的双亲影像(idealized parent imago),与以下两者比较,将会特别有益:(a)当它们朝着解体移动时,其随退行而变更的形态,及(b)当或多或少较明显的精神病发生时,它们的代偿对应物(restitutive counterparts)。

例如,个案有时会体验到身体、心灵,及身体和心智功能有过度灌注(力比多)(hypercathected)但失去联系的碎片;当暂时的治疗式退行发生在统整地灌注(力比多)的夸大自体,及发生在理想化的双亲影像时,我们可以观察到这些体验的细节。这些体验的细节也许无法在精神病的类似退行中观察到,因为精神病个案的沟通能力有严重困扰,其自体观察(self-observation)的能力不是降低就是相当扭曲的。然而,通过发生在自恋人格困扰的分析中轻微退行的摆荡,我们得以接近这些退行变形的许多细腻之处。我们可以仔细端详,较为悠闲地研究身体感受(body sensation)及自体知觉(self perception)的各种困扰、语言的变质、思想的具体化(concretization)、原本综合运作的思考过程的分裂,以及观察自我(observing ego)对自恋构造的暂时解体产生的反应(参见第四章之图2,以综览在这些疾患的分析中发生的摆荡)。尤其有收获的是,去比较相对较健康的古典自恋构造(夸大自体;理想化的双亲影像),和古典自恋构造在精神病状态下的对应物:(夸大妄想;"有影响力的机器")(Tausk, 1919)。

---

① 精神病的元心理学的最近研究,参见 Arlow 和 Brenner(1964)。不同于此处的理论,这些作者相信,只要我们将精神病个案的症状与行为困扰解释为其冲突与防御的延伸,亦即,基本上放在移情神经官能症的元心理学中来理解,精神病(因此,同时也暗示自恋人格困扰)可以被充分地阐明。

一边是精神病和边缘状态，与另一边可分析的自恋人格困扰之间，具决定性的区别特征如下：(a)前者倾向于长期放弃统整的自恋结构，而以妄想取代之(以逃避无可忍受的解体状态及古典自恋客体的失落)；(b)后者仅呈现轻微而暂时的摆荡，通常朝向部分解体，最多只会出现少许稍纵即逝的代偿妄想。我们若要对精神病及自恋人格困扰做理论上的了解，有几个方向的研究是很有价值的。首先，后者的精神能够维系相对健康古典的夸大性质，而前者则是冰冷傲慢、达精神病程度的夸大妄想，我们可以去研究两者的异同。其次我们也可以用相同的方式去比较：在自恋人格困扰个案所形成的移情中，会呈现一个被自恋灌注(力比多)的、全知全能、被赞叹与理想化、情绪支撑的双亲影像，这算是相对上健康的；至于精神病，则呈现一个威力无穷的自体加害者与操控者，即有影响力的机器，其全知全能已变成冷淡、不共情、非人类的邪魔。最后一点也是很重要的，如果我们在检视精神病患的病前人格时，是从其较高级形态的自恋的脆弱性的观点着眼(而不单是从他对爱的客体的成熟关系的脆弱性着眼)，将会大为有助于对精神病与边缘状态的了解，例如，那便能够解释以下这两种典型特征：(a)引起退行动作开始的前导事件(precipitating events)，经常发生在自恋伤害而非客体爱(object love)的范围；(b)即使在某些严重的精神病里，客体爱仍可能未受困扰，但绝不会没有自恋方面的极度困扰。

以下图表是一个初步的纲要，意图说明两种主要自恋构造的发展步骤，以及它们在(a)自恋型人格障碍，及(b)(精神分裂—妄想的)精神病与边缘状态中的对应物，亦即这些构造在退行的变形过程中的中间站。

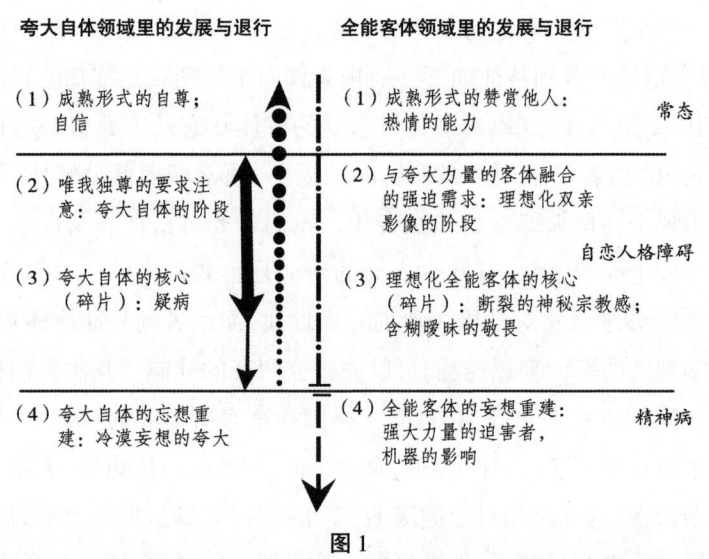

图1

实线箭头表示自恋构造在自恋型人格障碍的精神分析治疗过程中的摆荡（见第四章的图2）；点状线的箭头表示在这些疾患的分析里治愈过程的方向。点线互换至长箭头中断前的线表示往精神病的方向仍属可逆的深度；中断的部分指出退行达精神病的深度，在此，精神病的退行已不可逆。

在精神病和自恋型人格障碍中，退化的精神结构、个案对这些结构的感知，以及他与这些结构的关系，都有可能会变得性欲化（sexualized）。在精神病中，性欲化不仅涉及古典夸大自体及理想化的双亲影像，因这些结构在被摧毁之前，还曾被稍纵即逝地灌注（力比多）过（自体性欲的解体），同时也涉及代偿建立这些结构的妄想性复制品，即构成明显精神病的那些内容。精神病中的性欲化最早是由弗洛伊德（1911）所述，并且用元心理学①加以阐明。在自恋人格困扰的分析中，各种形态的自恋移情的性欲化也并不罕见。比较这两种情况

---

① 元心理学（Metapsychology）：希腊语种，meta 指"超越"的意思，此处元心理学指的是对心理学的哲学研究，是一种系统性尝试发现和描述心理学现象和规律的学科。

的性欲化会是很有趣的。自恋移情的性欲化版本会发生在两种情形：(a)分析早期，通常是治疗前原本就存在的性错乱（perverse）倾向的直接延续〔此处特别值得参阅第三章 A 先生的案例，对理想化的双亲影像，以及夸大自体的另我（alter-ego）或者孪生变异（twinship variant）的性欲化有广泛的讨论〕；或（b）在自恋型人格障碍分析的终止期恶化中稍纵即逝地出现（见第七章）。

　　此处并不适合完整地回顾形成精神病中幻觉与妄想的精神分析理论。然而，在我们目前所用的思考架构中必须强调的是，幻觉与妄想是在夸大自体及理想化的双亲影像解组以后才建立起来的。在精神病中，这些结构被摧毁，但其断裂的碎片被次发地重组成为妄想（见 Tausk, 1919; Ophuijsen, 1920），然后由精神中剩余的整合功能加以合理化。在自恋型人格障碍的分析中，若发生最严重的退行摆荡，结果是我们有时会遭遇像是精神病的妄想和幻觉的现象。例如，当 E 先生在治疗早期面临一次即将到来的与分析师的分离，在这样的压力下，一时之间他觉得他的脸变成了母亲的脸。然而，和精神病不同，这些幻觉与妄想不是个案为了逃避其身体—心灵—自体（body-mind-self）长期解体的不堪忍受的体验，而去建立一些稳定的病态结构，然后再由这些病态结构所经营出来的。它们是回应发生在治疗中的特定自恋移情的特定困扰，因而在自恋结构刚开始产生部分而暂时之崩溃的时刻，稍纵即逝地发生。

　　在造成发展停滞，或构成自恋人格困扰的核心的特定固着与退行倾向方面，特定环境因素（例如双亲的人格；某些创伤的外在事件）扮演了一定的角色，本研究稍后将会对这些角色做一评估。然而，此时若从起源学取向做个短评，也许有助于巩固某些概念基础，以便在精神病及边缘状态，与自恋人格困扰之间，做一区分。从起源学的观点，我们势必会假设：在精神病里，双亲的人格（以及许多其它的环境因素）合并遗传因素，共同阻挠了核心统整自体与核心理想化自体—客体在适当的时候形成。于是,到年龄较长时才建立起来的自恋结构必须被视为是中空的,因此是易碎而脆弱的。在这些条件下(即一个有精神病倾向的人格),自恋伤害(narcissistic injuries)可能会引发一次退行的动作,此一退行动作倾向于超过古典的自恋阶段(超过统整的夸大自体或统整的理想化双亲影像的古典形式),而走到(自体性欲)解体的阶段。

在此将插入两则对前述陈述的申论,即关于前精神病(prepsychotic)(或者说有精神病倾向的)人格的(a)动力影响,与(b)起源学的背景。前者的重要性主要在临床上,而后者则有较大的理论上的兴趣。

人格中的基本自恋结构的特定缺陷所导致的动力结果的第一个修正,是关于一种特别的防御形式,以抵御源自其核心缺陷的那种危险退行倾向,这种防御的通常结果是导致被称为类精神分裂人格(schizoid personality)的状况。这种防御组织(应该包含于边缘状态中),特别常见于那些具有发展出精神病的基本病理倾向的人格;然而,它并不会在可分析的自恋人格困扰个案身上见到。类精神分裂防御组织的来源,在于一个人不仅(前)意识地察觉到其自恋的脆弱性,同时也特定地察觉到,一次自恋伤害可能具有引发一场无可控制的退行的危险,而这场退行将会把他不可逆地拉超过核心、统整的自恋构造的阶段。这种人于是学会了让自己与别人疏远,以避免自己暴露于自恋伤害的这特定危险。

与前述的解释相反,也许有人会宣称:这种个体从人际亲近中退却,是由于他们没有能力去爱,而退却的动机来自他们坚信将会遭到不共情的、冷酷的或敌视的对待。然而,此一假设是不正确的。许多试图将自己与他人的牵涉减至最低的类精神分裂个案,其实有能力与人做有意义的接触,也并不会一律都怀疑别人对他有恶意。他们的疏远只是对其自恋的脆弱性与退行倾向正确评估的自然结果。基于这个理由,心理治疗师务必了解:这种人之所以会将他们相当程度的力比多资源集中在很少与人接触的职业或娱乐上(如美学领域的兴趣与工作,或抽象而理论性主题的研究),乃是基于他们对自己的资产与弱点的正确评估。因此治疗师不应该像一头公牛闯入一个有价值、或许富创造力的个人的精致的精神平衡的瓷器店中,而应将注意力集中于防御结构的不完美,和力比多在工作、兴趣、及人际关系方面的现有分配过程的瑕疵,以及个案的退行倾向的核心精神病理。关于最后一点,治疗的焦点起初应该是对个案在微小的自恋伤害时会有的轻微情绪退却,做小心谨慎而从容不迫的探究。然而,之后对相关起源脉络的重构,补充了对个案此时此地的脆弱性的探索,将给个案的自我进一步的帮助,以便在人格的这个重要区段(crucial sector)可以努力获得更好的掌控。

因此,就如我们将会简短讨论的,精神病的结构决定了治疗的策略,同样,一般而言,适合类精神分裂个案的治疗不是精神分析,而是一种精神分析取向的心理治疗。依我的意见,作为一种心理治疗,精神分析既不应以治疗师在治疗情境中应用精神分析的理论来界定,也不应以治疗师提供能增加个案掌控的洞识(insight)及解释来界定——即使包括了起源学的洞识及解释。虽然所有这些特征都是精神分析治疗的一部分,但有些其它的东西必须加入,才能产生其精髓本质:被分析者人格的致病核心在治疗情境中激活,而对分析师产生特定的移情,然后在修通的过程中逐渐化解,因而让个案的自我得以获致掌控此特定领域的能力。然而,如果移情的退行会导致自体严重的解体,亦即,退行到慢性的前自恋(prenarcissistic)阶段,在其中甚至连(自恋型人格障碍的精神分析中所特有的)与治疗师的自恋连结(narcissistic bond)都被摧毁了,那么这样的过程不应该让它开始。由于这种不幸发展的危险确实存在于类精神分裂人格的动机核心当中,此处适当的治疗不是精神分析本身,而是一种娴熟于精神分析,但不需要启动自体解体的退行的洞识治疗(这些治疗的问题在本章最后会从另一个不同的观点再讨论一次)。

接下来是对前面所提的动力—起源的命题的第二点阐述。就我们正在做的,对精神病与自恋型人格障碍的比较而言,此一阐述比去了解类精神分裂人格的疏离态度的功能,具有更特定的关联;在此我们关切的是,在常见于精神病的、自体解体的倾向中,以及于自恋人格困扰的,维系自体统整的倾向中,先天遗传因素所扮演的角色。当然,关于遗传因素的相对重要性,基于精神分析的体验,我们无法说出任何确定的话。但在我们重构了个案的早年环境,尤其包括也重构了其父母的精神病理之后,有时似乎会得到一个无可避免的结论:个案应该比他实际上的困扰更严重。换言之,这种例子中会让我们假设存在着某些先天的因素,尽管儿童在早期发展的决定性阶段曾暴露于灾难性的创伤底下,这些先天因素却维系了古典夸大自体及理想化的双亲影像的统整性。讨论至此,我们不由得会想起安娜.弗洛伊德与苏菲亚·丹(Sophie Dann)(1951)的那篇著名报告。研究中那些儿童实际的病理,比起根据其极端创伤性的早年体验(集中营)推估应该会有的严重病理,有着悬殊的差异。

在本书所提及的个案中,E先生也有类似的情形。若根据其创伤性的早年环境来判断,他似乎应该罹患更严重的困扰,但他实际上却只罹患可分析的人格障碍[①]。他曾经是个"保温箱的早产婴儿",与母亲分开达数月之久。他的母亲患有恶性高血压,在他被带回家后,她从未对这个孩子有过任何亲近的感情。他似乎从来不曾被任何人抱过,因为大家都认定他很脆弱。他也被他的父亲拒绝,从未成为家里的一分子。然而尽管情况如此凶险,这位个案的精神组织却未产生精神病,在分析中,其统整自体向着崩溃摆荡的情形只是暂时而可处理

---

① 本书所提及的每位个案在书中出现的章节,请参见"个案索引"。

的。例如,他似乎在生命早期就能够将他对触觉刺激的需求转换到视觉方面。至少,视觉刺激当时似乎足以支持一个自体的核心,让这个自体大致可以维系其统整,或在暂时解体之后,至少可以让自己迅速复原。

在此我想稍微谈一下罹患自恋方面的人格障碍个案呈现的症状学,尤其是有关(可分析的)自恋人格困扰与精神病和边缘状态的比较。自恋人格困扰有哪些症状表现,让分析师能够将它与精神病和边缘状态区别呢?前面曾提过我在这个领域的取向,大致上不同于传统医学的目的,即藉由一群反复发生的症状表现而认定一个疾病实体,并由此而做成一个临床诊断。但由于前面我已经先从元心理学的角度对基本的精神病理勾勒概要,因此本书所讨论的各种疾患的症状学不只是从其外在表现去看,同时也要就其重要性来检视。

自恋人格困扰个案的症状(精神病在某些时期以及某些类型的边缘状态亦然),常常是很难定义的,而且个案通常无法把焦点放在症状的基本层面,但他却能够辨识并描述次发的困扰(诸如工作效能不彰,或从事性错乱活动的倾向)。个案起初的抱怨会如此模糊不清,也许和其有困扰的结构(自体)与自我的自体观察(self-observing)功能所在的位置很靠近有关〔关于这点,参见弗洛伊德在 1912 年 7 月 4 日的书信中给宾斯万格(Binswanger)的意见(Binswanger, 1956, p. 44f.)〕,就如同眼睛观察不到它自己本身。

然而,尽管起初呈现的症状如此模糊不清,随着精神分析的进展,尤其是当任何一种形态的自恋移情发生时,最重要的症状特征通常能够看得愈来愈清楚。个案会描述隐微地体验到、却普遍存在的空虚与忧郁的感受。然而与精神病及边缘状态大不相同的是,一旦自恋移情建立起来,这些空虚与忧郁的感受就缓解了;但当与分析师的关系出现困扰时,这些感受又会变得强烈起来。至少有些时候,尤其是当自恋移情出现裂痕时,个案会试图让分析师知道,他觉得自己并不是完全真实的，或至少是觉得他的情绪变钝了；他也许会追加说他对工作没有热忱，而由于缺乏驱动力，他找一些例行的公事来维持自己走下去。这些抱怨以及他许多其它类似的不适，表示的是自我的枯竭（ego's depletion），因为自我必须保卫自己以抵抗古典夸大自体不切实际的要求，或抵抗对于一个能提高自尊之强大外力的强烈渴望，以及对自恋领域的其它形式的情绪支撑的渴望。

　　然而，与精神病及边缘状态的类似现象大不相同的是，此处这些症状并未稳固地建立。虽然在持续进行的分析架构中，我们可以轻易找到正确无误的证据支持个案症状是暂时性的，这样的证据也可以从个案在分析外及分析开始前的反应找到，也就是可以从仔细聚焦详审个案的过去史而找到。例如，原本普遍存在的疑病想法可能会突然消失无踪，而且（通常是由于接受到外界的称赞，或受惠于环境对他的兴趣）个案会觉得突然活了过来，突然很快乐，至少维持一阵子，觉得有驱动力，而且有一种深刻而活泼地参与了这个世界的感觉。然而，这些向上的摆荡通常是很短暂的。它们常会变成不舒服之兴奋的原因；它们引发焦虑，而很快随之而来的又是慢性的迟钝感与被动感，不论这些感觉是直接体验到，或隐匿在长时间的机械性活动后面。更进一步而言，通常不难（至少对分析师而言）辨识出其中存在很大的自恋脆弱性。除了前面提到的焦虑的兴奋外，这种自恋的脆弱性导致个案升高的乐趣很快就再度隐没，而增加的行动活力也无法维持长久。一个挫折、期待的赞许落空、环境对个案缺乏兴趣，诸如此类，很快就又让个案回到先前枯竭的状态。

　　前面我们概述了自恋人格困扰的精神病理，以及伴随这些疾患的基本精神病理的某些临床特征。我们描绘这个轮廓的方式，主要是借着比较自恋人格困扰与精神病及边缘状态，亦即，借着对比这两类精神疾患的精神病理，以及比较它们的临床表现①。

然而，我所关切的那些个案带给我们的诊断难题，不仅是对精神病而已，同时也关系着精神病理状态光谱的另一端：移情神经官能症。我们必须承认，因为临床情况的复杂性，最初往往不易决定某一特定个案是否该被视为落在自恋困扰的范围内。在古典移情神经官能症中可见到自恋特征；相反地，在自恋疾患中——无论是严重精神病或较轻的自恋人格困扰——也会见到显现移情神经官能症特征的特定机转。

混合形态的精神病理的错综复杂，以及其所导致的诊断分类上的问题，将会在后面讨论（例如第七章）。然而，在此必须强调，虽然临床上移情神经官能症与自恋困扰有许多共通的特征，但这两类精神疾患本质的致病结构，以及因此而呈现出来的重要症状表现，却是不同的。它们的差异可由以下的事实表达。

在不复杂的（uncomplicated）移情神经官能症个案，其精神病理主要并不是发生在自体，也不在古典自恋的自体—客体。核心的精神病理乃是在（乱伦的）力比多渴求及攻击渴求方面的结构的冲突，这些渴求是源自一个界限清楚而统整的自体，而指向基本上已经与自体完全

---

① 前此的讨论焦点主要是放在鉴别可分析的自恋人格困扰，与（不可分析的）精神分裂病类的精神病，尤其是隐藏式的精神病，即所谓「边缘型个案」。在此我们不会对可分析的自恋人格困扰与（不可分析的）躁郁症类的精神病做详细的鉴别比较，尽管在自恋人格困扰的精神分析中，有某些摆荡的确可以当作躁郁症的较轻微而稍纵即逝的复制品来看待及研究。但再说一次，正如在与精神病及边缘状态的比较中普遍的状况，个案维系一个自恋移情的能力乃是相关于以下事实：他的古典表现癖及夸大，大部分仍与其统整的夸大自体的整体结构整合在一起，而同样地，对被夸大的过渡自体—客体的古典全能感，大部分仍与统整的理想化双亲影像的整体结构整合在一起。于是，因治疗的移情的起伏变化而产生的，由轻躁症的兴奋到忧郁情感的摆荡只是暂时的，而先前的自恋平衡可以迅速重新建立。然而，在躁郁症的情形，那两种基本的自恋结构并未建立得足够稳固，因而在各种创伤的冲击下就容易溃散。然后它们变成无法摄受（contain）古典的灌注（力比多）：夸大自体的表现癖及夸大于是开始淹没自我（躁症），而理想化双亲影像全能的攻击则摧毁个案现实的自尊（忧郁）。

分化的儿童期客体①。另一方面,自恋人格困扰的主要精神病理则是关于自体与古典的自恋客体。这些自恋构造与自恋领域的精神病理的因果关系有以下两方面关联:(1)它们可能被灌注(力比多)得不足,以致易陷于暂时的解体;(2)即使它们被灌注(力比多)得足够或过度,因而保有其统整性,但它们并未与人格的其它部分整合,因而成熟的自体与成熟人格的其它层面无法享有充分或可靠的自恋投资。

在不复杂的移情神经官能症个案,当被禁止的(乱伦—俄狄浦斯的或前俄狄浦斯的)客体—本能渴求冲破防线,威胁到自我,自我对它所处的危险会产生焦虑的反应。自我所体验到的危险也许是遭受身体惩罚的威胁,或是情绪或身体的抛弃的威胁〔即阉割焦虑、或害怕失去客体的爱、或害怕失去客体(Freud, 1926)〕。另一方面,在自恋人格困扰,自我的焦虑主要是关系着它察觉到成熟自体的脆弱性;自我面对的危险若非关于自体的暂时解体,就是关于自我的领域被以下两者之一所侵入:古典形态的、结合主体的夸大;或古典的、被自恋地扩大的自体—客体。因此,不适的主要来源在于精神无法调节自尊并将它维持在正常的水平;而相关于此主要的心理缺陷,人格的特定(致病)体验,乃是存在于自恋领域中,而且落在一条光谱上。光谱的一端是焦虑的夸大与兴奋,另一端则是轻微的尴尬及害羞难为情,或严重的羞耻感、疑病症及忧郁。

除了前述特定的精神不适,那些主要精神病理在于自恋人格困扰领域的个案,似乎也会遭受害怕失去客体、害怕失去客体的爱,及阉割焦虑的威胁。我们可以进一步——并且有一定程度的正当性——这样说:虽然在移情神经官能症不适的首要来源是阉割焦虑,其次是害怕失去客体的爱,最后才是害怕失去客体(以发生的频率及重要性而言),但在自恋人格困扰的顺序是颠倒的;即害怕失去客体在频率及重

---

① 关于古典自体—客体(精神结构的一个前驱物)、精神结构,以及真实客体的区分,参见第二章。

要性上都排第一,而阉割焦虑则属最后。

这样的比较陈述虽然是对的,却不完整而太表浅。我们说在自恋疾患的主要体验是:(1)羞耻感,(2)失去客体的爱,(3)失去客体,而在移情神经官能症的主要体验是:(a)罪恶感,(b)阉割焦虑,这并非只是一种诊断上之所以不能进一步解释的心理指述,而是以下基本事实的直接结果:在自恋疾患的精神病理中扮演主要角色的自体—客体,并不等于在转移神经官能症中的客体。自恋人格困扰中的客体是古典的、自恋地灌注(力比多)的,以及前结构的(prestructural)(参见第二章)。因此,不论他们是威胁要惩罚、或撤回他们的爱、或让个案面临他们暂时的不在、或永久的消失——结果都是一种自恋的失衡或缺陷,因为个案早就以种种方式与他们交缠在一起,个案的自体统整性与自尊的维系①,以及对引导目标的理想能提供有报酬的关系的维系,都必须依赖他们的存在、他们的肯定赞同,或其它形式的自恋支撑。至于在移情神经官能症,类似的心理事件则导致害怕遭受一个灌注(力比多)以客体—本能能量的客体(即一个被体验为分离而独立的客体)的惩罚,或导致对于自己的爱不能得到回应的紧张,或导致可能将要孤单盼望一个不在的客体,诸如此类的结果——只会有次发的自尊低落。

前面这些考虑如何协助我们评估个案呈现的抱怨呢?换言之,我们起初要怎样建立一个精神分析的诊断,以便调整我们的精神分析策略(我们的诠释方向),以应对特定心理困扰的需要呢?我们要如何辨识某个个案的困扰是在自恋型人格障碍的领域,而非一般移情神经官能症的领域呢?

前述关于自恋型人格障碍与精神病及边缘状态如何区分的那种

---

① 不妨这样说,在某些例子里,造成个案自尊低落的并非失去客体的爱,而是失去客体的赞赏。

取向,同样也适用于此处:即区别主要应该是基于分析师对其中主要精神病理之元心理学的了解,而非基于表面的症状表现的检视。

当然,特定精神神经症的抑制(psychoneurotic inhibitions)及症状(恐惧症状、强迫思想、强迫行为、歇斯底里症状表现)的存在,可能指向移情神经官能症,而一些隐微模糊的症状,如隐隐的忧郁情感、工作方面缺乏热忱和驱动力、人际体验的麻木无趣、对自己的身体或心智状态感到不自在、多种性错乱倾向等症状,则会指向自恋困扰的范畴。然而,这些明显的症状并非可靠的指引。有时在缺乏驱动力或热忱的模糊症状背后,分析师过了一段时间以后会发现一个清楚而特定的禁抑或恐惧症状;更常见的情况是,虽然个案最初抱怨的是特定的禁抑、看来似乎界限清楚的焦虑,以及其它彷佛属于移情神经官能症的困扰,分析师后来却发现存在着广泛的自恋脆弱性、自尊或自尊调节上的特定缺陷,或在个案的理想系统上有广泛的困扰。

必须再次强调,对于"是否要以精神分析治疗一个个案"这个至为重要的诊断问题,自恋型人格障碍呈现的明显症状表现,并非解答的可靠指引。然而,有些自恋人格个案的精神病理确实表现为比较特定而精彩的症候群,因此在表达了我的警告后——以及再次强调了对此诊断问题的唯一可靠解答前——我将列举在这些个案身上见到的某些症候群。在这类例子中,个案可能会抱怨下述不适,以及呈现下述病理特征:(1)在性的方面:性错乱的幻想、缺乏性趣;(2)在社会方面:工作抑制、无法形成及维系有意义的关系、从事叛逆偏差的活动;(3)在显现其人格特征方面:缺乏幽默感、对他人的需求与感受缺乏共情的能力、缺乏均衡感、容易产生无法控制的暴怒、病态的撒谎;(4)在身心症方面:对身心健康有疑病的先入之见、各器官系统的生长困扰。

虽然这些抱怨与症候群,确实常发生在自恋人格困扰的个案,而且虽然基于对个案的这些抱怨的审视,有体验的分析师也许会强烈怀疑潜在的自恋型人格障碍,但决定性的诊断准则不应该立基于对呈现的症状或甚至生活史的评估,而应该立基于自动发展出来的移情的本质。由于本书完全是在探讨在自恋人格困扰的分析中被调动起来的特定移情(或类似移情的结构),前面的陈述直接带领我们进入此一探讨的核心。

然而,在此必须提出两个相关的问题。移情在自恋人格的精神分析治疗,真的有发展出来吗?如果真的有,这种移情的本质是什么?

要画定及检视自恋型人格障碍中的移情,会让我们碰到许多基本的理论性议题,这些议题超乎复杂临床状况所致的不确定。如果我们假定在自恋疾患中有移情存在,我们可以用下列问题的形式来摘述相关问题:什么是移情的概念?在对自恋结构及其于精神分析治疗中的调动做理论的综合论述时,使用移情的概念,是否与我们对移情神经官能症做类似综合论述时,使用这个概念同样适当呢?

根据弗洛伊德早期的、元心理学上精准的定义(1900),移情意味着被压抑的、婴儿化的、客体—力比多[①]冲动,与关于现在客体的(前)意识渴望的混合物。循此理论脉络,临床的移情可以理解为下述普遍机转的特定例子:被分析者对分析师的态度,会成为被压抑的、婴儿化的、客体导向欲求的携带者。这类移情(即定义为客体导向的被压抑的渴求,混合前意识的愿望及态度)会发生在自恋疾患(并且在治疗中被调动起来),但它们是发生于人格中并未参与特定自恋退行的部分。然而,在当前的情况下,对那些产生自恋退行或固着,而又表现出精神神经症特征的被分析者,我们关切的并非他们人格的那个部分,而是下列问题:(1)自恋结构本身(例如对自体的古典意象)发生的状态,是否至少在某种程度上相当于移情神经官能症中压抑的状态?(2)它们是否会与人格的前意识态度混合,类似存在于移情神经官能症中的

[①] 当然,当弗洛伊德在《梦的解析》第二章为移情做元心理学的定义时,他尚未综合论述自恋的概念,所以自恋本能的投资(narcissistic instinctual investments)当然也还未论及。

动力与结构状况？

到目前为止，我已指出了我们所遭遇问题的理论架构，现在我要先将综合论述移情概念的临床及理论意义时的各种错综复杂之处搁在一边①，转而对发生在自恋疾患并且在其精神分析中被调动起来的移情（或者有的人偏好说是类似移情的结构），做一个比较临床而体验导向的分类。我先简短地摘述这种分类，那是我最初在先前的一篇论文（1966a）中提出的。

原发性自恋（primary narcissism）的平衡，被母性照顾的无可避免的缺点所扰乱，但儿童会将原先的完美代之以（a）建立一个夸大而具表现癖的自体影像：夸大自体；以及（b）将原先的完美交付给一个受仰慕的、全能的（过渡的）自体—客体：理想化的双亲影像。

"夸大"及"表现癖"这两个术语泛指的是一群现象，从儿童唯我的世界观及他被夸奖时无所掩饰的愉悦，以及从偏执狂患者（paranoiac）重大的妄想及成年性错乱患者粗鄙的性行为，到成年人对自己的功能执行，及对自己的成就之最轻微、最目标抑制的（aim-inhibited），并且非色欲的（nonerotic）满足。自从弗洛伊德（1921）以"比较重要的意义上（a potiori），以及由于它们的起源"（p.91）②为由，而将所有的力比多驱力元素都称为性的（sexual）驱力，之后在精神分析中已有一种被广为接受的做法，即对一群或一系列在发展上、起源学上，及动力上有关联的现象，采用其中最显著或界限显现最清楚的名称，来当作这整群或整个系列的术语。必须承认，将各种不同的现

---

① 对这些问题的理论层面的讨论，参见 Kohut（1959）、Kohut 和 Seitz（1963）。关于这些理论考虑的临床应用的讨论，参见第九章，特别是 K 先生的案例。

② 不太容易界定当弗洛伊德在解释为何他将所有的力比多力量都称为性的力量时，a potiori 一词对他而言意味着什么。在 potiori 这个字所具有的许多意义中，前述脉络底下最适切的可能是"比较重要"之意。换言之，弗洛伊德所以将"性的"这个术语不仅用于生殖器性欲，还用于前生殖期的驱力元素（生殖器性欲的前驱物），是因为生殖器性欲是这群相关联现象中比较重要的（也是较为人所知的）。

象具有起源及动力上的单一性的事实,作为单一的命名与概念形成的基础,这样做并非毫无危险。例如,哈特曼(Hartmann,1960)曾对这方面的滥用提出警告,并将导致这种滥用的逻辑谬误称为"起源学的谬误"(p.93)①。但在另一方面,断言一群看似不同的现象具有深层起源学及精神动力上的单一性,因而将其包含在同一个术语之下,例如,以比较重要的意义的方式命名,在有些时候是极为重要的。如此一个"起源学的"术语,能够最有力地从我们心里唤起正确的意义。此外,它会调动内在与社会性的阻抗,而矛盾的是,这些阻抗必须(恰到好处地)牵涉在此概念领域中——尤其是在处理复杂心理状态的一门科学时。然而,唯有通过逐渐克服那恰到好处地调动起来的情绪阻抗,新观念的接受最终才能实现。

从现在开始,在本书中将使用"夸大自体"(grandiose self)一词〔而非先前使用的"自恋自体"(narcissistic self)〕来指称那个夸大及表现癖的结构,而它的对应物则是"理想化的双亲影像"(idealized parent imago)。一般而言,由于自体是被灌注(力比多)以自恋力比多的,因此"自恋自体"一词或许有理由被认为是套套逻辑(tautology)。然而,我对"夸大自体"一词的偏好却是由于它比"自恋自体"一词有更大的唤醒力量,我主要并非在理论的基础上放弃后者的使用。在我一般的看法中,自恋并非由本能投资的标的(即标的是在主体自己或他人)所定义,而是由本能负载的本质或性质所定义。例如,小儿童以自恋的灌注(力比多)投资于他人,于是他以自恋的方式体验他们,亦即将他们体验为自体—客体。于是,期待对此种(自体—客体)他人的控制,就比较近似成人期待对自己身体和心灵的控制的概念,而比较不像成人期待对他人的控制的概念。主体会不会有时对自己投资以客

---

① 参见 Langer(1957, p. 248),其中对"起源学的谬误"(genetic fallacy)此一术语及概念有绝佳的定义。

体—本能的灌注（力比多）——就如同在自伤行为中是投资以未中和的（unneutralized）攻击本能，或在精神分裂个案的自体疏远体验中是投资以客体—力比多的灌注（力比多）？此研究中将不会讨论这个问题。然而，在许多自体观察的行动中，主体以已中和的（neutralized）客体—力比多的注意力灌注（力比多）（object – libidinal attention cathexes），对主体做一定程度的投资，这当然是有的。

比术语问题更实质的，是关于主要自恋构造的发展及动力的地位问题。两个基本的自恋构造为了要用来保存一部分最初体验到的自恋完美的主要机转（"我是完美的"及"你是完美的，但我是你的一部分"），当然是正好相反的。① 然而，它们打从一开始就同时并存，而且它们个别且大都独立的发展路线可被分别细察。在最适宜的发展条件下，古典夸大自体的表现癖及夸大逐渐被驯服，而整个结构最终被整合入成人的人格中，并且供应本能的能源给我们自我同调的（ego-syntonic）企图心与目的、对自身活动的享受，以及自尊的重要层面。而在类似的有利情形下，理想化的双亲影像同样也被整合入成人的人格中。它被内射（introjected）为我们的理想化的超我，借着向我们提出它的理想引导，成为我们精神组织的一项重要组成（对此过程更确实的讨论，参见第二章）。然而，如果儿童遭遇严重的自恋创伤，则夸大自体未能融入适切的自我内容中，而是以其未改变的形态被保留下来，并且奋力追求其古典目的的实现。而如果儿童在他仰慕的成人上

---

① 几乎不须强调，最初这些过程是前语言的（preverbal）及前概念的（preconceptual），而如上述的典型例句只能以唤起的意义来理解，就如弗洛伊德关于偏执狂的主要机转所做的著名陈述（1911, pp. 63ff.）。对于决定自恋的两条主要发展路线的主要机转的描述，只能是元心理学的描述。尽管如此，这样说或许是有益的：夸大自体（某种程度上对应于弗洛伊德所说的纯化的享乐自我（purified pleasure ego, 1915a），类似成人体验中诸如国家与种族的傲慢与偏见等体验（一切好的都是"内部的"，而一切坏而邪恶的则都归于"外面的人"），至于与理想化双亲影像的关系，则或许类似于虔诚的信徒与其上帝的关系（包括神秘的融合）。

体验到创伤性的失望,则同样的,理想化的双亲影像也是以其未改变的形态被保留下来,并未转化为张力调节的(tension-regulating)精神结构,未能成为可及的内射物的状态,①而始终仍是一个古典的、过渡的自体—客体,是维系自恋恒定(narcissistic homeostasis)所需的。

以上摘要勾画出两个基本的自恋构造,本书依循的主要思考路线,乃是遵照这两个基本自恋构造的概念化而组织的。因此,以下四个主题构成此一研究的要旨:(1)由理想化的双亲影像在治疗里被调动而发生的移情〔称为"理想化移情"(idealizing transference)〕;(2)由夸大自体被调动而发生的移情〔为了详尽起见,称为"镜像移情"(mirror transference)〕;(3)当个案的理想化双亲影像被调动为移情时,分析师会有的反应(reactions)〔包括其反移情(countertransferences)〕;以及(4)当个案的夸大自体被调动时分析师会有的反应。

然而,在对特定的自恋移情做详细而有系统的讨论之前,此刻我仍须追加一些比较一般性的评介,同时简要地介绍某些临床与理论的主题。

首先且让我肯定地表明我得自临床观察的信念:假若分析师能表现出适当地注意、但不强求、且非干涉的行为(亦即分析师的分析取向的态度),则(1)在自恋型人格障碍中会开启一个朝向特定的治疗式退行的移动;(2)相对应的一个特定的类移情的情况会自行建立,②那是由潜意识的自恋结构(理想化的双亲影像和夸大自体)与分析师的特定精神表象(psychic representation)混合构成的,而分析师的此种精神表象则是(在前述退行的移动中)被扯进那些在治疗中激活的、自恋灌注(力比多)的结构。

最深远的退行,就如前面指出的,是导致身体—心灵—自体,及其

---

① 关于此点,参见第二章对"转变内化作用"(transmuting internalization)的讨论。
② 这里我先不理会阻止自恋的移情建立的那些阻抗;我会在后面讨论它们。

功能的一些隔离解体碎片的体验被激活，以及古典自恋灌注(力比多)客体的瓦解与失落。此"解体自体阶段"①对应的发展阶段是弗洛伊德(1914)所称的"自体性欲阶段"(另参阅 Nagera, 1964)。人格中未参与退行的部分会设法处理核心的解体。例如，个案可能会试图对自己解释解体的体验(疑病的忧思)，并且会设法用一些字眼来描述那种体验〔疑病的抱怨(Glover, 1939)〕。精神的健康部分也能够与治疗师建立治疗的连结(therapeutic bond)，因此有可能创造一个可工作的治疗关系。然而，退行的核心部分，亦即古典的夸大自体的解体碎片，以及古典的理想化客体的解体碎片，本质上却是超出个案精神的健康部分所能触及的范围。换言之，虽然个案体验到退行在精神的周围部分造成的作用，但解体的身体—心灵—自体与自体—客体的体验却是无法在心理上阐述的。②

　　此处至为重要的是以下事实：此病理的中心部分无法与前意识的思想内容，包括治疗师的感知，形成稳定的混合物，亦即此病理的中心部分无法被用来形成移情。因此，虽然这类个案还是有可能经由心理治疗的支持(包括给与洞识)得到帮助，但分析的情境却不可能建立，亦即，其病理本身的中心部分无法与治疗师的(前)意识表象形成可工作的移情混合物。事实上，在这些病例中具有决定性的重要性的是，心理治疗师要与个案精神病理的核心保持清楚的分化——如果他不能做到此种分隔而被拉进个案的妄想中的话，他便失去与个案精神的

---

　　①　若要强调先天向统一(unification)及统整(cohesion)逐渐发展的倾向，那么此处我们或许所说的也是 Glover 的术语(1943)"自体核心阶段期"(stage of self nuclei) (Gedo and Goldberg, 1969)的一种变异。
　　②　颇重要的是，当个案试图描述身体—心灵—自体或自体—客体的解体碎片体验时，他是使用负面的用语。例如，他的嘴唇觉得"奇怪"；他的身体变得"陌生"；现在他的想法"怪怪的"等等——全都是在表明一个事实：本质上，那些退行的变化是在个案的心理组织之外。因此，从发展的观点，我们或许可以说这些解体碎片是前心理的。

其它健康部分的连结，于是也就失去他的治疗力矩（leverage）。因此，与心理治疗师维持一个现实而友好的关系，在精神病与边缘状态的治疗至为重要，强调当前对所谓"治疗联盟"（therapeutic alliance）或"工作联盟"（working alliance）的重要性（Zetzel，1956；Greenson，1965，1967），对这些个案而言是完全正确的。

然而，相对于普遍见于精神病及边缘状态的情况，在移情神经官能症与自恋型人格障碍的分析中发生的治疗动机的困扰，一般而言，不是来自分析师与被分析者间那种现实连结的断裂，而需要分析师去主动修补——例如，异常温暖的行为（参阅 Jacobson，1967）。在大多数的情况下，那种困难是某客体—本能的或自恋的移情的表现，这些移情若成为阻抗，需要通过提供洞识的诠释，以便将其置于个案增加的自我控制之下。因此，依我的看法，在这些精神病理的分析中，若将个案与分析师非特定且非移情的信赖融洽关系（rappport）放在首要地位是错误的。这样的错误是出于没有足够地体会，在不可分析的疾患（精神病与边缘状态）与可分析的精神病理形态（移情神经官能症与自恋型人格障碍）之间，存在着可在元心理学上界定的差别。

古典自恋投资的移情的入侵，伴随其对分析师独特的要求与期待，可能会被误以为是目前与分析师的现实关系的成分。如此的看法将会合理地导致如为求达到矫正性的情绪体验（corrective emotional experience）而满足其愿望的治疗行为，也会导致说服、训诫以及教育的方式。在自我功能上，如此续发造成的治疗式改变，将是植基于一种移情联结的建立，或植基于对治疗师的大量认同（massive identification）。然而，这些改变预先阻止了古典自恋结构完全重新激活为移情的可能性，也就预先阻止了以下这种心理转化的可能性：即原先束缚于古典目标的能量被释放，而可为成熟人格所取用。

相对于精神病与边缘状态，自恋型人格障碍的主要精神病理乃是有关属于"自恋期"〔根据弗洛伊德的综合论述（1914），亦即属于自体性欲期之后的那个心理发展步骤）的自恋结构，它们是可以在心理上详细说明的、统整的，并且或多或少算是稳定的结构。我将概括地称呼此一阶段为"统整自体期"（stage of the cohesive self）。在精神病及边缘状态，身体—心灵—自体及自体—客体的解体，排除了其病理的中心部分发展为移情的可能性。然而在自恋型人格障碍，在治疗中激活那种特定的、可在心理上阐述的、统整的自恋结构，却正是分析过程的中心。自恋的"客体"（理想化双亲影像）与自恋的"主体"（夸大自体）是相当稳定的结构，它们被灌注（力比多）以自恋力比多（理想化的力比多；夸大—表现癖的力比多），并且可与（以自恋的方式感知到的）分析师的心理表象形成相当稳定的混合物。因此，对一个客体某种程度的灌注（力比多）的恒定性得以达成（参阅 Hartmann，1952）——虽然那是自恋灌注（力比多）的恒定性。然而，此种自恋移情混合物的相对稳定性，是要在人格中的致病自恋领域执行分析任务（修通的系统化过程）的先决条件。

在随后的讨论中，务必谨记：夸大自体（及其移情激活），和理想化的双亲影像（及其与分析师的心理表象的治疗式混合），都不具有完整精神分析意义下的客体的地位，因为灌注（力比多）这两个结构的都是自恋力比多。以社会心理学的概念架构来看，或在一较有限的范围内以纯粹感知和认知的概念架构来看，这些自恋移情必须被视为客体关系；然而，从深度心理学的观点，也就是将力比多灌注（力比多）的本质（而这接着又强烈影响对自恋客体的感知，以及其认知上的经营，例如，被分析者对自恋客体的期待）考虑进去的话，客体却是以自恋的方式被体验到的。如前所述，举例而言，期待对自恋灌注（力比多）的主体的那种控制，比较近似成人对他自己所有的，以及他对自己的身体心灵所期待的那种控制的概念，而比较不像成人对他人，及对他人的控制的那种体验（这种控制通常导致一个结果，即像这种自恋"爱"的客体，会觉得受到主体的期待与要求的压迫及奴役）。因此，对内在体验的详审让我们可以区分夸大自体与理想化的双亲影像间,相较的自体与客体状态:前者具有主体的性质,后者则是一古典的(过渡的①)自体—客体,灌注(力比多)以一种过渡形态的自恋的(即理想化的)力比多。然而,在这两种移情中,被分析者的基本心理态度都是以下事实的自然结果:被激活的情势本质上是自恋的。

在理想化的移情中调动起来的结构(理想化的双亲影像),与在镜像移情中调动起来的结构(夸大自体)是相当不同的。然而,鉴于它们都被灌注以自恋本能的能量,所以一旦发现有很多时候它们之间的区别确实有其困难,也就不足为奇了。然而,接下来的清楚区分,出发点并不仅是为了说明的目的,而是在许多时候,此种区分真的是体验上可证明而确有其事的。

---

① 我们应了解,将理想化双亲影像的特性描述为一种过渡的客体,只是一种相对的意义,亦即,它是在与夸大自体及其力比多灌注比较之下,才是"过渡的"。说得更精确一点:在从(1)古典自体—客体,经由(2)精神结构,到(3)真实客体的发展顺序中(参阅第二章),理想化双亲影像显然是落在古典自体—客体(精神结构的一种前驱物)的类别中,因为它执行的功能是儿童的精神往后会执行的。换言之,理想化双亲影像依然未被体验为一个独立的客体。然而,相较于夸大自体,由于它是被灌注(力比多)以理想化力比多,却可以被视为具有少量客体特征。然而,就如第四章及第十二章将会讨论的,理想化的力比多也会与完全发展的客体—力比多的渴求混合在一起,而被成熟的心灵用于(虽然是以次要的角色)对真实客体的力比多灌注。温尼科特(Winnicott)在关于儿童对像毯子之类的"过渡客体"的内在态度的著名描述(1953)中,他探讨古典客体这个问题所用的观点与我的不同(参阅第八章,对 Mahler 的综合论述有类似的讨论)。我的元心理学的概念形成,本质上是植基于对自恋型人格障碍的成人做精神分析所得的重构与推测。此一程序比起直接探讨儿童所能得知的,似乎足以让我们对此心理体验的意义能有更具鉴别力的掌握,因为(a)原本的体验以其不减的活力浮现出来,(b)关于这种体验的口语表达容易多了。因此,这些综合论述涵盖温尼科特及其它人所描述的那些现象(例如,参阅 Wulff, 1946)。然而,此处的特定综合论述——即论述区别(a)夸大自体与环境的关系,与(b)理想化的双亲影像与环境的关系——的重要性,已超乎描述性的共情的层次;它们是以元心理学的术语来对这些现象提供一个解释。

第一部分 ▶

全能客体的治疗式激活

第二章　理想化移情

治疗式激活全能的客体,即理想化双亲影像〔以下将被称为理想化移情(idealizing transference)〕,在精神分析当中是指精神发展早期两大主题之一的复苏。也就是说,原发性自恋的心理平衡受到扰乱后,精神保住了自恋完美体验中失去的部分,将之认定为古典、原形的(过渡的)自体—客体,即理想化双亲影像。因为所有的幸福与力量都存在于理想化的客体上,当儿童与此客体分离时,将感到空虚与无力,并且试图维系与此客体持续的结合。

对于早年体验进行精神分析的综合论述既困难又充满危险。共情(empathy,也译作共情、同理心等)是精神分析式观察的主要工具,而观察者与被观察者的差异愈大,共情的可靠性就愈低,因此心智发展的早期体验,对于我们共情自己的能力,亦即共情我们自己过去心智结构的能力,就更是十足的挑战。所以在某些情况下,我们被迫满意于松散的近似共情,必须避免早期的心理状态受到日后心理状态的诠释误导(以成人观点解释儿童习性主义)(adultomorphism),并须经常满意于借着衍生自机械与物理的模拟词汇表达我们的了解,虽然这些模拟与(共情地)观察到的心理领域未必如我们想要的那么贴近。因此我们极少谈到早期心智发展的心理内涵，反而更加注重该时期心智装置常见的普通情况。换言之，我们以张力与解除张力(以及引起这些变化的情境)来描述心理状态，但通常不会试着去辨认出一种古典体验的(观念化)内容(ideational content)。

乍看之下，会让人觉得不得不把先前的情况完全应用在因理想化移情所复苏的心理组合当中(同时也应用在因治疗而重新激活的夸大自体中，这点我们稍后再作讨论)；并且由于这种移情是理想化客体之始基的初始物(rudimentary beginnings)的重新激活，我们的综合论述无疑的应该注意到儿童心智装置的心理状态或情境，而不是我们无法捉摸的早年阶段的观念化内容。

然而，有两种交互情况让我们能够更加理解理想化移情的心理内涵，并且比根据先前的反思所预期的心理内涵，描述得更加详细：(a)在儿童的认知能力足以让他辨识环境中愈来愈多的细节、而且当他的情绪反应特征相对地愈来愈明显、而他运用这些能力去爱(恨)他身边的重要人物渐趋成熟，亦即可以把童年影像投资于客体—本能灌注(力比多)，这时候，从古典的(过渡的)理想化自体—客体开始的发展趋势并未消失①；(b)精神装置倾向于望远镜式的模拟心理体验(telescope analogous psychological experience)，结果被分析者可能表示受到古典的(过渡的)自体—客体的影响，这些自体—客体在自恋移情中，通过后来回想与古典体验呼应的模拟体验而重新激活。

---

① 我用的客体—本能和自恋力比多这两个词汇指的并不是指本能投资(instinctual investment)的目标；它们指的是共通经历的心理意义的抽象概念。客体被当作此处讨论的移情式关系的基础，而且它被投资以自恋力比多。换句话说(参见第一章)，自体有些时候被投资以客体—本能灌注；像是(a)在客观的自我评估时，或是(b)精神分裂症早期的病人看着镜中的自己却觉得像看到陌生人

幼童的理想化过程，不管是朝向模糊感受到的古典母亲—乳房（archaic mother-breast），或朝向可清楚辨认的俄狄浦斯双亲（oedipal parent），在起源学上与动力学上都属于自恋的背景。虽然理想化的灌注（力比多）（随着儿童潜伏期的开始）愈来愈呈中性且目标被抑制，它们依然保有自恋的特性。特别是在儿童早年发展的极盛时期，理想化（此刻与强而有力的客体—本能灌注（力比多）并存）藉由参与建立超我的阶段恰当的内化过程，而在人格的永久结构中留下强烈又长久的烙印，值得注意的是理想化本质上的自恋特质从未改变，即使在他们发展到相当后期时也是如此。

我们毋须去强调早期的客体灌注（力比多）（兼具力比多性与攻击性）对心理发展的重要性，也不必去强调研究它们变迁的价值，因为弗洛伊德的《性学三论》（*Three Essays on the Theory of Sexuality*，1905）中，已首度系统化地从事这类研究。然而，基于事实，即使当（正常的）儿童对于与本身分离而又独立的客体有愈来愈多的反应时，我们也不能因此拒绝承认精神的整体架构中持续存在着自恋的部分，更不能因此不去检视它们发展的变迁。亦即前俄狄浦斯期后期及俄狄浦斯期对于双亲客体的理想化，可被解释为古典理想化的延续——而后来在各个发展阶段中的理想化客体又是古典理想化的承继——不管在儿童对其父母的关系中是否同时出现稳定的客体灌注（力比多）。

理想化是自恋发展的两条主要途径之一。理想化的自恋力比多不仅在客体关系中与真实的客体力比多混合，而在成熟的客体关系中扮演举足轻重的角色，同时理想化的自恋力比多也是某些包含于创造力的重要社会文化活动中主要的力比多动力来源，再者，它形成备受尊崇的人文心态，我们将之称为智慧（Kohut，1966a）。不过我们必须再次强调，双亲影像的理想化部分与双亲影像中灌注（力比多）以客体力比多的较广区段（sector）的结合，会对阶段恰当的（重新）内化过程，及形成人格当中两种永久的核心结构,产生既强烈又重大的影响,这两种结构如下:(a)精神中和的基本组织,(b)理想化的超我。这两种结构都有自恋本能灌注(力比多)的投资。

在自恋范畴内的这些基本内化过程有某些细节值得详加阐释。当儿童把父母理想化时,通过真实的体验(儿童对父母真实本质的认识),理想化的心理组合可以进行更正与修饰,而共情的父母逐渐显露出他们的缺点之后,让前俄狄浦斯期的儿童可以从双亲影像当中撤回部分的理想化力比多,用来建立驱力控制结构(drive-controlling structures)。对于父母的俄狄浦斯大量(但阶段恰当)的失望(当然,一般而言和儿童同性别的父母在此扮演最重要的角色),最终导致超我的理想化,这是一项发展与成熟的过程,对于人格免于自恋退行的危险具有相当的重要性。

换个方式讲,我们可以说灌注(力比多)以客体力比多(及攻击)的俄狄浦斯客体,经过阶段恰当的内化之后,导致超我的建立,其中超我借着命令与禁令、赞美、谴责与处罚来监督自我,就像过去父母也是拿这些来监督儿童一样。① 不过,儿童与俄狄浦斯双亲关系中自恋的内化却导致超我的自恋层面,也就是导致超我的理想化。双亲影像的客体灌注(力比多)的部分内化之后,将双亲影像蜕变为超我的内涵与功能;而自恋部分的内化则代表崇高的地位,其内涵及功能与自我互相对应。然而,正是从理想化当中(灌注力比多的自恋本能部分),衍生出超我的价值与标准那种绝对完美的特殊气息;而整体结构的全知

---

① 我想,就像Sandler(1963)所论述的,"理想自体"(ideal self)也在这个背景下;也就是说,理想自体指的是孩子应当变成的那个样子,父母会支持孩子朝着它迈进,而孩子也接受它。也可参见 Lagache 的论述(1961)和 Nunberg(1932)的说法。

全能也是因为部分来自自恋的、理想化的力比多投资。①

配合先前的考虑,如果我们研究儿童的精神发展不仅考虑其客体灌注力比多,同时也考虑其自恋区段的变迁,那么我们会进而发现后者依然脆弱,其发展可能受到了干扰或阻碍,持续地远超过儿童对其环境的整体看法仍是完全或明显自恋的阶段。如果说,自恋的发展流动在此特别着重于理想化双亲影像,那么自恋的趋向在最重要的早年发展当中,即从(a)古典的理想化自体—客体形成阶段,到(b)理想化的俄狄浦斯双亲影像大量重新内化时期,整个过程当中依然保持脆弱。而当理想化的核心超我(idealized nuclear superego)安全地建立之后,严重脆弱的阶段即告结束,自此,如先前所描述,儿童获得的将中心价值与标准理想化的能力,对人格的自恋维度的精神经济(psychic economy)产生持续有利的影响。

众所周知,儿童与父母的互动可以影响其客体—本能驱力的驯服,影响自我对驱力的掌控,并影响其超我的驱力—控制(drive-controlling)与驱力—疏通(drive-channeling)的层面,因此本文毋须考虑这点。然而,影响儿童自恋发展的模拟情况,却值得我们注意——尤其是关于儿童的理想化这点。经由理想化的自体—客体这条管道,让古典的理想化灌注(力比多)得以修正(驯服、中和及分化);而这项过程的个别结果,当然有一部分是取决于儿童理想化的客体的特定情绪反应。不过,如同一个严谨超我的建立,在某种限度内可能不受父母的真实严厉行为的影响(或者矛盾地,甚至由于父母的慈祥而强化);超我的绝对完美主义倾向(其理想化;其自我理想的范畴)在某

---

① 在本书中,我用一些简单的词汇像是理想化力比多、理想化灌注(力比多)、理想化自体和超我的理想化来描述某些复杂的关系;像是在上一段里面,特别是,在每一个使用理想化力比多的例子中,肯定地指涉精髓的心理体验的质性。换言之,这个词汇别无其它的指涉,一种外在客体(理想化客体)或一种精神单位(理想化超我)的功能被体验的主观方式;当然,它并无言外之意,指涉完美和全能的形象的客观存在,或体验的主体精神现实以外的精神单位的客观存在。

种限度内也不受父母行为的影响,并且同样矛盾地,有时可能因为父母非共情的拙于表达而增强,这类非共情的拙于表达会创伤性地挫折儿童在阶段上恰当的想要获得赞美的需求(详见第十章关于个案需要获得赞美,而分析师共情失败的回应等讨论)。

虽然儿童俄狄浦斯期和前俄狄浦斯期的客体(在其客体—灌注(力比多)与自恋的范畴内),对于成人人格的形成都具有决定性的影响,因为它们在日后的驱力倾向与客体选择上留下永久的烙印,它们身为心理结构前驱物的角色,至少可以被认为是有一定的重要性。但是一旦核心的心理结构被建立起来(大部分在俄狄浦斯期的末期;但在潜伏期与青春期,精神装置会更加坚定与加强,尤其是建立可靠的理想这方面,并在青少年后期会有一决定性的最后步骤),失去客体,尽管曾经是如此具有压倒性的影响,现在却再也不会让人格不完整(例如,在生命的晚期发生突如其来重大的失去客体事件的结果下)。被建立起来的核心心理结构,可避免人格再度把重要的力比多灌注延伸到新的客体上;并且通常不会伤害到心智装置的基本结构。① 然而,在生命早期,一直到俄狄浦斯期(包括俄狄浦斯期)遭逢创伤性的剥夺和失去客体(潜伏期与青少年时期则影响的程度较轻微),以及在这些时期中创伤性的失望,仍然可能严重地干扰精神装置本身的基本结构。

值得一提的是,先前论述的背景中,潜伏期的开端可被视为仍属于俄狄浦斯期。它是幼童精神脆弱易受伤的高峰期的最后一个阶段。这些童年早期精神特别容易受伤的最危险时刻,与一种"发展萌芽之后心理力量的新平衡尚未坚固建立"相呼应(Kohut and Seitz, 1963, pp. 238f.)。如果我们把这些新结构的脆弱性的原理〔哈特曼则强调新取得的功能"在儿童身上显示出高度的可逆性"(Hartmann, 1952,

---

① 此通则之外的让人信服又感人的讨论,详见 K. R. Eissler(1963b, 1967)。

p.177）］应用在潜伏期初期的超我上，或应用在价值与标准以及奖惩作用新建立的理想化上，那么在临床体验上看到下列情形并不叫人意外：即使到了潜伏期开始时，若对理想化的俄狄浦斯客体极度失望，仍然可能会解除超我以不稳定方式建立的理想化，并可能再度灌注（力比多）理想化自体—客体的影像，导致重新坚持并寻求外在客体的完美。就像幼童只要知道当他的渴求无法承受时，母亲就会出现，那么他可以忍受第一次跟母亲短暂的分离；同样地，如果暂时摆荡在重新灌注（力比多）以理想化力比多时，完美客体仍然存在，幼童也可以在潜伏期早期放弃外在的理想化。而如同幼童在惧怕可能永远失去母亲时不能忍受任何分离，当理想化客体在潜伏期早期可能永久失落时，超我的理想化也可能在那个阶段再度被放弃。在潜伏期早期精神不寻常的脆弱性，及对于创伤有退行的反应，当然不只是因为当时的功能状态，同样也取决于儿童更早期的创伤体验。

对于早先以至于俄狄浦斯期中，创伤性地丧失理想化双亲影像的特定情形（失去理想化的自体—客体或对其感到失望），其结果是人格特定的自恋维度有所困扰。最恰当的情况是，儿童对于理想化客体逐渐感到失望——或者换个方式说：儿童对于理想化客体的评估愈来愈合乎现实——导致自恋灌注（力比多）从理想化自体—客体影像中撤回，转而将其逐渐地（或者在俄狄浦斯期，是大量但阶段上恰当的）内化，取得永久的心理结构，这种永久的心理结构以精神内在（endopsychically）的方式，继续执行先前理想化的自体—客体已经达成的功能。然而，如果儿童因苦于创伤性地丧失理想化客体，或者对此感到创伤性的（严重且突然的，或阶段上不恰当的）失望，恰当的内化过程便无法发生。则儿童不能获得所需的内在结构，他的精神依然固着在古典的自体—客体上，而他的人格将毕生依赖特定的客体，似乎是一种强烈的客体渴求（object hunger）。这些客体之所以受到强烈的追求及依赖，是因为亟欲拿他们作为精神结构中失落片段的替代。

他们不是客体(就心理上的意义而言)，因为他们不是因为他们的特质而被爱或被仰慕，他们人格中真正的特征，还有他们的作为，都只受到模糊的认识。他们并非被渴望，而是被用来取代童年的心智装置中未曾建立的某个片段的功能。

在自恋的范畴内，与古典的理想化自体—客体之间的关系，过早受到创伤的干扰，和尤其是因之所感受到的创伤性失望，可以广泛地干扰到精神本身维持发展人格自恋平衡的基本能力(或者在受到干扰之后重建的能力)。例如，在这种情况下可能变为成瘾的个案。他们所遭受的创伤，最常见的是对母亲严重地感到失望，因为她对于孩子的需要表现出有缺陷的共情(或基于其它原因)，而没有适当地完成各项功能：作为刺激的障壁(stimulus barrier)；作为所需刺激的恰到好处的供应者；提供儿童解除张力的满足等，这些功能是成熟的精神装置本身日后会主导执行(或驱动)的。在理想化自体—客体发展的古典阶段遭受创伤性的失望，将使儿童无法将早年被恰到好处抚慰或睡觉时得到协助的体验逐渐内化。因此这种人会一直固着在古典客体的层面上，例如，在药物的形式中寻觅古典客体的存在。然而，药物并不能取代爱或被爱的客体，也不能取代与客体的关系，反而是心理结构某种缺陷的替代物。

在这些个案接受分析时所发生的特殊退行现象中，被分析者变成对分析师或分析过程的上瘾，而且——虽然就元心理学而言，在此用移情这个名词可能不是完全正确——我们可以认为在这些精神分析中，类似移情的情境确实是某种古典情境的重现。被分析者重新激活了自己对某种古典的、自恋体验到的自体—客体的需要，而这自体—客体在精神结构形成前是精神装置的特定片段。然而，从追寻的客体(亦即分析师)身上，个案期望在自恋恒定的范畴内实现某些基本功能，这是他本身的精神无法提供的。

既然和理想化客体之间的关系发生困扰，那么这些困扰可根据受到重大创伤冲击的发展阶段分为三大类型：

1. 和理想化客体之间的关系在极早的阶段即发生困扰，导致全面性的结构脆弱——可能存在缺陷或功能失调的刺激阻碍——因而大大扰乱了精神维持人格基本自恋恒定上的能力。因而个体受到弥漫性的自恋脆弱性所折磨（这项主题将于第三章中进一步讨论）。

2. 稍晚但仍属于前俄狄浦斯期，与理想化客体之间的关系发生创伤性的困扰（或特别是所感受到的创伤性失望），可能扰乱精神装置（于前俄狄浦斯期）的驱力—控制、驱力—疏通，以及驱力—中和等基本组织的建立。驱力衍生物和内在及外在的冲突，随时准备重新性欲化（resexualization）（通常表现为性错乱的幻想或行动），可能是这种结构缺陷的症状表现。

本人建议在解释这种临床上观察到的事实时采用下列的假设：正如超我是俄狄浦斯期客体大量内射（introject）的内在复制品（详见以下第3点），自我的基本组织也是如此，是由无数（和超我比起来还算少数）前俄狄浦斯期客体各种层面的内在复制品组成的。又正如在俄狄浦斯期中，俄狄浦斯期客体的爱—赞同与愤怒—挫折的部分被内化为超我，一方面执行赞同的功能与正向的目标，另一方面则施以处罚与禁止的功能；同样地，内化的前俄狄浦斯期客体的赞同及挫折的部分，形成了自我的基本组织（阶段恰当的大量俄狄浦斯内化形成了超我；相对地，自我的基本组织奠基于发生在整个前俄狄浦斯期内无数次地少量内化）。

俄狄浦斯期及前俄狄浦斯期客体，其自恋投资层面之内化也是根据相同的原理。自恋灌注（力比多）从俄狄浦斯期客体上大量、但阶段上恰当的撤回，导致这些灌注（力比多）的内化，并且灌注（力比多）依恋于超我的赞同与禁止的功能及超我的价值与理想——这个过程造成超我的功能与内涵享有特殊的声望。对于前俄狄浦斯期客体的完美，无数的、微小的、不会造成创伤失望（亦即对前俄狄浦斯期客体有愈来愈多实际的知觉),同样解释了藉由每一种微量的禁止、告诫、赞同与重点引导而享有混合的声望(也就是权力),因为它们完整地形成驱力—疏通与驱力—中和等这类自我的基本组织〔虽然这方面的主题无法在此详细讨论,但值得一提的是"自我的基本组织"(basic fabric of the ego)这类名词并非完全正确,因为某些层面的本我在"逐渐中和的区域"(area of progressive neutralization)里,也部分地参与驱力—疏通以及驱力—中和的功能(详见 Kohut and Seitz, 1963, esp. p.137)〕。

3. 最后,如果困扰的形成与俄狄浦斯期有关,也就是说,如果因为创伤部分的失望关联于前俄狄浦斯期后期与俄狄浦斯期的理想化客体——或者,甚至可以将时间往后延伸到潜伏期初期,刚内化的客体依然有部分理想化的外在对应物,却遭到创伤性地破坏——则超我的理想化将不完整,结果这个人(即使他拥有价值观与标准)将永远寻找外在的理想人物以获得其赞同及领导权,因为这是他有所不足的理想化超我无法提供给他的。

现在我们必须岔开本题,从理想化的双亲影像的特定发展变迁转而讨论与发展资料评估相关的两个具有基本重要性的主题:(1)精神结构的形成与客体影像的去灌注(decathexis)之间的关系;(2)下列三者在心理学上重要性的差异:(a)古典的(自体—)客体及其功能,(b)精神结构及其功能,以及(c)成熟的客体及其功能 。

关于精神结构的形成与从客体影像撤回客体本能灌注(力比多)及自恋灌注(力比多)之间的关系,只要指出在结构形成的过程中扮演重要角色的下列三项因素,即可看出端倪——我喜欢称之为转变内化作用(transmuting internalization):①

1. 精神装置必须为结构的形成做好准备,也就是说,对于特定的

---

① 这些综合论述的脉络,参见 Loewald 的取向(1962);特别是第(3)点,正如夏佛(Schafer, 1968, p. 10n.)所引用,参见 Loewald 一九六五年(未出版)的文章。

内射物,精神必须达到一种成熟运作的容受状态〔这种内在运作潜力的独立出现,被哈特曼(Hartmann,1939,1950a)指为精神成熟步骤的原发自主性〕。

2. 从客体撤回灌注(力比多)前,正在内化的客体影像必须先进行某些层面的决裂。这种决裂在心理经济上具有相当的重要性;它构成元心理学所谓的恰到好处的挫折(optimal frustration),而且更接近共情或内省观察到的体验。当然,从客体上片段的撤回灌注(力比多)这个过程的要点,是弗洛伊德(1917a)在哀悼工作的元心理学描述中首次建立的理论。具体地说,如果儿童对某个客体一个接一个理想化层面或质量感到失望,即可能片段地撤回自恋的灌注(力比多);然而,如果对客体完美的失望是关系到整个客体,像是当儿童突然确认全能的客体其实软弱无力时,转变内化作用即受到遏止。

3. 除了刚刚提过某些层面的客体影像发生断裂之外,在有效内化的过程中(亦即导致精神结构形成的内化过程),客体影像内射的层面发生去人格化(depersonalizing),主要是从客体人格的整体人性脉络(human context)转而偏重其某些特殊的功能。① 换言之,内在结构现在执行的功能是客体过去替儿童执行的功能——然而,这个功能健全的结构,却大幅脱去客体的人格特征。此过程中部分的不完美众所周知:例如,超我通常表现出俄狄浦斯期客体某些人性特征的遗迹,而精神的驱力—控制基本组织则可能以威胁与诱惑的特定人格化运作,这些方式都是直接源自于前俄狄浦斯期客体的特征,以及前俄狄浦斯期客体对儿童驱力的特定态度。

现在我们可以回过头来看目前经常讨论的第二项主题,并对以下三者之间的重要差异加以强调:(1)自恋地体验到的、古典的自体—客

---

① 顺着此脉络讲,在 Schafer 近来关于内化问题的广泛理论取向的重要学术著作(1968),特别是于其定义的最后一段提到(p. 140):"认同可能一开始在主体与动力上重要的客体的关系里,就拥有相当的自主性。"

体(只能从显现行为的观察者的角度来说这是一种客体);(2)心理结构(自恋地体验到的古典客体逐渐去灌注(力比多),结果建立了它),它们继续执行驱力—调节、整合,以及适应的功能,这些功能过去曾由(外在的)客体执行;以及(3)灌注(力比多)以客体—本能投资的真实客体(就精神分析而言),亦即被精神(已与古典的客体分离)所爱与恨的客体,它们已经获得自主性的结构,已经接受他人的独立动机与反应,并已经掌握到成熟的概念。

虽然古典的、自恋地体验到的客体,与灌注(力比多)以客体力比多的成熟客体,就社会心理学而言都是客体,但从精神分析理论(元心理学)的观点来看,它们位居发展轴线(developmental line)或动力连续体(dynamic continuum)的相对两端。换个方式来说:精神内在结构,例如超我(及其它在自我的结构中比较模糊不清的),在心理学上占有一席之地,而且处在其功能模式之中,比起未曾转化为内在心理结构的古典客体,距离精神的成熟客体要近得多了。社会心理学的人际互动观点;社会生物学取向的交易论(transactionalism);正如「他体导向」(other-directedness)与"内在导向"(inner-directedness)之间的对比(Riesman, 1950);甚至依照动力取向并采用社会心理学的基本理论架构(或社会心理生物学的相关架构),对儿童"直接"观察所建立的繁复描述,都没有考虑到这些重大的差异。故而在精神分析中引入上述那些概念性的架构,可能会因为湮没这些基本差异而使这门科学变得贫乏。成瘾病患与抚慰的心理治疗师分离时的空虚,未曾建立内在价值与理想引导结构的患者渴望看到治疗师、把他看成强大的领导形象,这些都是例证,证明在治疗中会重新激活对于古典的、自恋地体验到的自体—客体的需要。如同我期盼在这篇研究中呈现的主旨,这些古典的、自恋地体验到的自体—客体,确实在心理治疗中随着对治疗师形象的感知而复苏,而且它们产生两种不同类型的移情,这些移情可以有系统地研究并加以修通(work through)。它们不能和(乱伦的)

童年客体（灌注以客体—本能资本）因治疗的移情而复苏那种事情混为一谈，那种复苏是在移情神经官能症的分析中发生的。

前面我们讨论过社会环境对心理结构的形成与作用间的某些一般层面的关系，现在，我们可以回来检视导致那些源自理想化双亲影像的结构产生困扰的特定环境。

为了避免过度简化而曲解的陷阱，我必须先在我们要谈的特定领域里采用经过测试的假设：正常与异常心理发展的变迁，只有被认为不是因为童年生活当中的单一事件，而是因为许多病因交互作用造成时，才有办法理解。因此，虽然与理想化客体之间的关系产生创伤性的困扰（或者是创伤性的失望），常被认定是在儿童早期发展当中的某一点，但只有同时顾虑到容易受到创伤的状态的存在时，才可能了解特殊创伤的影响。可以说，对创伤特别敏感的特性是先天结构许多脆弱点之间的互动，带着先于特定致病性创伤之前的体验造成的。这种肇因形成两条互补系列之间的互动，在自恋的发展当中也发生相同的情况，如同在客体爱与客体攻击的发展中一样普遍。

然而，在分析中自然发生的理想化移情，一般是指理想化双亲影像发展的特定点——从最早的理想化自体—客体的古典阶段，到较后来的时期，刚好在最后的重新内化巩固之前（即超我的理想化时期）——在这点上理想化客体领域里的正常发展已经受到严重的困扰或阻断。然而，在评估理想化的移情时，我们经常了解到，相当晚期的理想化双亲影像的治疗式复苏（譬如前俄狄浦斯期或俄狄浦斯期儿子对父亲的创伤性失望），可能植基于更深的早期对理想化母亲无法表达的失望，这种失望可能是因为母亲共情的不可靠，或者因为她的沮丧情绪，或跟她的身体疾病、不在孩子身边，或死亡有关。

再者，如同先前曾简单提过的，对于理想化移情的起源学评估，也因为某种心理学的趋势而更形复杂，此种心理学的趋势，我个人偏爱称之为望远镜式的起源学模拟体验（telescoping of genetically analogous experiences），①特别指下列事实：精神可能迭置一些虽重要但没有决定性重要的后期（后俄狄浦斯期）体验的记忆于早期特定的致病体验之上。这种发展困扰的决定性时期的记忆，被类似的后期体验的记忆所迭加，正是心灵合成力量（synthesizing power）的显现。它不应被视为只是为了防御所需而存在（也就是说，是为了阻挡回想起早年的记忆而产生），反而应该被视为是利用更接近次发过程（secondary process）与语言化沟通的类似精神内涵作为媒介，企图表达早期创伤。在临床实务中，后来事件的记忆回想，应该被称之为衍生物，因为事件的精神内容只能以一种可语言化的记忆方式保留在潜意识中时，后来事件的记忆回想，比更早期的记忆回想更能被接受，但是，如果忽略早期决定性的创伤，及其对后来创伤化影响的起源学重建之综合论述，被分析者所了解的就不会完整（不过，精神分析的理论家可不会允许自己有类似的松散；他必须试着判断在哪一个时期确实发生过特定的致病性创伤）。

　　根据上述的考虑，自恋型人格障碍在分析中自行建立的理想化移情，以特定、清楚的形式发生，其形式则根据发生重大创伤性固着的特定时刻，或理想化自恋的进一步发展受到阻碍的特定时刻来决定。虽说是属于同一群，但是这些移情无论就元心理学或临床而言，都很容易与移情神经官能症分析达特定阶段时所遇到的理想化有所区别。基本的理想化移情特质里的规律与秩序、稳定性，以及处在分析过程内的中心位置——相对于移情官能症中，理想化呈现的变化多端与周边位置——都是由于所有的理想化移情之子群当中的自恋固着关系，到理想化客体在其最终内化前的自恋层面，即超我的理想化巩固之前。虽然移情神经官能症的理想化无疑地也是因为调动了自恋—理

---

　　① 这个观念和"事件的望远镜式观点"（the telescoping of events）有相关但并不相同（Greenacre，由 Kris 引用，1950；Kris，1956a），后者特别是指屏幕式记忆（screen memories）。

想化的力比多而得以维持,但却必须视为是对所爱客体非特异性高估的表现。不过,在此之所爱的客体却强烈地被灌注(力比多)以客体力比多,而且只有在强烈的正向移情阶段,才能次发地与自恋力比多混合;而自恋投资则依然附属于客体灌注(力比多)。换句话说,发生于移情神经官能症的理想化是正向移情非特异性的表现,十分类似恋爱时所遭逢的情况。

在自恋人格分析当中自行建立的理想化移情,可能发生于或多或少受到局限的各种类型中。其中有古典状态的治疗式重新激活,这些古典状态可回溯到理想化母亲影像几乎完全和自我影像融合的阶段;也有些其它的例证是疾病特有的移情重新激活,关联到理想化力比多与理想化客体之发展的较后期。这些例证是指因为某种创伤而造成自前俄狄浦斯期后期到潜伏期早期期间的某个阶段特定的自恋固着,此时儿童与父母的关系大部分已经完全被客体—本能能量所灌注(力比多)。然而,特定的创伤(例如在这阶段对理想化客体的突然、意外、无法忍受的失望)在理想化自恋的发展中带来特定的致病性伤害(或是破坏了才刚刚建立的理想化),造成超我的理想化不足,这种结构上的缺陷则导致固着在前俄狄浦斯期或俄狄浦斯期之理想化客体的自恋层面上。曾经遭遇这种创伤的人(像青少年和成人)永远都会试图与理想化的客体合而为一,因为鉴于他们结构上的特殊缺陷(超我的理想化不足),他们的自恋平衡只有通过因为创伤失去的自体—客体的目前(亦即目前活跃中)复制品的兴趣、回应与赞同,方能得到保护。

这两种类型的理想化移情,发展上最古典的以及最成熟的(还有许多其它在两者之间的固着点),不仅可以用元心理学的观点加以区隔,同时也可以根据临床的分析治疗期间所呈现清楚又有特色的(移情)情境,而加以确认。然而,正如先前提过的,分析师必须考虑临床情境上可能会受到望远镜现象的模糊,亦即因着调动了类似致病事件之后来事件的记忆而蒙蔽之。

最后，我们仍不得不承认，有些个案因为恢复的是与相当后期的理想化客体之间的关系，因此很难决定这类病患的自恋移情是否与较为古典的自恋客体的困扰重迭。故而临床上有些案例确实无法指出其精神病理的单一显著固着点。在这些个案身上，理想化移情可能交替地聚焦于理想化客体的古典阶段及俄狄浦斯阶段。

第三章
以临床实例来说明理想化的移情

　　虽然所要呈现的材料需要简短和浓缩，但我却无意简化这个案例的结构。相反地，我的目的是要示范已经提出的理论指导如何解决在做自恋人格分析时，某些起源的和动力—结构的复杂性。

　　A 先生，一头微带红色的金发，长着雀斑，大约二十余岁，是大制药厂的化学研究家。虽然他刚进入分析时的抱怨是，自从青春期开始，他就已感觉到来自男人的性欲刺激，但很快显示出他的同性恋成分并不显著，这在他的人格中只占了一个极孤立的位置，在他潜在的主要人格缺陷中，也只是其中之一而已。比起他偶然的同性恋幻想，更重要的是(a)他常常感到莫名的忧郁，能量枯竭，以及缺乏兴趣(当这种情绪降临时，工作能力和创造力也会有相关的下降)；以及(b)他的自尊，作为前述困扰的触发因素，相当脆弱(主要是相当特定)，其特征是会相当敏感于他人的批评、别人对他缺乏兴趣，或是没有他认为的长者或前辈的赞美。因此，虽然他这个人的智力很高，能够以技巧与创造力来执行工作，但他总是一直在追寻指导与肯定：比如从他所任职的实验研究室的主管、从一些资深的同事，以及从他所交往的女孩的父亲。他很敏感地了解这些人以及他们对他的意见，企图得到他们的帮助与嘉许，并且尝试创造出可以得到他们支持的情境。只要他觉得被这些人接受、咨询与指导，他就自认为是完整、可被人接受，以及有才能的；而在这种情况下，他确实能做好他的工作，创造力丰富且成就斐然。然而，只要有一点迹象显示出非难他、或对他缺乏了解、或对他丧失兴趣，他就会觉得枯竭和忧郁，一开始会变得愤怒，之后则是冷漠、傲慢和孤立，而他的创造力与工作能力也会恶化。

  在这个分析里自行建立的统整治疗移情中，所有这些反应倾向，显然证据确凿，并且能让某种先天决定的形态得以逐渐重构，而这种形态一再反复发生，早已导致这个个案的特定人格缺陷。此个案在他的童年中一再出现的是（他是三位儿童中最小的，有一位大他十岁的哥哥与大他三岁的姐姐），正当他将（重新一）建立父亲具有保护力量与功效的形象时，却常对他父亲的能力与效力，感到唐突而创伤性失望。因为这种情况太频繁了（望远镜式的类似童年事件，可参见稍前的相关论述），所以个案起初提供的回忆——是将此重要的模式依序做直接的（关于分析师）以及间接的（关于各种现今的父亲形象）激活移情所获致的结果——是其生命中较晚期的。在途经南非及南美的一次探险飞行后，这家人在他九岁时到达美国，而在欧洲生意相当顺利的父亲，却无法在这个国家重复他早期的成功。然而，父亲一再地与儿子分享最新的计划，鼓舞了孩子的幻想与期待。他一再展开建筑新事业，其中也加入了儿子的兴趣与参与。但一些未预见的事件及对美国的背景尚未熟悉，阻挠了他的目标，使他一再惊恐地卖掉产业。虽然这些当然是 A 先生一直存留在意识中的记忆，但是他先前从未体认到两种对比之间的强度——一种是对父亲最信任的时期，此时父亲正创造他的计划而最能激励他的自信；另一种是接下来对父亲极度的绝望,不只在面对未知的困难时惊惶害怕,而且对这些打击的反应是情绪与身体的恶化(忧郁;各种疑病抱怨使他常常赖在床上)。

在此个案的相关回想中,早期发生对父亲连串的理想化—失望里,最显著的是这个家庭在欧洲的最后一年,特别是回忆起决定性地影响家庭命运的两个事件,分别是发生在个案六岁及八岁时。在个案童年早期,这位父亲是个有气概而英俊的男人,拥有个规模虽小但却兴隆的事业。以许多征象及回忆来判断,一个确立的事实似乎是:在个案六岁发生灾难之前,父子间的情感非常亲密,儿子对父亲非常钦佩。根据家族的传统,父亲在儿子早年经常带着他到工厂(个案的说法是早在四岁之前),他会很详尽地向这小男孩解释他的事业,甚至会向他征询有关各种业务的建议——虽然任何人回顾这段时,都会觉得父亲像在开玩笑。他之后在美国,也曾以更严肃的态度这么征询,当时个案已经是青少年。德国军队即将攻下这个国家的这一突然威胁,破坏了他们的亲密关系。先是父亲远离他们,试着将他的事业安排转移到另一个(东欧)国家。然后,当个案六岁时,德国军队入侵了这个国家,这个犹太家庭于是逃走。虽然父亲起初的反应是无助与惊慌,但他后来还是成功地重建了他的事业,虽然规模小得多;但后来德国又侵占了他们所逃往的国家(当时个案八岁),所有的东西又再度失去了,这个家庭又再度逃亡。

个案的回忆集中在潜伏期的开始,认为是遭受基本结构缺陷的关键时期(见我稍早的以"新结构的脆弱性"为背景,有关潜伏期早期特定重要性的评论,例如,勉强建立的超我)。然而,后面的事件无疑(他父亲在美国的失败)加深了这个伤害;而且这儿童更早期的体验,无疑地也是相似的情况——在前俄狄浦斯与俄狄浦斯时期,对父亲极端的、突然的、无法预期的情绪波动特别容易受影响;以及特别是他在婴儿时期,暴露在母亲不可靠的共情反应——这些都让他变得敏感并导致脆弱,这些脆弱(合并些微的先天倾向)说明了这个结构缺陷的严重性与恒久性,而此缺陷是在潜伏期初始的事件所造成的。

再重述一次:虽然这种困扰的特定致病焦点,与其潜伏期开始时,父亲影像受到创伤的贬抑有关,但无疑地,这个发生在他生命早期的创伤——虽不再记得,却经由个案对分析师弥漫的敏感而大致重现了;这种弥漫的敏感,更特定地说,甚至是针对分析师轻微的不完美,不能立刻对他现在的体验与情绪的明暗或色度达成共情的了解——已经为日后创伤所带来的致病效应预作准备了。细审个案母亲现在的行为,以及她现今的人格,充分证明了以下这个结论:就是她是个深度困扰的女人。她虽然有时看似冷静与安静(有别于明显过度情绪化的父亲),但她面对压力时,却倾向于突然解体,而带着惊惧的焦虑和不可理解的(类精神分裂的)激动。因此可以假设这位个案在他生命的第一年,先是失望于母亲无法给与他恰当阶段的全能共情,而母亲对他的反应又是那么表面与无法预期,这些必定早已导致他广泛的不安全感及自恋的脆弱。

然而,个案心理缺陷的核心,与潜伏期早期对理想化父亲影像的创伤性失望有关。他的缺陷本质为何,以及该如何以元心理学的术语描述它?简要地回答:其人格的主要缺陷是对自己超我理想化的不足(来自其超我的价值观、标准,与功能的理想化力比多的灌注不足),以及同时在前俄狄浦斯后期与俄狄浦斯阶段,却有外在体验到的理想化双亲影像强力的灌注。这种缺陷的症状结果,虽然有限却很彻底。个案主要感到创伤般失望的,是有自恋投资的父亲影像(父亲的理想化力量),但却没有发生对理想化客体的转变内化作用,但是固着于前结构的理想形象(这是个案永远在追寻的)确实发生了。超我并不具备这种必要的尊贵地位,因此无法提升个案的自尊。然而,事实上个案并不觉得好像被剥夺了这些投资以客体—本能灌注(力比多)的父亲影像,因此他的超我,较之于它的内容与功能,相对是较为完整的,而建造这些内容与功能,是要用来承受俄狄浦斯式的父亲关系中客体—

力比多和客体—攻击的维度:个案拥有价值观、目标与标准;大致上他并非打算转向外来的形象,而这形象会隐微或明显地要求他哪种行为是对是错,或者他该渴望达成什么目标。基本上,他的核心目标与标准是源自他们家族文化背景的目标与标准,经由他父亲移转给他。但是他所欠缺的,就是当自己合乎标准或达到目标时,仍不能感到有瞬间的满足感。只有把自己依恋于强势的、令他钦佩的形象,并且希望这个形象能接受或支持他,这样他才感到自尊的提高。

因此,在他特殊结构缺陷的移情表现中,他似乎对理想化了的分析师有两种(主张专横而虐他的)难以满足的要求:(a)要求分析师共享其价值观、目标与标准(因此通过它们的理想化,而相当程度地吸收了它们);以及(b)要求分析师,对其符合自己价值观和标准、及朝向目标成功的努力,经由表达兴趣和参与的温暖热情而给与肯定。若分析师没有表达他共情地理解这些需求〔言词的肯定似乎就足够了;如通过直接的赞美的"行动演出"愿望的满足("play-acting" wish fulfillment),是既不需要,也势必不能为个案所接受〕,个案的价值观与目标,对个案而言似乎就会是平淡无奇和不具鼓励作用的,而其成功也没有意义,只会让他觉得忧郁和空虚。

在描述了个案主要的心理缺陷及其影响之后,我现在要谈个案精神病理中,三个单独的、次要的领域,然而它们与主要的缺陷以及它们三者之间,却又彼此紧密相连。这三个领域是:(1)个案普遍的自恋脆弱;(2)主要回应对理想化双亲影像的失望,因而产生了夸大自体的过度灌注(力比多);(3)对自恋灌注(力比多)的群体(constellations),有性欲化的倾向。

1. 个案普遍的自恋脆弱并不具特异性;所能提供的相关解释性重建,比起呈现在他其它方面的自恋人格困扰的解释,必须更加仔细思索与试验。他不只对轻蔑有超凡的敏感——无论这些轻蔑是人为且刻意的,或是非人为且意外的——并且对外在环境变迁所带来的逆境也是如此，然而他对此变迁的反应犹如是对他个人的伤害，是被这个万物有灵的(animistically)世界所故意加诸他身上的。相关的心理缺陷是如此宽阔与普遍，而且它所归属的这个世界的体验是如此古典，这些都指出了，人格困扰的方向是来自个案与母亲的早期关系。并且如先前所述，对他母亲的人格评估支持了下列论点：就是其普遍的自恋脆弱的产生，与其母亲人格的困扰有关，特别是在他婴儿时期，母亲的共情反应的无法预期与不可信赖。

　　一般而言，古典双亲影像的理想化以及古典自体的夸大，其前身是婴儿对不受干扰的原发性自恋平衡的体验，这是一种心理状态，其完美甚至优先于后来会进入完美的分类（即在力量、知识、美丽和道德等领域的完美）最初始的分化。母亲在儿童的自恋平衡受到干扰而又重新建立前，对儿童的需求做反应，可免却创伤般的延迟，如果母亲反应的缺失是在可忍受的范围，婴儿就会逐渐地改变自己原先对期待绝对完美的那种无穷与盲目的自信。以元心理学的术语来表达就是：随着母亲在共情时的每个小失败、误解及延迟，婴儿即从绝对完美（原发性自恋）的古典影像中撤回自恋力比多，并且替代地获得一点内在的心理结构，来取代母亲作为维持自恋平衡的功能，也就是她基本的安抚与平静的动作；并且她也提供身体上①和情绪上的温暖，以及其它种类的自恋维持的滋养品。因此，最早的母亲—婴儿关系中，最重要的层面就是恰到好处的挫折(optimal frustration)的原则，这在儿童日后类似的环境里也维持是真实的。在先前存在的（且为外界所维持的）原发性自恋平衡中，可忍受的失望导致了内在结构的建立，并提供

----

① 　在某些限制下，调节皮肤温度以及维持温暖感觉的能力，似乎须以这种方式取得。自恋困扰的个案，倾向于无法感觉温暖或维持温暖。他们依赖别人对他们提供不只情绪的以及身体的温暖。他们皮肤的血管分布较为稀疏，他们通常对低温（"通风口"）很敏感。甚至没有过度自恋脆弱的人，在立即的羞耻反应（突然展现了脱序的表现癖灌注力比多）消退后，会习于以皮肤及黏膜的血管收缩作为对自恋伤害的反应，因此更容易受感染，尤其是得到感冒，而这也许是这些状况的结果。

了自体安抚的能力，且在自恋领域中，获得对张力的基本耐受力。

然而，一般而言，如果母亲的反应是不共情或不可靠，则从绝对完美的古典影像逐渐撤回灌注（力比多）的过程会受到困扰；转变内化作用也不会发生；而精神继续攀附于界限模糊的绝对完美影像，并未发展出各种内部的功能可以次发地重建自恋的平衡——无论是（a）直接地，通过自体安抚，亦即通过部署可及的自恋灌注（力比多）；或是（b）间接地，也就是经由适当的诉诸理想化的双亲——因而与自恋伤害的效果相比，是保持相对地没有防御的。这种状态的行为特征差异很大，当然在其它因素中，也取决于母亲错误反应的广泛性与严重性。然而，一般而言，我们可以说这些行为特征，是对自恋平衡的干扰太过敏感，而倾向于藉由混合大规模的退缩与绝不宽贷的暴怒，对自恋干扰的来源做反应。

关于自恋脆弱与固着的产生，可以做以下两个整体性的陈述。

（i）比起遗传因素和整体的创伤事件（如双亲之一不在或死亡）间的相互作用，先天的心理倾向与双亲（特别是母亲）的人格之间的相互作用来得更重要，除非这整体的外在因子与双亲的人格困扰有关系（例如，当双亲离婚了，或假设双亲的不在是因为罹患精神疾病，或因为自杀而消失）。

（ii）双亲人格中最特定的致病成分，存在于他们所拥有的自恋固着中。特别是，我们发现在最早的阶段，（a）母亲的自体吸尽耗竭（self-absorption）会导致她将自己的情绪和张力投射在儿童身上，造成错误的共情；（b）她也许会以符合她自己的自恋张力状态和成见，对儿童的某些情绪和张力，选择性地过度反应（疑病式地）；（c）当她自己的成见与儿童的需要不同调时，她也许会对儿童所表达出的情绪和张力不做反应。结果就会变成在错误共情、过度共情，与缺乏共情之间产生创伤的轮替，而这让自恋灌注（力比多）无法逐渐撤回，因此也无法建立调节张力的精神结构；儿童仍继续固着在整个早期的自恋环境。

不只是母亲的自恋人格组织可说明儿童在早期是如何获得自恋固着与脆弱，同时它也可以说明为何儿童仍然包含在双亲的自恋环境中，而远超过他的心理组织仍必须与这种关系保持协调的时间。然而在稍后的阶段，父亲的人格对于随之产生的人格困扰的严重度，仍有着决定性的影响：如果他也因为自己的自恋固着，而不能对儿童的需要做共情的反应，那么他会增加这个伤害；然而，如果他的人格界限清楚，而且如果他能够，比如让自己先被儿童理想化，然后能让儿童逐渐发觉出其合乎现实的限制，而不会从儿童那里撤回，那么儿童就能朝向有益的影响，与他形成一个团队来抵抗母亲，而毫无伤害地逃出。

在呈现了这些一般的考虑后，我现在要回到 A 先生这个个案。他母亲的精神病理人格所提供的早期环境，不只是孕育他普遍的自恋脆弱的地方，它也用下列两种方式，在自恋领域中促成个案产生这些方面的精神病理，而这些是在童年后期所得到的：(a) 经过早期自恋固着的形成，儿童对于自恋困扰的复原力减少了，他在随后一个时期，对自恋创伤的反应是发展出进一步的固着，而不是建立张力调节的心理结构；(b) 早期对母亲完美影像的持续失望，会导致儿童无法充分地以自恋的理想化灌注（力比多）去感受她，父亲的影像相对地就会被过度理想化，而父亲影像经过理想化后的变迁，对儿童精神的影响，就这个个案而言，甚至更具创伤性。

2. 继续探究个案精神病理较次要的领域。我现在要转到检验他对夸大自体反应式过度灌注（力比多）的倾向，而这种倾向出现在对理想化了的分析师失望（或被分析师排斥）的反应中，或是间接地，出现在对临床移情以外的理想化影像的反应中。

由治疗中激活的理想化双亲影像（理想化移情）摆荡到夸大自体暂时的过度灌注（力比多），是在自恋人格分析时最常发生的。这类事件通常的临床特征是：对之前理想化的分析师变得态度冷漠；思考和语言呈现原始化的倾向（从做作的暗示到全面地使用新语的现象）；以及优越的态度伴随更多的难为情、害羞、疑病成见的倾向。这些行为及症状的改变证明了一件事实,就是夸大自体的反应式过度灌注(力比多),一般所关注的是这种心理结构中相当原始的阶段,这是防御行动的退行本质的一种发展结果,并非夸大自体在更为成熟的阶段,在大多数原发镜像移情(primary mirror transference)①(见第六章)的例子中所遇到的统整的治疗式重新激活。

A先生的分析中,对夸大自体的过度灌注(力比多),常会发生反应式的摆荡。它们的特征是呈现夸大的计划(例如不合现实的囤积商场货物,或不合现实的研究计划),伴随着情绪的冷漠、言辞的怪僻(特别是做作地使用他九岁时所学的西班牙孤立词),以及疑病的担心。然而有些阶段,当他夸大自体的过度灌注(力比多)并非只是一种防御反应的稍纵即逝结果时:在各种不同的阶段,尤其是在他长期分析的前几年,他的夸大—表现癖的张力的确非反应式地被用来形成或多或少稳定的镜像移情。夸大自体反应式或原发的过度灌注(力比多),主要与早期俄狄浦斯的固着点有关:尤其是当父亲突然走掉的关键点,儿童有一阵子会幻想自己可以掌控和支配全局。然而,在友善的成人支持与合作之下,这些幻想必须突然放弃,特别是因为在动荡世界状况中,广泛的焦虑气氛并不允许嬉闹的意识和前意识的想法——而这些想法通常是稍后成功升华的前身②。

夸大自体的过度灌注(力比多)不只在分析开始时,并且也在稍后时期的特定情境里,扮演重要角色。几年分析的结果,当他的自尊提升,以及当他对成功和失败适度反应的能力更可信赖后,个案的功能也进步了,他经常且长期地对自己和自己的生活感到缺乏现实,而这

---

① 关于古典的夸大自体,其反应式的过度灌注(力比多),有另一个临床的说明,请参见在第四章中,对个案G分析的描述。

② 成人与儿童的夸大幻想的合作,有个很好的例子,参见 Eissler (1963, pp. 73ff.)。

些不能以适应的生疏来完全解释。只有当他再次回忆起古典的幻想,也就是当他现实上仍是儿童却幻想自己已经长大,并且当他了解这些幻想如何干扰他接受自己是有用成人的能力——只有在这样的时候,神奇的感觉与非现实感才会开始从他现在较为充实的生命中退却。

3. 现在可以借着讨论精神病理的第三个次要领域的方式,实现以元心理学的角度来对个案的精神困扰做评估:即探讨他将病态的自恋群体性欲化的倾向。

性错乱(以及成瘾行为和叛逆偏差行为)和自恋型人格障碍的关系,其主题比起我在这篇有所限制的论文中所能指出的,值得更多的关注。性错乱(及其相关的)活动的特定症候能够主导人格达相当程度,深沉地奴役自我,以及随后(次发地)产生如此全面的退行,使得占据了整个精神病理网络的原发及中心位置的自恋困扰,几乎被遮蔽或隐藏而不得见,这当然是真实的。并且我的印象是,在自恋领域中特定范围的困扰,通常是这些广泛疾患的核心。在 A 先生这个个案中,他的性错乱症状相对较轻微,因而特别能藉此证实下列几者之间的关系:(a)原发性自恋困扰的范围;(b)与之相关的早期自我缺陷;和(c)自恋困扰的性欲化。

A 先生的同性恋倾向,并没有对自我产生全面次发的效果,或导致弥漫的驱力退行。然而就像开始所提到的,同性恋专注的出现,促使个案来寻求分析,并且至少作为动机的一个焦点。他从来没有投入同性恋的活动中——除了在青春期,某些有性欲意味的嬉闹扭打,以及购买一些有男性运调动照片的"肉体文化"杂志——他的同性恋偏向只须以幻想就可完成,也不一定需要自慰。他同性恋幻想的客体,总是具有强健体力和完美体格的男人。他自己的幻想活动,包括对这些男人维持一种近似虐待、且绝对的控制。在他的幻想中,他操纵整个局面,虽然他很文弱,却能够奴役这个强壮的男人令其无助。偶尔当他想象对一个强壮而体格完美的男人手淫,而消耗其能力时,他会达到高潮,并感到胜利和有力量。

以临床观点来说,远在个案精神病理的其它方面有同样显著的改善前,这种同性恋幻想就已撤回;幻想只有在压力的时期才会再度出现。随后它们被偶然的失去性意涵的幻想回忆所取代;个案称它们为对同性恋的"恐惧",意即只有在担心它们会再度回来折磨他的情况下,他才会体验到它们。到最后,连这些"恐惧"也几乎完全消失了。

个案的缺陷的性欲化,是因为其基本的精神结构中,有一些中度的脆弱,因而造成了其中和能力的缺损。因为精神的基本中和结构,是在前俄狄浦斯时期所获得的,所以当核心的创伤(理想化双亲影像创伤式的丧失)发生在潜伏期的开始时,中和的缺陷必定早已存在。中和的不足,使得个案与其自恋投资的客体,其中的关系产生了性欲化,在下列这些领域:(a)性欲化他所理想化的(俄狄浦斯的)父亲影像(他仍固着于这些影像,并且也需要这些影像,因为他的超我缺乏稳定的理想化);(b)性欲化他所过度灌注(力比多)的夸大自体镜像影像〔他仍固着在此夸大自体,并需要这些夸大自体,因为他缺乏安全的灌注(力比多)了的自体(前)意识影像〕;(c)性欲化他对理想化价值观和可靠自尊的需要,以及性欲化这些理想和自尊所需的心理过程(内化)。

由此,个案的同性恋幻想可理解为对其自恋困扰的性欲化的陈述,这与分析师在理论上的综合论述是相似的。当然,这些幻想与有意义的观念与进步,是处于对立的位置,因为它们是要作为获得愉快,并且提供一个从自恋张力逃脱的途径。在个案能够消化他对自己的了解之前,事实上应该先获得对张力某种程度的耐受力。虽然从事实的角度观之,他自恋张力的性欲化并未根深柢固,但其显现事实上却使他更能察觉到需要治疗的精神病理的存在,而非其它可以更容易被否认的自恋困扰层面,所以直接诠释他性幻想的意义并非无益。事实上,在支持详审细检测有困扰的心理功能的其它领域中所获得的洞识，这类的诠释是十分有用的——特别是以回溯的方式，在同性恋的幻想大致已经缓解后。

在稍后阶段的分析中，可得到划等号的情况有：
(1)在(a)他坚持需求不同的父亲影像(特别是包括分析师在内)来肯定他的价值与目标，以及(b)他从前的幻想追寻身强体健的男人之间划等号。
(2)在(a)他反应式的夸大、傲慢、优越感，以及(b)曾经一度是他性兴奋的来源的某些年轻男性之似君王的心态与行为之间划等号。
(3)参照他藉由耗竭外在完美的幻想影像以获得力量的高潮体验——征服强壮潇洒男人的幻想，以及通过对他们手淫，耗竭他们的力量——可被回溯诠释为关于其心理缺陷和必须获得的心理功能本质的性欲化陈述之间划等号。

因为受苦于缺乏一个坚固理想化价值观的稳定系统，而这是一个自尊之内在调节的重要来源，于是他在自己的性幻想中，以一个强壮的男运调动，性欲化的外在前身，来取代这种内在理想；代之以增强的自尊；当他剥夺外在理想的力量和完美时，在他的幻想中，他为自己得到这些特质，而暂时感到自恋平衡，于是他会有胜利的性欲化感觉，借着胜利的性欲化感觉，他会体验到符合个人理想化价值观与标准的典范，从而增强了自尊。①

然而，必须强调的是，直接去诠释性幻想的内容，一般来说并不是对这类个案分析的理想方法，并且在一开始应该对这类个案示范，其缺陷与需求的性欲化，具有特别的心理经济功能。也就是说，它是一种释放内在自恋张力的方法，即使是回溯地使用性幻想内容，以支持

---

① 潜意识的口交幻想，并咽下神奇的精液，这种幻想的出现，代表着尚未达成的内化和结构形成，在这点可以被如此假设。然而，它从未浮现到意识中——也许关联到这个事实，就是即使当个案处在严重的情绪压力下，主动的(虐待的)支配和控制倾向仍能维持优势，胜于被动(被虐)的心理解决方式。

详审非性欲化的材料所得的洞识,也必须老练而仔细地处理,因为个案在克服了规避张力的习惯后(这相当类似于成瘾),会觉得分析师好像借着引发他先前对冲突的性欲化,而煽动原来的欲望。

我无法在这个领域里下一个僵化而快速的规则。共情的分析师的技巧与体验将必须引导他决定(1)是否应该避免将一个不必要的负担加在个案身上,因个案难以戒掉将自己的缺陷与需求性欲化,而且他也才刚开始以更崭新而可靠的模式,通过非性欲化的洞识及通过建立心理组织,来达成自恋的平衡;或是(2)是否可藉由回溯的探索,而这些探索也包括先前人格困扰的性欲显现,使更稳定建立的平衡能扩大洞识。以性错乱的性愉悦来作为退行逃脱的倾向,将会经由这种回溯的探索,带领进入可理解的情境,而个案对其退行倾向的控制也会增强。

第四章
理想化移情的临床与治疗层面

理想化移情与成熟形态的理想化的区别

　　如我们已见到的,理想化移情在某些自恋型人格障碍的精神分析取向治疗中,扮演关键的角色,而且它在为数颇多的自恋人格的分析中,长久地或至少在某些决定性的阶段中,占据舞台的中央。理解以下两者本质上的不同是很重要的:其一是发生在自恋人格分析中的理想化(亦即狭义的理想化移情),其二是在移情神经官能症的分析中常见的理想化。

　　自恋疾患中的理想化是源自于古典和暂时的理想化双亲影像,或源自于发展中相对成熟阶段的理想化双亲影像;这特定的致病固着,永远是发生在理想化的双亲影像的转变内化作用最终完成之前,亦即,理想化超我的形成已成为不可逆的那一个发展点之前。而另一方面,移情官能症中所出现的理想化,则是源自俄狄浦斯期终点所获得的心理结构,也是在心理发展的较晚阶段。

在移情官能症中可见到两种形态的理想化:(a)就如之前指出的,这种理想化与移情中激活的(任何种类的)客体爱混合在一起;它类似恋爱状态中特有的那种理想化;(b)另一种理想化则是被分析者将其理想化的超我投射到分析师身上而产生。虽然发生于移情神经官能症的理想化,也许看起来近似发生于自恋疾患分析过程的理想化,但一般而言,无论是两者的区分,或临床上的辨识,都并不困难。对这两种理想化的不同发展位置做一理论上的了解,有助于我们辨识那特有的具鉴别性的现象学特征,而这些特征可能会被观察者遗漏。

然而,让我先提一下,尽管理想化普遍发生于精神分析之内和之外,所以实际上很重要,但就此刻而言,我想先行讨论一下理想化的防御式使用,亦即(起源于暂时的自我态度或长久的性格状况的)(过度)理想化,可对位于结构上较深层的敌意,次发地加强对它的压抑、反向作用或否认。由于这类理想化是从属于敌意的态度,因此关于其本质是自恋的或客体—本能的问题,答案端赖我们对居于主导地位的敌意的群体(constellations of hostility)如何评估。无论如何,这些问题并不属于自恋的理想化与混合着客体爱的理想化如何区别的内容,而是属于自恋与敌意的关系,亦即,这些问题必须与自恋暴怒(narcissistic rage)的主题放在一起考虑。

另一方面,客体爱的理想化成分是从属于主导的力比多的客体灌注(力比多),两者混合在一起,而它所对准的客体(在移情中是乱伦的俄狄浦斯儿童时期影像)是与自体清楚分化的,亦即,该客体被承认是一个驱动中心——具有独立的知觉、思想和行动。因此与客体(幻想的)移情的互动,包含相互的元素(例如,给与及接受一个婴儿化的幻想),而且借着愤怒表达出对客体的失望反应,以及对那个拒绝的客体有更强烈的渴望。

在恋爱中对客体的高估确实是自恋力比多的一种功能,且自恋力比多与客体灌注(力比多)混合(类似对超我的理想化,可以解释此结构的内容与功能的崇高地位)。然而,不同于在理想化移情中所调动的自恋力比多,正常恋爱状态(以及正向移情的某些阶段)的自恋成分并未与客体灌注(力比多)分离开来,而是一直保持从属于客体灌注(力比多),并未与客体的现实特征失去接触(唯一的例外是对客体适度不切实际的高估)。如果恋人的理想化张力大到无法为客体灌注(力比多)所吸收,它们可能会彷佛经由一个安全阀逸出,而促成一次创造活动的飙涨——纵然并非每个热恋中的准诗人都拥有足够的诗才。然而,在此处亦然,恋人并未失去与现实的接触(同样除了对恋爱的客体的适度不切实际的高估以外),尽管他的创造活动是为自恋—理想化的力比多所滋养的。以青春期的精神分裂症个案的恋爱体验为例,他们怪异的艺术作品以及对爱的客体的扭曲知觉,有时正是其精神疾病最早的明显征候。而正常恋人的诗始终都是颂扬其所爱之人的现实层面和特征。

在这里,很重要的是须指出,理想化移情的临床位置,和移情神经官能症治疗过程中所遇到的理想化,二者是不同的。我们必须注意不要混淆以下两点:(a)自恋型人格障碍理想化移情中,对分析师理想化的特定的、本质的和战略的角色;和(b)在分析移情神经官能症中,对分析师理想化之普遍的、辅助的,和只是战术的角色。在分析移情神经官能症中特定的某些时期,个案确实基于暂时的理想化,和基于暂时接受将分析师置于(个案)自身超我的位置,而和分析师合作。这类暂时和有焦点的认同,形成"正向移情"的部分(Freud, 1912),而且属于重要的"个案和分析师之间合作的领域"(E. Kris, 1951)。这些理想化和认同十分重要,这是毋庸置疑的,因为唯有通过这些协助,内在探索的很多步骤才得以开始进行,否则这样的过程就会被个案古典的超我所禁止(例如,见 Nunberg, 1937, esp. p. 172)。然而,在形成治疗"双人组"(à deux)中,基于对领导—分析师视为一种精神分析式的自我理想(ego ideal)(Freud, 1921)的接受,产生对领导—催眠师—治疗师的联结,将这样的联结做战术运用是一种非特定的现象。很确定地,它构成了一种心理的动机力量,这样的力量可以在分析中有压力的时期,赋与个案决定性的支持。只是这样的力量在所有其它形式的心理治疗中(包括那些目标和精神分析完全不一致的心理治疗),都至少是起同样作用的。因此,它需要与理想化移情作出区别,理想化移情是借着调动理想化双亲影像而开始作用和维持。无论如何,分析中重新激活的心理构造的显现,并非只是精神分析中心任务的辅助,其本身就是构成个案病原结构的治疗激活的中心,因此,在自恋人格的分析中,这就是分析工作最精髓的部分。

对分析师的理想化是超我投射后的结果,这样的理想化为人所熟知,几句话就足够了。这类理想化的特殊特征源于一项事实,即被分析者赋与理想化了的治疗师智慧和力量,和投射所源自的理想化标准和价值是一样的。更进一步说,这些移情的投射是暂时的,它们并未构成基本治疗组成形式的中心,如同理想化移情中的情形。在移情神经官能症的分析中,它们出现于特定的关键点上,也就是说,当一种潜意识超我—自我冲突开始被调动的时刻,以及当被分析者(在一种防御的行为中,或作为意识上接受冲突存在的第一步时)体验到其理想化超我的命令是来自外面,特定地说,是来自分析师的时候。在这样的情况下,分析师倾向于压倒性地在一个标准和价值的世界中,被视为一种理想的形象,因此,被分析师拒绝之后,一般而言,个案的反应是带着罪恶感和道德上的无价值感。

理想化移情的变异

最容易被确认出来的理想化移情的变异(例如 A 先生常出现的移情模式),在起源学上,和理想化双亲影像发展较后期的困扰有关,特别是就在正常理想化双亲影像被内射,及理想化力比多被将用于超我理想化的过程之前、之中,或紧接之后。如果这些对理想化双亲影像逐渐(或大量,但是阶段适当)去灌注(力比多)的过程,受到严重困扰或阻断,则理想化双亲影像仍继续被保留,它变成压抑的或无法接受①现实自我的影响,仍旧会产生理想化灌注(力比多)的撤回,但是其逐渐(或大量,但是阶段恰当)的转变内化作用则被阻碍。

  正如一般所确定的,重要起源学上的创伤根源于父母的精神病理,特别是根源于父母的自恋固着。父母的病理和自恋需求,决定性地助长了儿童持续过度和延长地交织于父母人格的自恋网中,直到父母突然地撤出,或是儿童突然绝望地体认到他的情绪发展已经多么地混乱,他无法由一种长期自恋的关系获得全面的转变内化作用,他必须面对这项无法达成的任务,他之前曾经想从这种长期自恋的关系中脱身,但是没有成功。偶尔,一件戏剧化的外在事件,例如双亲一方的死亡或长期的缺席,或双亲一方的疾病或无助状态,正如儿童的严重疾病一样,在一瞬间呈现出父母力量的有限,这个外在事件看起来就是其相关童年困扰的主要原因。但是这些事件本身很少能够解释续发的病态固着;它们通常是一连串频繁无奇但具决定性心理前导事件最后明显的一个环节。必须在父母人格和特定外在事件发生之前,在父母与这个儿童全部关系历史的情况下来了解这些事件。这个特定外在事件变成种子,围绕这个种子,使儿童精神病理具体化。父母和儿童之间病态互相影响的复杂性及其形态的无数变化,使完整描述的企图变得不可能。但是在一个执行适当的分析中,重要的模式会清晰地出现,当被分析者表面固着的自恋模式被松动时,对重要模式的详细了解,可以逐步克服其恐惧,形成一个重

---

  ① 通常,古典的、前结构的理想化双亲影像的持续影像,不只是保存在压抑中(即心理上借着水平分裂和自我隔离),它也让自己留在自我范围之内,和弗洛伊德形容恋物癖者的状态类似(即在自我中借着垂直分裂和现实自我隔离)。这个主题在第七章会继续探索,心理上"垂直"和"水平"分裂的观念,也会详细讨论。

要的、有时是决定性的一步。

以 B 先生为例,他的分析是由一位的同事(一位女性)进行的,该同事又固定咨询于我。B 先生在分析中建立了一种特殊的自恋移情,觉得与理想化的分析师融合。治疗师的注意,有效抵制了个案自体体验解体和断裂的倾向,巩固了他的自尊,继而改善了他的自我功能和效率。当这种经由和分析师的关系所提供的自恋灌注(力比多)的有利的配置,受到任何即将面临的中断威胁时,他的反应首先是极度的不安,继之以一种对已经自恋投资的分析师的"去灌注"(合并强烈的口腔虐待暴怒),这严重地威胁到他人格的统整。紧接着,是一个典型的原始夸大自体的反应式过度灌注(力比多),伴随着冷酷、专横的行为。但是,最终(在分析师离开一阵子之后),在更原始的层面,他达到一种相当稳定的平衡:他退回至孤单的理智活动,虽然他的投入没有以前那么具有创造力,但是理智活动可以给他一种特定的掌控、安全,和自给自足的感觉。后来在分析中整理,以他自己的话来说:他"单独地划入湖的中央,望着月亮"。然而,当分析师回来之后,有机会重建和理想化自体—客体的关系时,他的反应却是同样的不安和调动同样具威胁性的口腔虐待暴怒,这是当他在初期自恋移情被"拔掉"(用对他自己有意义的比喻来说)时所曾体验到的。

开始时我认为个案对分析师回来时的反应,是一种非特定的反应,包括两个成分:(a)对分析师的离开,因等待分析师回来而暂时搁置的、仍未表达的原本愤怒的层面,和(b)因必须放弃一种新发现的平衡而产生的一种非特定的暴怒,这种新发现的平衡可以保护他免于因分析师的缺席和撤退而再次受伤害,虽然这种新发现的平衡比起之前那种,是较低满足的。虽然就一定程度而言,这些解释是正确的,但是它们仍不完整,因为目前反应的高度特定起源学上的前驱因素并未加以考虑。个案实际上是借着他的反应来描述一早年事件的一个重要后果。

个案和他母亲是紧密联结的关系,她很严厉地监督和控制他。例如，他准确的进食时间，以及童年后期，他的进食时间都是由一个机械的定时器决定，母亲有控制儿童活动的需求，这个定时器就是这种需求的延伸——让我想起薛伯(Schreber)的父亲用在其儿童身上的装置(见 Niederland, 1959a)。因此儿童会与日俱增地觉得没有自己的心智，母亲持续地扮演他的心智功能，这类共情般上演的母性活动，确实有阶段的恰当和需要，但现在已经远超过那样的时段了。在焦虑地认知到这种关系的不当冲击下，他被成熟的压力带着往前进，并企图克服想获得更大自主权时的害怕不安。他在童年的较后期退缩回自己的房间、锁上房门，不受母亲干扰影响地思考自己的想法。当他才刚刚开始对这少量的自主功能有些信赖时，他的母亲早已装置了一个信号器。从那时起，无论何时，当他想独处，尝试在内在和母亲分离，她就会打断他；她会传唤他到她那里，比用她的声音或敲门更强迫其顺从(因为机械的装置感觉起来很像精神内在的沟通)，因为他会反抗母亲的声音或敲门。所以，在他已经"划入湖的中央，望着月亮"之后，就不难理解他对分析师返回的反应是暴怒。

　　正如我反复强调的，甚至在大多数最严重自恋人格困扰的个案中，是儿童对双亲一方的反应，而非早年传记中对显著创伤事件的反应，决定了自恋的固着。然而，必须补充的是，儿童早年生命中这类如双亲一方缺席的事(见 A. Freud and D. Burlingham, 1942, 1943)，或因为死亡、离婚、住院而失去双亲一方，或因为情绪疾病造成他的退缩，这些都会负向地形成自恋的固着；即这个儿童现在被剥夺通过逐渐地撤回自恋的灌注(力比多)，而让自己从紧密联结的关系中自由的机会，这样的过程是转变的、结构形成的内化所需要的。儿童和病态双亲一方自恋式的紧密联结的关系，(被一个外在事件)突然中断后的时段确实是很重要的。它决定了这个儿童将来是否会有一个朝向成熟进步的重新努力，或是否这个病态的固着从此变得根深柢固。如果这个儿童的力比多资源可以让他往前走，则病态双亲一方的缺席或失去,也许会是一种有益健康的释放;特别是当双亲另一方或一位父母的替代者,带着对这个备受威胁的儿童特殊的共情兴趣,很快地跳入这个裂隙中,且允许一种暂时重新建立、稍后逐渐消解的自恋关系。然而,如果周围没有替代者,或如果这个儿童可使用的力比多资源已经太稳固地附着在病态双亲一方,于是这位双亲无法在旁的事实就会造成病态的持续和巩固。在双亲一方外在消逝之后,(古典的)理想化双亲影像就会发生决定性的压抑(或是难以接近的其它形式,例如:通过一种心理上的"垂直"分裂)。潜意识中确定的固着,或是常见的对一个全能的理想化双亲形象的分裂和否认(见 Freud,1925;Jacobson,1957;Basch,1968)的幻想,会阻挠相关自恋结构的渐进和阶段恰当的转变内化作用。

当儿童和双亲一方分离的时期延长,儿童就无法将理想化的灌注(力比多)从他身上撤回(即他无法在一种现实增加的光照下看待这双亲的一方),也无法运用它们来形成心理结构,于是对理想化双亲影像延长和明显的过度灌注(力比多)就会出现在童年时期。只要理想化的幻想还是(前)意识的,理想化的力比多还是流动的,这样的事件就既不会是目前童年时期精神病理的指标,也不会是后来困扰的预兆。在第二次世界大战失去父亲的儿童们,关于一位理想化父亲绵延不断的幻想就是属于这样的脉络(见 A. Freud and D. Burlingham, 1943;esp. p.112ff)。儿童赋与"幻想的父亲"夸大的特征,我相信主要并非如阿德勒学派(Adlerian)的观点(1912)所了解的那样,是一种要克服剥夺的事实和掩饰一种缺陷的过度补偿手段。而是原初存在的自恋理想化,现在没有现实的客体可以据以体验到逐渐的幻灭。没有机会发现父亲现实的缺点,造成了持续的理想化,于是去灌注(力比多)和同时伴随的结构形成就暂时地被延后了。如之前所述,这类幻想形成,在意识上被阐述,暂时被紧紧地抓住,以回应外在的剥夺,及其必要发展任务上的延缓。然而,主导对过度灌注(力比多)的理想化双亲影像暂时意识上的阐述的底下原则,和决定变成永久固着及慢性精神病理的底下原则是一样的。决定性的不同在于,后者理想化双亲影像(例如,全能父亲的幻想)变得压抑和(或)分裂。于是,这个幻想如果没有分析,即使有一个有益的父母替代物可以提供它们自己,或双亲一方回来了,也不会修正(它也不会整合入现实自我)。潜意识地固着于理想化的自体—客体,这是他们一直想要的,他们被剥夺一个充分足够的理想化超我,这样的人会永久地追寻外在全能的力量,经由全能力量的支持和赞同,他们企图取得力量。然而,在分析中,这样的渴求导致对分析师显著的理想化(有时候只出现在处理建立移情的特定阻抗之后);它们变得可以加以详查,于是使个案可以从压抑之理想化双亲影像撤回自恋灌注(力比多)。这些过程,不只同时导致被分析者自我的驱力控制的基本结构的强化,尤其也导致他超我的理想化。

　　虽然,为了简单说明的目的,之前所描述的理想化移情的例子,和理想化双亲影像相当后面的时期有关,要确实区分较成熟的移情重新激活,和较古典结构的移情重新激活的形态,是无法清晰且井然有序做到的,也无法避免粗暴地对待真实临床情境的复杂性。因此,举例而言,虽然A先生的理想化移情主要和理想化父亲影像的成熟形态有关,他人格中某些特定的层面(之前所提及个案遍在的自恋脆弱性)和古典、前语言期需要一个完美回应、全能、理想化的母亲—乳房有关,在分析中导致理想化移情出现了某些符合早年自恋固着的特定古典的层面。在个案B的移情主要层面也是,所复苏的是理想化影像一种相当晚期、分化的层面,其病态的核心可能和个案三岁时,母亲在一对双胞胎出生不久即死亡后,有一段忧郁的时期有关。然而,在这里也有重要的、非常早期的病态固着点,和他在前语言期与病态母亲的关系有关,她母亲当时对巴比妥药物(barbiturate)上瘾。特别是在分析中有具说服力的证据,这位没有共情的母亲,通过也许是不足、某些时候又是过度的刺激,让儿童在触觉的领域中暴露于严重的创伤化过程。

从理想化较晚期的形式以望远镜式来看理想化较早期的形式,在这样的观点下,我将省去尝试广泛单独讨论理想化移情的古典形式。它将通过模糊和神秘的宗教专注表现出来,这样的宗教专注带着激发敬畏的特质,而这类激发敬畏的特质不再是由界限清楚、单一崇敬的对象所散发出来。虽然理想化移情古典层次的表现有时候是比较不清楚的(特别是当它融入夸大自体治疗的激活时),但是也不要有任何怀疑,有一种对分析师特殊的情绪连结已经形成。以元心理学式表达,在分析情境中,退行开始进行,力求达到自恋平衡的建立,自恋平衡在此被体验为无穷的力量和知识,以及美学和道德上的完美(在治疗的退行导向非常早期的固着点的例子中,这些属性或多或少彼此之间是未分化的)。只要被分析者能维持他和理想化分析师影像结合的感觉,这样的平衡就能维持下去。一旦退行到达疾病指标的点(pathognomonic point),和相对应理想化自体—客体的结合已经建立,继起的自恋平静会导致功能改善的临床现象。它减少了进一步自恋退行的威胁,特别是退至理想化双亲影像最古典的前驱物(即朝向和它之间一种轻躁的融合,有时表现为一种类宗教狂喜的状态),或退至一种对夸大自体最原始形式的过度灌注(力比多),以及稍纵即逝地身体—自体(自体性欲)解体。除此之外,随后出现的是先前呈现之属于自恋疾患的症状减缓了,即个案模糊和广泛的忧郁、工作能力的困扰以及易怒;以及他的怕难为情、怕羞耻的特质、疑病的担心,和模糊的身体不适。这些症状是古典形式的夸大自体的本能的过度灌注(力比多),且伴随着暂时摆荡至(自体性欲的)身体自体的表现,这些症状倾向于在分析早期因理想化客体初始的治疗激活,调动自恋灌注(力比多),并将自恋灌注配置于理想化移情中而减缓。

修通过程和理想化移情中其它临床问题

正如在移情神经官能症的分析中,围绕着移情主要的临床问题,可以分为两种：和移情正在建立的时期有关的，以及那些和移情建立之后的时期（即修通时期）有关的。

关于第一种时期不太需要去说明。个案觉察到由特定自我阻抗所激活的内在冲突，而这自我阻抗是针对退行所产生的，这样的状况并非不常见。坠落的焦虑梦境可能会发生（它们似乎是飞翔幻想的反面演出）；它们特别容易出现在镜像移情快要发展出夸大自体的重新激活的个案（见第二部分）。也有一些早期的梦，在其中个案面对攀爬一座庄严耸立的高山，忧心忡忡地望着陡峭的山径及其潜伏危险的路面，根本很难找到一处可靠的踏脚点或一处安全的攀缘点。这些梦特别会发生在即将发展出理想化移情的个案上。当然，不用对分析师说，这些包含坠落的惧怕或面对陡峭高山的担忧，可能会发生在许多不同的心理情境，表达不同发展层面有关的冲突，包括的不只是众所周知、已经被透彻研究和男性生殖器论断（phallic assertion）及阉割恐惧有关的冲突，在自我的层面上，也包括对退行（坠落）的非特定害怕和面对困难任务（高山）的担忧。然而，在自恋人格的分析中，这类的梦不只是给分析师一个关于正在调动的自恋移情是何种形式之早期辨识指标，它们的细节也可以为分析师关于什么是移情建立的特定阻抗的特定、无价的线索。例如：是否理想化灌注（力比多）调动的害怕和阻抗，是因为儿童企图理想化的自恋投资的客体，是冷酷和无反应的（一座结冰的高山；一座大理石或玻璃的高山）、无法触及的遥远，还是无法预期和无可信赖？再次说明，我们毋须谈论细节，因为每一位分析师都可以轻易地从他自己的相关个案材料中取得体验资料。在理想化移情的前阶段中，也许会出现一些指标（在梦和联想中，常常是关于表面上是抽象的、哲学的和类宗教的专注，一些有关存在、生命和死亡的问题），个案会害怕因为和理想化客体融合和融入的深层渴望，而使自己的个体性消失。

分析师应该知道所有这类阻抗的存在，表示友善的理解，且为个案界定出来，但是一般而言他不需要进一步做任何事以提供保证。整体而言，如果他不以过早的移情诠释（个案会理解为禁止或不赞成的表示）或其它有害的动作来干扰，他可以预期这种疾病指标的退行（pathognomonic regression）会自动建立。弗洛伊德在移情神经官能症的分析中对于分析师适当态度的描述，一般而言也适用于自恋人格困扰的分析。为了和个案建立一种"适当的关系"，弗洛伊德（1913）说："不需要做任何事，只是给他时间。如果一个人表现出对他很大的兴趣，小心翼翼地清除开始时突然出现的阻抗……他将会形成……一种依恋关系，把医师和其中一位他习惯以感情对待的人的影像连结在一起"（p. 139f.）。弗洛伊德的陈述，必须做某些明显的修正，以使其能充分运用于自恋人格困扰的治疗，特别是运用于自恋移情的建立。然而，弗洛伊德所建议的基本态度，在此也和在移情神经官能症中一样正确无误。

在这阶段，分析师常犯的几个错误，将会在后面讨论分析师在分析自恋人格困扰时易发生的某些典型反应的情境下谈论。此刻，我只想强调在分析师这边一种不寻常的友善行为，有时会因创造治疗联盟①的需要而被视为正当，但是在分析自恋人格困扰时，这点不像在分析移情神经官能症中一样可取。在后者的情形中，它会被体验为是

---

① 治疗（或工作）联盟（Zetzel, 1956; Greenson, 1967）的这个有用观念，对一些分析师而言，是一项有益的提醒，支持分析工作的心理架构值得分析师付出兴趣和注意。用不同的词句表达，它帮忙驱散这样的主张，认为分析师的中立比较是以身体上的方式来理解，而非理所当然一般所期待的人性反应的心理上的方式来理解。例如：当有人问一个问题时却仍然保持沉默，这并非中立，而是粗鲁无礼的。理所当然，分析中会有一些时刻，在特定的临床情境及适当的解释之后，分析师不会假装回应个案伪现实（pseudorealistic）的要求，反而会坚持探究他们移情的意义。然而，在这样的情境下，也许有人会说，聚焦于分析师和个案的现实互动上，对某些人而言会变成一条逃离分析工作的路径；对眼前互动的兴趣，开始像一种（反）阻抗，阻碍核心精神分析材料的研究，即移情的研究（关于这个主题进一步的评论见第八章，被分析者对分析师所谓"正向移情"，或与分析师的"关系"的讨论）。

诱惑的，容易产生人为的移情；在自恋型人格障碍的情形中，它会被敏感的个案理解为是一种施恩的态度，伤害了被分析者的骄傲，增加他的孤立和疑心（即他撤退回到夸大自体的古典形式特质），因此干扰了个案特定疾病指标退行的自动建立。

分析中特别关于理想化移情的修通阶段，只有在疾病指标的理想化移情已经建立之后才会开始。被分析者的心灵在治疗情境中一开始意图建立，和企图维持的基本本能的平衡，迟早都会受到干扰，这样的事实让过程开始启动。然而，相对于移情神经官能症分析过程的变迁，在自恋疾患的分析治疗中，初始平衡原初的干扰，并非来自于潜意识要求的张力（这些要求以分析师为焦点，而自我所调动的防御以阻抗分析工作的形式防御这些要求）。自恋平衡要依靠被分析者和古典的、自恋式体验的、前结构的自体—客体的自恋关系，以这个事实的观点视之，在这里，本质上而言，平衡的干扰是来自于特定外在的环境。在未受干扰的移情中，只要他的自体体验包含了理想化的分析师，自恋个案会感觉完整、安全、有力量、美好、有吸引力、主动，他会不说自明地肯定，可以控制和拥有这个理想化的分析师，这样的体验很像成人可以控制他的身体和心灵的体验。在突然失去对身体和心灵毫无疑问的控制之后（例如：器质性脑部伤害的后遗症），大部分的人都会倾向于以特殊严重的依赖和无助的暴怒来回应。类似的反应也会发生在自恋型人格障碍的分析中。因此，在达到与古典、理想化自体—客体自恋合一的阶段之后，被分析者会先以暴怒和依赖去回应（接着会有一阵短暂的退行，为了体验和最古典的理想化自体—客体的融合，或为了改变自恋投资到一种对古典形式夸大自体的过度灌注（力比多），甚至稍纵即逝地，对自体性欲的、解体的身体自体的过度灌注（力比多）），打断他对古典双亲影像自恋控制的任何事，也就是打断对分析师自恋控制的任何事。

对被分析者对自恋投资之客体的体验详尽的检视，可以提供一些特征,用以分辨这是被分析者和理想化客体的关系(理想化移情),或分析师被体验为是夸大自体的延伸(镜像移情)。可供区辨的特性是确实存在的。理想化自体—客体的出现,也是被接受不说自明的肯定,很像我们去接受维持生命架构的周围空气和所站立的坚实土地一样。被分析者在自恋移情中和分析师的关系,很像成人对自己身体和心灵的体验,一般在夸大自体变得激活而分析师被包含入扩张的自体中(镜像移情),这样的情形被运用得更充分。无论如何,任一种自恋移情被干扰时,个案的反应都倾向于一种失去控制的反应——也许,除了这点,当在移情中失去理想化客体时,会更强调依赖的体验;相较于当扩张的自体变得不可及时,则会更强调暴怒的反应。

　　接下来的考虑——在疾病指标的治疗退行发生之后,特别是被分析者自恋地体验分析师,即非视分析师为分开和独立的个体这个事实——个案在面对和分析师延长的分离(例如暑假)时,他的暴怒、依赖和退行撤回,以及对分析师的微小冷漠征候的严重反应,或个案对分析师缺乏立即和全面共情的理解,特别是对这类明显是细微的外在事件(如约定时间稍微不规则、周末的分离,和分析师稍稍的勉强)的严重反应,要解释在分析过程中这些状况所扮演的策略性角色为何。被分析者以暴怒回应分析师,即使时间不规则和干扰,是应从被分析者的要求和利益来考虑,以关系的自恋本质的观点来看是有意义和可了解的。当然,同样的反应也会出现在移情神经官能症的分析中;所有的分析师都很熟悉它们,它们也扮演着重要的策略角色,因为(虽然,在这样的情况下,它们是非特定的)它们并非少见地开启了移情通往被分析者婴儿化客体灌注(力比多)的特定变迁的通路。然而,这些偶发事件的重要性,在自恋型人格障碍的分析中是不同的。在这里,个案对这类事件对他和自恋体验的客体关系干扰反应,占据策略重要性的核心位置,正如结构冲突在神经官能症中的地位一样。

　　剥夺个案理想化分析师的任何事,都会造成对他自尊的干扰:他开始觉得困倦、无力、和无价值，如果他的自我没有借着关于失去理想化自体—客体的正确诠释，来协助处理自恋的失衡，个案可能会如先前所陈述，转向到理想化双亲影像的古典先驱物，或完全放弃它，而转变到夸大自体重新调动的古典阶段。表面上微不足道的自恋伤害，会促进这类暂时灌注(力比多)的改变，这些自恋伤害的发现，是对分析师的共情和临床敏锐的一种严格考验。它是符合个案和分析师关系的自恋本质，即使我们对个案极端敏感地给与应有的考虑，以成人的逻辑观点来看，很难解释分析师对被分析者身体或情绪的撤离所造成的创伤性冲击，或者，以成人语言的观点也很难去描述它。然而，如果分析师面对的古典关系的本质，是被分析者的自体变成和全能的治疗师融合在一起，他就可以体会，在治疗式退行的根本层次上，个案关于分离对他所做出的非难是有意义且理所当然的，即使在现实上这个分离是微不足道，或它一开始是个案自己提出的。

因此，移情的古典本质决定个案的某些体验，也决定个案的反应的形式特征，一般而言，分析师必须调整其共情到自恋退行的层次。分析师对古典理想化客体互相影响的退行模式的掌握，使他不会忽略对促进此退行的外在事件做彻底的审查，也使他能正确地检视让自恋平衡开始受到干扰的特定心理互动。

以 G 先生为例，一位严重困扰的二十五岁男性，当我宣布将离开一周时，他以自恋灌注(力比多)由古典理想化自体—客体不祥的转变到夸大自体的原始形式来回应。诠释聚焦于客体爱和自恋的层次、力比多和攻击的维度、未来分离的意义，但解释徒劳无功，个案仍旧冷漠地孤立着、近似妄想地高高在上，并且带着强烈偏执色彩的疑病。本能大量灌注力比多和广泛的转变，使个案无法带领分析师走近促进此恶质发展的重要事件。我终于偶然地找到了正确的见解，因此使得 G 先生可以检视他对分离反应的意义。引起个案撤回的不是我即将到来的缺席，而是我在宣布这消息时的音调。简言之，音调是非共情和防御的。我预期会有一场风暴反应(例如在半夜接到焦虑的电话),并鼓舞自己要对抗它,带着这未说出来的叹息:"好,这里我们又要再来一次!"当我自己做这样的宣称时,我原先确实是这样想的,并且未调动出共情去回应个案的感觉时所必要的期望、中立、准备好了的态度。它就是对这种态度的回应,个案对我共情能力体验到一种创伤式的失望,之前他将这种能力理想化为无限的①,然后分析没有进展,直到我提供我的了解,并再次让个案对理想化的自体—客体重新灌注(力比多)。

前文举例证明了在分析自恋疾患中无数临床变异的存在;然而,治愈过程的精要,可被摘要为一些相对简单的原则。

在分析移情神经官能症时,我们的目标是要达成(前)意识自我的扩展。自我对婴儿化的目标和欲望的掌控增加,自我本身之目标结构的自主性增加,这些的达成都是因为自我重复暴露于(a)被压抑的本能和攻击的渴求的可处理部分,这些本能和攻击的渴求,当它们以分析师为焦点时被调动起来,和(b)防御这些本能和攻击的渴求的潜意识机制。在移情神经官能症中主要的工作(克服最重要的自我和超我的阻抗),是处理自我不愿意承认被压抑下来的本能渴求,让它进入其领域中。然而,在典型移情神经官能症的分析中,童年客体的舍弃,几乎不容分辨地和消除压抑的奋斗同步②,个案不愿意放弃乱伦的客体(一种本我的阻抗)只是偶然和暂时地成为分析主要的焦点。实际上,如果不愿意放弃童年的客体,成为分析中主要、长期的阻抗,分析师最好考虑到他可能不是在处理单纯的移情神经官能症,而是有自恋的成

---

① 参见这段情节简短的描述,特别是个案立即的梦境回应,叙述了他对先前理想化客体、无限共情之分析师的失望,分析师在梦中变成一个橡胶做的乳房(Kohut, 1959, p.471)。

② 在这里我没有考虑暂时的退行,暂时的退行是分析移情神经官能症结案阶段开始的特征,在其中,在他最后认命地知道乱伦移情客体是不可得的事实之前,个案重新灌注(力比多)于需求乱伦移情的客体。

分隐藏在明显乱伦客体灌注(力比多)之后。

在自恋型人格障碍的分析中,一种类似的修通过程开始启动,在其中,古典自体—客体被投资以压抑的和(或)分裂的(在这里是指自恋的)渴求,这些渴求被引导和现实自我接触,最后也被带往现实自我控制之下。与普遍存在于分析移情神经官能症中的状况比较,分析自恋人格困扰中,修通过程的主要部分,与克服自我和超我的阻抗、消除压抑并无关系。虽然这类的阻抗在这里也会发生,包括为人所熟知的非特定自恋阻抗①(见如 Abraham, 1919; W. Reich, 1933),虽然也会有额外的自我的阻抗(被羞耻感和疑病的担忧所调动,也被轻躁的过度刺激相关焦虑所调动),对抗自恋灌注(力比多)的调动及其确认,修通过程本质的部分,在这里和自我对失去自恋式体验的客体的反应有关。

因此,在理想化移情中的修通过程,和发生在移情神经官能症分析中者有决定性的不同。在移情神经官能症中,防御被移除了,客体本能的投资可通往自我,结果是心理结构的一个改善安排分布,例如:自我对驱力和防御的掌控增加了。模拟于此的过程同样发生在自恋型人格障碍的分析中,修通过程的第一步是分裂和(或)压抑的自恋灌注(力比多)和自恋式灌注(力比多)的前结构自体—客体可以通往现

---

① 这类非特定自恋的自我阻抗,不论是移情神经官能症和自恋人格困扰,倾向于在分析早期发生。一个典型的例子如下:我在一次会谈中向个案阐释,他正以一种降低道德和审美标准,和忽略他的身体自体,来回应一个即将到来的分离。在那次会谈之后,个案在下一个小时以批评我的技术、我所用的字眼……等等来回应,用一种高高在上,但确实很有技巧和客观的方式。在其中,对于我的缺点的现实上感知,被用来作为一种特别的防御用途(在这里要提一下,之前的分析是令人惋惜的,因为这个阻抗并未被分析,而是被友善地劝勉、告诫之类,可能只是用来作为维持治疗联盟)。然而,往克服这个阻抗的方向前进是可行的(也可以同时取得首次瞥见的重要起源学材料),当尽可能用一种我可以提振的幽默态度接受个案批评的现实层面之后,个案企图伤害分析师的自尊,就可被显示为一种"由被动转变成主动",或一种"认同攻击者"。个案藉由其行为(及对他所提供增加了解管道的方式的详细审查)展示他对我的诠释(和本质上,整个分析过程)体验为一种痛苦的打击,亦即一种几乎无法忍受的自恋伤害。

实自我。然而，最精要的修通过程，目标在于自恋力比多从自恋式的投资的、古典的客体，逐渐地撤回；它导致新心理结构和功能的获得，灌注（力比多）从客体的表象及其活动转变至心理装置及其功能。在理想化移情这特殊状况中，理所当然地，修通的过程和特定地由理想化双亲影像撤回理想化灌注（力比多）有关，伴随着（a）在自我中建立驱力调节的结构，和（b）超我的理想化增加。

现在要讨论的不同层面，和分析自恋人格治疗过程中的元心理学有关，不只运用在理想化移情中理想化双亲影像的调动，也运用在镜像移情中夸大自体治疗式的重新激活（见第二部分）。决定分析程序和速度的精神经济原则，在这主要两种自恋移情中是一样的。然而，这两种重新激活的自恋构造，其发展和动力结构位置是不同的，而发生在移情中重要的暂时退行和进化的摆荡，作为个案对分析师的反应结果，也是不同的。

图2用图示的方式概述特定发生在修通过程中之暂时的退行（当然，返回移情的相对稳定状态，可以逆转箭头标示）。

在理想化移情中，修通过程包括下列典型的连续事件：（1）个案失去和理想化自体—客体的自恋结合；（2）随后自恋平衡的干扰；（3）后续（a）理想化双亲影像（b）夸大自体，任一古典形式的过度灌注（力比多）；和稍纵即逝地（4）对（自体性欲）解体的身体—心灵—自体（body-mind-self）的过度灌注力比多。

在经历对理想化分析师的失望后，被分析者会一再体验到这些退行摆荡。但是，通过诠释的协助，他可以回到基本的理想化移情。更甚于移情神经官能症中移情阻抗的分析，在这里重复分析相同或类似的体验是需要的，而其自我能忍受（治疗式）自恋剥夺的范围（通常都非常窄）必须正确评估。如果重复在理想化自恋力比多的层次上诠释与分析师分离的意义，不是机械化的动作，而是带着对被分析者的感觉的正确共情——有时候特别是共情他的缺乏情绪，即：对分离的回应是他的冷漠和退缩(在图2中特别是2A的位置)——接着将会逐渐出现一群和现在体验的动力式原型有关的有意义记忆。正如在镜像移情修通过程中的模拟阶段，在这里，新的记忆将会出现，而在目前移情体验的光照下，一向存在意识中的记忆，也变得可以理解。

发生于自恋人格障碍分析期间的典型退行摆荡模式

平衡中的基本自恋移情：	1.再激活的理想化双亲影像（理想化的移情）	1A.再激活的夸大自体（镜映移情）	⎫ ⎬ 自恋：整合的自体 ⎭
移情平衡的干扰；退行	2.理想化的原始形式：着迷的、狂喜的、宗教的感觉；轻躁的兴奋	2A.夸大的原始形式：冷漠的、傲慢的行为；做作的语言和姿势，非现实夸大的功绩	
进一步退行	3.自体性欲的身体—心灵—自体；紧张状态；对身体和心智健康的疑病；自体再激；性错乱的幻想和行为		⎫ ⎬ 自体性欲：自体的崩解 ⎭

图2　发生于自恋型人格障碍分析期间的典型退行摆荡模式

所有的箭头表示发生于修通过程期间的退行摆荡方向，实线表示这特定过程的发生已被无数临床观察所证实。然而，由1A到2的摆荡是以虚线标示。我只在最近第一次在分析一个个案时，遇到这类心理事件规则的发生。个案的夸大自体的激活似乎构成了这基本的移情。然而，面对这分析虽然进入了更深状态，但仍未完成的事实，我犹豫是否以绝对的确信去宣称所呈现出的镜像移情不是一种遮蔽着的潜藏理想化(例如，这个个案所显示出的具有第七章指出的某些虞犯少年的形态)。

例如，个案将会回忆起童年孤单的时候，他体验到强烈的偷窥专注（儿童在无聊时对衣柜的搜索），而且投入性错乱的活动（小男孩穿上妈妈的内衣）。当它们不再被看作是缺乏外在的监督所从事的性犯罪行为，而是当作藉由创造性欲化的取代和通过疯狂地过度灌注（力比多）于夸大自体，企图提供理想化双亲影像的替代物及其功能时，这些活动变得可以理解。以元心理学的观点来看，对解体和死亡状态的深层惊吓感觉，是儿童体验为灌注（力比多）从整合体验的自体中撤回的事实，因为缺乏自恋式投资的自体—客体，退行的（自体性欲的）解体和疑病的张力现在正威胁着这个儿童（见图2中3的位置）。儿童所投入之不同的性错乱活动，是借着视觉融合和其它认同的古典形式，企图要重建与失去之自恋式投资的客体的联结。

个案更进一步通常会记得，他如何试着要重新恢复整合自体的感觉，藉由使用一些各式各样的刺激：把脸放在地下室冰冷的地板上；看着镜子，向自己再三保证，自己在那里、自己是完整的；闻各种东西的味道、闻他自己身体的味道；不同的口腔和自慰活动；和（通常是夸大和危险的）不同的运动特技表演（从高处跳下、爬高到屋顶上……等等），在这些运动特技表演中，飞翔幻想被这儿童实际演出，以便在缺乏全能的自体—客体下，向他自己再三保证身体存在的现实（见图2中2A的位置）。模拟于成人的（例如，当周末期间，分析师整合的注意力撤回了）就是强烈的偷窥的专注、偷窃的诱惑（顾客在商店中行窃），和卤莽地高速开车。比较不失控、比较不缺乏现实感的夸大、因此较少危险性的是长途不休息地走路，这是个案藉由感官和本体感受器的刺激，为了获得活着和完整的再三保证所从事的。这些相关童年记忆的有意义回忆，和对类似的移情体验的深化了解，聚焦于协助个案的自我，而之前的自动反应逐渐变得更目标抑制和更能接受自我的控制。在转变的阶段，个案会提供事实的证据，证明他渐增的洞识导致自我掌控的增加，即由危险的性错乱窥视行为转变为社会上可接受的艺术行动(摄影、水彩画……等等),由被驱策着去从事无尽地孤独和绝望的走路,转变为在运动和音乐活动中,社会上较整合形式的运动或艺术的身体刺激。不论这种转变行为上的细节是什么,毫无疑问地,是因为修通过程中心理结构的增强,正如发生在移情神经官能症中之类似分析工作的结果。

不只是自我升华的能力增加了(由个案改变中的外在态度可资证明),自我同样也在移情中展现出更能忍受以下这些行为:分析师的不在、规律约谈的中断(和分析师约谈的规律性常常变成等同于分析师持续的存在),及分析师偶尔失败,无法立刻有一种正确共情的了解。个案学到了理想化的力比多(赞赏与尊重)不需要立刻从理想化自体—客体的影像撤回,对缺席的理想化自体—客体渴求的张力是可以忍受的,而自恋灌注(力比多)的痛苦、时而危险孤立的退行,转换到理想化自体—客体和夸大自体古典形式,和转到解体的(自体性欲的)身体—心灵—自体的后灌注(力比多)是可以避免的。伴随着维持一部分自体—客体理想化灌注(力比多)的投资的能力的增加,即使和它于外在上分离,这样过程的加强将导致转变内化作用(即客体可以被弃舍,被分析者的精神组织获得执行先前客体执行的功能的能力)。

当个案的自恋固着被松动之后,个案在其人格中的非自恋区段维持客体灌注(力比多)的能力也改善了,而客体投的成熟形式的理想化成分,于是变得能吸收一些自恋能量,这些自恋能量都是在自恋区段的分析中被调动起来的。然而,在理想化客体影像古典投资的分析中,本质上的治疗进步,发生于当理想化自体—客体被弃舍,及随后自恋能量的转变内化作用。它导致人格本身中自恋能量的重新分布,即(a)导致精神的基本中和结构的加强和扩充,再者,因此导致驱力控制的增强和去本能化能力的增强;(b)导致理想的形成及其加强;和(c)导致获得一些更高度分化的心理特质,这些特质得以运用这些可为个案所用的自恋的本能能量。

第二部分 ▶

夸大自体的治疗式激活

第五章
镜像移情的类型:根据发展考虑的分类

在第一部分中所讨论的理想化移情,包括治疗中复苏了一个发展阶段的层面,在其中,儿童借着将原始的自恋赋与以自恋体验的全能完美的自体—客体,企图挽救原始的自恋。在有利的状况下,儿童逐渐面对理想化自体—客体的现实限制,放弃了理想化,同时形成转变再内化作用(transmuting reinternalization)。在这些过程中,不只是起源学上来自原始自恋来源的部分仍可辨识,他们也同样承载着真实双亲客体的个人印刻正是通过这样的真实双亲客体,他们的自恋结构才被内化。因此俄狄浦斯期内化的超我的价值和理想(及自我之前俄狄浦斯期内化的驱力控制的基本结构的特殊模式)决定性地受到双亲所持之特定价值和理想的影响(和受到他们喜欢运用的驱力控制的模式影响,如诱惑或威胁);然而,超我的核心、理想化的价值,其绝对的特色,和自我对驱力控制和驱力释放无法改变的核心装备,都是下列事实的表现:这些结构是原始自恋状态的后裔,承载着它们祖先古典组织的某些全然完美和力量的特征。如果理想化自体—客体恰到好处的转变内化作用被干扰,然后,正如前几章所阐示的,理想化客体就会保留仍为一种古典前结构的客体,可以在分析中理想化移情的统整形式中被复苏,在分析期间的再内化过程中,本来于童年时期被创伤式地中断者,现在可以再次开始。

类似于在理想化移情中,理想化自体—客体统整地治疗式复苏,夸大自体也在类移情的情境中被治疗式的重新激活,这种类移情的情境通常仍用镜像移情(mirror transference)来称呼,尽管这称呼有概括性的不足。镜像移情及其前驱物,构成发展阶段(大约符合弗洛伊德提及"纯粹享乐自我")特定层面治疗式的复苏,在此阶段中,儿童借着把完美和力量集中于自体之上,企图保存原始的全然拥抱接纳的自恋——在此称为夸大自体——而且轻蔑地远离被赋与所有不完美的外在。①

虽然,在分析材料的基础上,详细地重构发展阶段的顺序,还是充满了不确定,但就我所知,还没有观察到与下列的观点相反的材料和理论:即理想化自体—客体和夸大自体的创造是相同发展阶段的两个层面,或者,换言之,它们是同时发生的。我倾向于无条件地认为夸大自体是两个结构中更原发的,是基于和对客体爱赋予的同样的专注,认为客体爱高于自恋。然而,客观地说,原始的自恋不只是客体爱的一种前驱物,它自己也是在两个方向上进行的重要发展,夸大自体和理想化双亲影像或多或少是同时存在的中途站。然而,这些发展流向的平行论(parallelism)之理论上的确认,并非意指所有人的发展强调

---

① 对早年生命中这两种主要的自恋结构,可以用下列类比做比较(在这些类比中二者是绝不等同的):(1)在社会、种族或国家的歧视现象中,内群体(ingroup)相当于夸大自体,是所有完美和力量的中心;而每件不完美的事都被归于外群体(outgroup)(见Kaplan and Whitman, 1965;Whitman and Kaplan, 1968);(2)真正的信徒和其上帝的关系中,这位无力和卑下的信徒想要融合的完美和全能上帝的形象,相当于古时全能的自体-客体这理想化双亲影像。

点都平均分布到所有三个方向。相反地，某些人主要的强调点（和主要的病理）落在夸大自体发展的方向上，所以在分析中他们会建立镜像移情，而其它人，他们主要的固着点是在理想化自体-客体或早期的性客体上，他们就会发展出理想化移情或移情神经官能症。

在有利的状况下（对儿童共鸣式的需要父母能适当有选择性的回应，和参与儿童夸大幻想的自恋-表现癖的表现），儿童学到接受现实的限制，放弃夸大的幻想和粗糙的表现癖需求，并且同步地被自我调和的目标和目的所取代，被他的功能和活动的愉悦所取代，也被现实的自尊所取代。类似于理想化自体-客体的发展，夸大自体发展的结果，不只是由儿童自身自恋的特点决定的，也取决于儿童身边重要人格的特点。最终自我调和的目标和目的、对自体及其功能的愉悦，和健康的自尊，是受到两组因素的影响：(1)某个人的终极目标、目的和自尊，儿童携带着这个人的影像相关的特征和态度的"印刻"（经由转变内化作用的过程，转化成心理的功能），儿童的夸大自体因这个人而反映出来，或者儿童接受这人为自己的伟大的延伸。因此这些特殊的目标和目的常常决定一个人生命稍后时期重要的方向，也常源于认同那个原来被体验为夸大自体延伸的形象。(2)然而，我们终极的目标和目的，以及我们的自尊也携带着原始自恋的记号，原始自恋注入我们生命的核心目的中，也注入我们健康的自尊中，绝对持续和绝对相信有成功的权利，背离了一种原始、没有限制的自恋功能的不可改变的片段，积极地依循着新的、驯服的和现实的结构。然而，如果夸大自体恰到好处的发展和统整被干扰，这种精神结构就会变得和现实自我分裂，和（或）借着压抑变得与它隔绝。① 于是它不再受到外在的影响，而是保留其原始的形式。然而在分析中，它在镜像移情统整形式中，变得再度被激活，一次又一次被带到现实自我的影响下，在童年时

---

① 在第四章的注31中，讨论比较关于理想化双亲影像的类比状况。

期曾经被创伤式地中断的逐渐修正的过程,现在可以再度进行了。

对自体在现实上的不完美和限制的逐渐确认,即逐渐减少夸大幻想的领域和力量,一般而言,是这种人格自恋区段的心灵健康的先决条件。但是这也有例外。一个持续活跃、带着其妄想式宣称的夸大自体,也许会严重地使才能平凡的自我变得没有能力。然而,一位有才能的人的自我,也许会被一种持续的、修正不良的夸大自体的夸大幻想要求的逼促下,运用其极致的能力,达到一种现实上卓越的表现。丘吉尔也许是这类人〔见我关于持续的婴儿化飞翔幻想的讨论(1966a)〕;哥德也许是另一个例子(参见 Eissler, 1963a,关于儿童对其愿望和想象的神奇力量的相信,以及与这类相信有关的早期情境的描述);而弗洛伊德(1917c)有名的——根本上是自传的?——有关一位年轻母亲的长子后来成功的评论,明显地是属于同样的情况。

分析主要固着在夸大自体的自恋人格时,持续的伟大幻想和卓越人才的自我,两者关系间的一出讽刺剧并非少见。因为其全知的古旧信念的持续,这类个案常常无法主动去询问一些信息(例如:在一座新城市中,他们宁愿走很长路程,也不愿去问路),他们也无法承认他们的知识中有一个空洞。例如,当他们被问到是否看过哪本特定的书时,他们带着持续全知感的夸大自体,会逼迫他们说是——有时为了间接有利的结果,他们会赶紧快速地读这本书(一个好的预后征候!),以便在神奇的宣称之后,可以炫耀现实的成就。这类偶发事件,分析师如果严肃和不带攻击、且不过早幽默地处理,这类偶发事件当然可以有很大分析的益处。说谎可视为一种症状(谎言幻想)(pseudologia fantastica),另一方面,说谎必须小心地被评估,因为自恋结构和个案自我之间关系的变异,决定了诊断和预后重要的差异。

关于谎言的内容,病态的倾向可以再如下细分:(a)由于夸大自体的压力,谎言是要将伟大的成就归于说谎者的自体,或(b)由于需要理想化客体的压力,谎言是要将一些伟大的成就、伟大的金钱或智力的财产，或高社会地位归于另一个相对于个案而言，拥有领导地位的人（一个双亲的形象；其最不掩饰的形式是伪造关于个人真正的父亲或父执辈的其它亲戚）。

幻想是因为需要理想化客体而创造出来的，谎言是因为在幻想的压力下，自我无法维持其现实组织。下列的误解常发生在分析自恋人格困扰期间，所以必须加以指出。个案在每天生活中常做的事也会在分析中反复出现，他会将一项成就归于别人，这项成就是他通过自身的能力和努力可以完成的（比较 E. Kris, 1951 所提供的临床案例，特别是 p. 22）。当然，动力状况的变化在一种症候群形成的过程中也扮演了一个角色（有时候它甚至可以关键地主导一项预防可能创伤式精神经济失衡的状况，类似于对每个人所熟悉常见的称赞的防御）。

然而，在分析治疗的过程中，分析师通常视这项症候群为和超我的结构冲突的结果——类似于所谓负向治疗反应的动力情境——也向个案做这样的诠释（例如："凌驾于父亲之上使你觉得有罪恶感，因此你把一些实际上是你所达到的成就归于他"）。然而，在那些自恋人格中的情境是不同的，他们受苦于童年时期理想化双亲影像创伤式的丧失，也因为这样的丧失，他们受苦于特定的结构缺陷、超我理想化的不足。在这些例子中，被分析者将他自己的所作所为归于其它人的事实，不是基于他的罪恶感，而是基于他渴求一个全能的原始客体、他想依恋其上的客体。因此，个案会解释性地阻碍其谎言幻想的瓦解，而其动机是来自害怕失去自恋的维持，这种自恋的维持是源自于他在幻想中所创造出来的夸大客体。

不论在谎言症候群底下的是什么样的基本组成形式，即不论它是因夸大自体压力而激活，或因寻求一个理想化双亲影像而激活，对自恋型人格障碍治疗有体验的分析师，可以相当准确地预测病态材料会发生的转化形式。谎言会逐渐变成幻想，然后变成有企图心的计划和梦幻的理想；最后，如果分析是成功的，它们将会被合理的行动模式和目标所取代。在一个典型的过渡阶段,常发生在通往全然整合之路的中途,不论在分析情境或他的日常生活中,个案都会将之前的谎言以类似玩笑的方式呈现。如果分析师不熟悉这特定的治疗发展轴线,这些玩笑常常一定程度地冒犯了分析师;分析师就会倾向于要求个案这表面上依旧叛逆偏差的自我(delinquent ego)完成真实和现实主义的任务。然而,一般而言,教育的取向和批评的态度是没有帮助的。相反地,对于个案游走于半玩笑的谎言和半谎言的玩笑之间,分析师应该表示欢迎,因为这是一个进步的征候,自我走向可以掌控施加于上的压力,这些压力来自自体未经修正的夸大幻想,或关于全能原始客体的幻想。分析师对个案已经达到的自我控制功能程度的不满意,一般而言,不只会干扰更进一步的进步,也会抵消了已经达到的进步。

这些考虑在评估个案的可分析性时特别重要,不只是针对一般的被分析者,也包括申请精神分析训练者的评估。在不考虑为解说目的所提的传统个案下,有很大的差异介于(1)那些自我屈服于夸大自体压力的人,而且变得对说谎和其它叛逆偏差的行为上瘾,和(2)那些自我勇敢地挣扎于符合夸大自体观念的主张,他们变得固着于此,但是他们在夸大自体强烈的压力下,仍然处于有限的现实范围中,或处于突然失衡的片刻,夸大的想象和现实混淆。这样的人通常有真正的天赋才能,这是因着(a)固着在关于他们自己原始的幻想上,而这是父母对于其真正天赋的夸大和不切实际回应的结果,和(b)夸大自体持续的要求,迫使发展的自我用不寻常的表现来回应。无论如何,很重要而必须谨记在心的是,有些个案会以一种初始的症状式的谎言或一种相关的叛逆偏差行为来呈现自己,要求治疗和训练分析;即以一种行为形式,形成首次、测试的、移情式地泄漏其隐藏的夸大自体。关于分析的发展,这是具有决定性影响的,分析师对这种行为的分析式地回应,即确认它并且诚实地陈述:其重要性仍然未知。如果这类个案(对象)轻率地被拒绝(这是少见的),或者比较常发生的,如果分析师——以他自己和个案之间，立即建立一种清楚现实和道德的关系作为正当理由——以公开的不赞成或要求改正这症状式的行为来回应，如此一来，有些具潜在创造性、有着良好分析性预后的人，将会被像除杂草一样地除去。正如早先所陈述的：不要立即做最重要的区分；分析师需要时间去观察夸大自体的伟大主张和自我的反应间的全部互动。然而，现实自我因夸大自体的主张而不时的混淆，确实可以在有才能和能力的人身上发现，在初始仁慈接纳的环境中，对这些压力系统化的分析，一般就会形成适当的气氛。根据我的体验，我必须补充，对那些自己在兄弟姐妹中排行老大的分析师而言，要他们接受这样的策略为正确有效，通常特别困难，因为他们自己早期的威望固着（他们自己的夸大自体）常让他们将伦理上的优越性围绕着（叛逆偏差的）弟弟妹妹而结晶化。

在社会组织中，家中排行靠前的人格如何造成特殊的影响，研究这个主题是很有收获的。疏导前生殖期和生殖期各式各样竞争、嫉妒和羡慕的感觉，使其成为道德和智力上的优越态度，对在潜伏期早期面对弟弟出生的女孩而言特别显著。借着对这位新到者轻蔑的态度，和道德与智力比他优越的态度，她们企图克服自恋的打击，她们在学校的成就——和父母对她们在运动、智力和文化追求的领域中成功的反应——对她们而言变得非比寻常的重要。这类女性后来会发展成负责任的、关心社会的、智力和文化上有企图心的女性，她们英勇地奋斗着，要克服她们对年轻男性的怨恨，并转化此怨恨为保护和引导他们的态度。对一位分析师的工作而言，这类女性通常在道德的坚定和智力的能力领域中带着重要的资产。很可以想到的，她们的困难范围是在于对弟弟妹妹形象未解决的敌意，且因为更容易合理化而更重要的是，她们倾向于将分析师对她们而言过度的被动态度（分析师满足于协助个案移除阻碍他人格、潜力和开创能力自由释放的困扰），替换为教育家、行政者和导师的更主动的立场。

离开这些细节，我们现在要回到主要的主题。分析中统整的治疗式重新激活夸大自体，有三种形态，这些和疾病指标的治疗退行所指向的精神结构发展的特定阶段有关：(1)通过扩展夸大自体的原始融合(merger)；(2)较不原始的形态，将称为另我移情(alter-ego transference)或孪生(twinship)；(3)更不原始的形态，狭义而言，视之为镜像移情(mirror transference)。

通过扩展夸大自体的融合

认知上阐释自恋地灌注(力比多)的客体，在其最原始的形态，是最不清楚的：分析师被体验为是夸大自体的扩展，因此他只被视为是被分析者夸大自体的夸大和表现癖的载体，以及由激活的自恋结构的表现所引发的冲突、张力和防御的载体。以元心理学的名词而言，和分析师的关系是一种(原发)身分认同(primary identity)的关系。从社会学的(或社会生物学的)观点，我们可以称它是一种融合(或是一种共生)，我们要记得，它不是和理想化客体融合(如理想化移情中努力要达成或暂时建立的)，而是一种下列的体验：夸大自体首先退行地将其边界广泛地包括了分析师，然后，在其界线的扩展建立之后，运用这非常周延的新结构之相当的安全性，执行特定的治疗任务。在此绝佳的阶段，自恋地灌注力比多的客体体验，与成人体验自己的身体和心灵及其功能的体验，反复地证明两者之间有非常适当的相似性(虽然自恋地灌注力比多的客体的特殊体验，这种特色并不会因夸大自体其它形式的重新激活而完全消散)。因此，在这种和客体原发身分认同的早期阶段的复苏中，分析师被体验为是自体的一部分，被分析者——在特定的、被治疗所激活的退行的区段之内——期待能理所当然地掌控分析师。这种自恋力比多投资的原始模式的目标，在分析情境中，分析师一般将这样的关系体验为沉重压迫的，于是他倾向于去反叛对抗个案期待控制他的理所当然的独裁主义和暴虐。

另我移情或孪生

夸大自体较不原始形态的激活,是自恋地灌注(力比多)的客体被体验为像夸大自体或和它非常相似。夸大自体移情激活的这种变异,被视为另我移情或孪生。和这类另我或双胞胎有关的梦,特别是幻想(或意识上期望这类的关系)常常出现在自恋人格的分析中。疾病指针的治疗式退行的特征是个案认定分析师不是像他,就是与他很相似;或分析师的心理组成像他,或与他相似。

狭义的镜像移情

夸大自体治疗式激活最成熟的形态,是分析师非常清楚地被体验为是分离的个体。然而,在治疗式重新激活夸大自体产生的需要的架构下,分析师对个案而言是唯一重要的,也是唯一被个案接受的。这样形式的治疗式重新激活的夸大自体,用镜像移情的名称是最适当的。狭义的镜像移情就是治疗式地恢复夸大自体发展中的正常阶段,在此阶段中,母亲眼中的眼神闪现(the gleam in the mother´s eye),镜像了儿童表现癖的展现,母亲的参与和回应儿童自恋表现癖的享受的其它形式,肯定了儿童的自尊,而借着逐渐增加对这些回应的选择性,开始可以将之疏导进入现实的方向。正如母亲在那个发展阶段所扮演的,现在分析师也是唯一重要的客体,所以它现在被邀请进入儿童自恋的愉悦中,并因此肯定它。有时候在分析期间也出现一些梦,虽然非常少见,描绘(自体)和某人的一种关系,那个人像是从镜子里看到的一样(分析师是夸大自体的反映者)。虽然想象中,这类的梦境景象也会出现在移情神经官能症的分析中,而且单纯地象征自我审查的分析过程。但除了这类的个案,我从未观察到这些梦,这类个案的夸大自体很大部分的本能投资,都在和治疗师的关系中成为激活状态。镜像关系及其重要性,有时候,虽然间接但是清楚地,借着个案的幻想、自由联想,和升华的产物描绘出来,①但是在镜中看着自己这种未经伪装的幻想,即使在夸大自体治疗式激活的颠峰,似乎都不是被分析者制造出来的。这类的幻想不会出现,因为借着个案在现实中于镜中看着自己,这种情境就可以被演出和轻易地理智化(关于镜子的心理重要性的审慎讨论,见 Elkisch, 1957)。

在母子之间最重要相关的基本互动,常存在于视觉的范围:借着母亲眼中的眼神闪现,儿童回应以身体式的展现。然而,这里必须注意,在很多镜像移情的例证中,对分析师共鸣、赞同和肯定的需要,在修通过程中扮演中心的角色,想要被注视这种未经伪装的冲动的出现——或多或少是性欲化的——通常是希望被注意和了解的更加目标抑制性愿望(aim-inhibited wishes)被挫折之后的一种暂时退行的现象。更进一步,在某些建立了镜像移情的特定个案中,常常很清楚地,在儿童自恋需求的范畴内,其它形式的互动(例如:原始的口腔和触觉)失败之后,因灌注(力比多)疏导进入视觉范围内,而使视觉范围过度负担。藉触觉的回应接受儿童的身体(特别是口腔和口腔周围的区域,Rangell, 1954),在有利的情境下,统整的身体自体的自恋灌注(力比多)的范畴中,可以达到基本的平衡。然而,如果母亲从儿童的身体退缩(或无法忍受将她自己的身体借给儿童,经由将自恋灌注(力比多)延伸至包括他母亲的身体,作为自恋的享受),于是视觉互动变得过度灌注(力比多),借着注视母亲和被她注视,儿童不只企图获得与视觉感官形式同调的自恋满足,也努力要取代之前没有达成的在身体(口腔和触觉)的接触或亲近。

---

① 有一个令人印象深刻的临床案例,见 E 先生这位个案。

例如：个案 E 的母亲在他童年时期长期生病和忧郁，使他害怕注视分析师，怕他的凝视会使他过度负担。然而，这样的凝视承载着被母亲抱着或带在身边的愿望（也是希望吸吮母亲的乳房），而他害怕这类愿望的实现是生病的母亲毁灭的原因。

另一方面，当视觉领域有缺陷时，听觉的形式就会接管视觉的形式。这类指导性的变异，由柏林罕（Burlingham）和罗伯森（Robertson）在一部有关托儿所盲童的电影中准确无误地描绘出来（1966）。令人感动的一幕，是当一位盲童女孩突然认出那是她自己的音乐演奏，经由录音机播放出来给她听时，她表现出那毫无掩饰的自恋欣喜。在这里，录音机完成了一面镜子的功能。

因此我们可以结论，母亲对这整体儿童欢欣鼓舞的回应（当她享受着他的存在和活动时，叫着他的名字），在适当的阶段，会支持由自体性欲到自恋的发展——从解体自体的阶段〔自体核心（self nuclei）的阶段〕，到统整自体的阶段——自体体验的成长是以一种身体和心智单位的方式，这单位在空间上是统整的，在时间上是连续的。① 然而，心智和身体功能各自隔离的体验是在统整自体阶段（自恋阶段）之前，当然，必须不被视为是病态的，而是对这样发展的早期阶段而言适当的。更进一步地，不要忘记，享受单一身体部分及其功能的能力，和享受单一心智活动一样，会持续到自体体验的统整感已经稳固建立之后。然而，在后面一点的阶段，成人和儿童一样，可以享受其身体和心智的组成部分和功能，因为他们觉得安全，这些身体的部分及其功能属于一个稳定建立的整体自体，即没有解体的威胁。而我们知道，儿童们也享受着身体诸部分再度各自隔离的游戏——例如：数着脚趾头，"这只小猪到市场，这只小猪留在家，这只小猪吃烤肉，这只小猪什么都没有，这只小猪哇哇哭回家。"这类游戏的基础，似乎是在自体的

---

① 此情况见 E. Jacobson（1964）所提到的"客体和自体恒定的发展"（p.55）。

统整性尚未完全稳固的时期,创造了轻微的解体害怕。然而,张力仍在范围之内〔像在躲猫猫游戏中的分离焦虑(Kleeman,1967)〕,当数到最后一只脚趾头时,共情的母子借着以笑声和拥抱结合在一起而消除了解体。

对自体的现实知觉(见 Bernstein,1963)是其统整性的表现,而统整性是因为稳定地灌注(力比多)以自恋力比多,这样的知觉不只是导向主观安详的感觉,也次发地导向自我功能的改善,这可以客观地用很多方式来确定,例如:当自体体验到的统整性强化之后,借着评估个案的工作能力增加和工作效率增加来确定。另一方面,个案常借着各式各样强迫的行动,从身体的刺激和运动项目,到在其专业或事业中过度工作,来企图抵抗自体解体的主观痛苦感觉。① 精神病的前导因素是过度工作这种误导的印象(例如,见 D. P. Schreber,1903),是基于个案在明显精神病崩溃之前,感到自体快速和危险地扩大解体,而尝试藉由疯狂的活动来抵抗它。②

这里必须补充,在我的体验中,我们的个案中很多最严重及长期的工作困扰,是因为自体受自恋力比多灌注(力比多)的不足,而处于解体的长期危险之中,并伴随着次发的自我效率降低。这样的人或者长期完全无法工作,或者(因为他们的自体并未参与)只能在自动的情况下工作(因着是自我的自动隔离活动,而没有自体的深度参与),即:被动地、未伴随愉悦,对外在的线索和要求也没有驱动力和单纯的回

---

① 性的活动也是,范围从长期受自恋耗竭之苦的儿童们常做的特定种类的自慰,到唐璜类型(Don Juan types),需要不断的、自我保证的性功勋的表现,性活动的目标是抵抗自体耗竭的感觉,或预先阻止自体解体的危险感觉。很多青少年的性活动,特别是在这转变阶段的后半部分,这些青少年暴露于重新唤醒自体耗竭和自体解体的骇人的童年体验,性活动原发地作为自恋的目的,亦即,即使相当稳定的青少年也会从事它,主要是为了强化自尊。

② 关于自我功能和自体统整的效率间的相互影响,额外的评论见 Kohut(1970a)。

应。有时候,即使个案可以觉察到这种自恋型人格障碍常见的工作困扰模式,但这样的觉察也只发生在成功分析的过程中。有一天个案会报告说他的工作已经改变了,他现在觉得乐在其中,他现在可以选择要不要去工作,他现在可以执行工作,由他自己启动,而非像一个服从的机器人,而他的取向现在有了一些原创性,而非单调和常规地重复:有深度的活生生的自体已经变成自我活动的组织中心(Hartmann,1939,1947)。

与共情赞同且接纳的父母的关系,是开始建立自体稳定灌注(力比多)的先决条件;在分析中,这个领域的困扰,为了要修正而再次被打开,事件的相反顺序(由统整的自体到其解体的移动)常常可以在分析中以及在儿童和病态父母的互相影响中观察到。例如:在分析师陪伴与注意的协助下,在那些暂时重新建立自体的统整和连续感的个案中,可以研究自体的解体。当镜像移情无法维持时(不论所建立的是三种形态的哪一种),个案会感到自体自恋的合一有瓦解的威胁;他开始体验到退行式地对部分隔离的身体部分和心智功能重新建立的过度灌注(力比多)(如疑病症),并且为了阻挡退行的浪潮而转向其它病态的方式(例如性错乱的性活动)。有时候个案会报告,父母的行为对他们而言似乎是虐待式的设计,要妨碍他们在统整自体中的愉悦,且带来解体的痛苦感受。

例如,个案 B 记得童年时他母亲下列的破坏反应:当他神采奕奕地告诉她一些成就或体验时,她不只是冷漠和不关心,不回应他和他正描述的事件,反而突然指责地评论他的外貌或现在行为的一个细节(例如"说话的时候手不要动!"等等)。这样的回应,在他的体验中,不只是一种对他需要肯定回应的特殊展现的拒绝,也是一种对其自体体验的统整性的主动破坏(借着把注意力转到他身体的一个部分),在正当他把全部的自体贡献出来想获得赞同时的这最脆弱时刻。

共情的分析师会注意这样的例子,不论是有体验或直觉地,会了解分析中确实有些时刻,即使是最令人信服和正确的关于一种机制、防御,或任何个案性格细节的诠释,也会显得不恰当,例如:当个案要寻求对他生命中最近一件重要事件(例如一项新成就之类)的全面回应时,个案就无法接受上述的诠释。可再补充的如:冷漠的声音常被妄想的个案视为对他行为层面、外貌细节……等等的批评,冷漠的声音不只是会被理解为一投射的超我的批评,也会被理解为是一种解体感觉的投射式表达,这样的感觉是个案在维持自体的巩固灌注(力比多)上的发展不足,或精神能力降低的结果所唤起的。

不论重大精神病的自体本能投资发展的变迁是什么,不论目前研究所处理的自恋人格困扰这些严重疾患的治疗中其困扰的起源和动力的基础是什么,自体灌注(力比多)的波动和自恋移情的状态有关。夸大自体移情重新激活的这三种形态,可以借着其不同的临床表现辨别出来。最古老的形态在于通过夸大自体的延伸,重新建立在对客体的移情的古老认同上,和这移情的客体几乎没有任何分离,相关的材料中,客体的阐述并不存在,或非常稀少和不明显。比起融合移情的起源,因为另我移情(孪生)符合更成熟的发展阶段,在另我移情中不是原发身分认同,和客体所建立的是一种相像(a likeness)(相似性),所以在相关的材料中,其客体的阐述是更明显的,被分析者也认定和客体有一定程度的分离。最后,因为在狭义的镜像移情中,和客体分离是认知上最清楚建立的,客体的阐述在这里是最丰富的。然而,即使在这里,客体仍是灌注(力比多)以自恋力比多的;它的回应只被视为是对被分析者自恋平衡的维持有贡献(或影响)。

然而,不管这些重大的差异,我将不去努力辨别被激活的夸大自体的特殊形态,它的所有显现常被视为是镜像移情。用严格一点的字词观点,镜像移情的显现,显然是治疗式激活的夸大自体最为人熟知、最容易辨认的产物,这个字〔用比较重要的(a potiori)这个字〕对全部相关现象而言,是最容易令人想到的。毕竟,重要的不是藉由分析师所涉入的个案夸大自体激活而形成的移情相互影响的特殊形态，重要的是移情所带来的(重新-)建立一个统整的、坚固耐久的自恋的客体关系，全面而言，这是发生于儿童的客体爱充分发展之前的，至少也是独立于后者所能达到的发展阶段之外的。相对不重要的是：个案是否运用分析师(在融合中)成为他自身〔分裂的和(或)压抑的〕原始的伟大和表现癖的延伸，是否他体验分析师(在另我移情中)为他自身(压抑的)完美的分离的载体，或是否他向分析师要求(在镜像移情中)一种共鸣、一种对其伟大的肯定，和一种对其表现癖赞同的回应。借着夸大自体的激活所建立的类移情的状况，从其中所产生的主要治疗的帮助，是个案因而可以激活和维持一种修通的过程，在其中分析师提供自己作为一个治疗的缓冲器，和加强对自我疏离(ego-alien)的自恋幻想和冲动的逐步统制。

还有一点，也是最后一个论点，说明偏向使用镜像移情的名称来表示夸大自体治疗式激活的所有移情现象：狭义的镜像移情是唯一可以对应一个确认的发展阶段，至少也是很接近的，而通过被分析者的夸大自体延伸与分析师沉默的融合和另我移情(孪生)，它们都是在镜像阶段失败之后回到童年早期(前俄狄浦斯期)的退行位置。虽然无疑地，存在着和客体原发身分认同和与另我自体原发关系(发生于镜像阶段的更早期，或与其开始时期重迭)的正常发展阶段，但临床的移情显然不是回到这些原发的形态，它们次发的出现是在童年时期母亲的镜像功能失败之后(其关系类似于强迫性神经官能症所遇到的，其防御的肛门特质，并非防御式地唤醒原始的肛门阶段，而是防御式地退行返回潜伏期早期肛门特质的重新激活，这肛门特质在令人破碎的俄狄浦斯阉割焦虑之后本来已经撤回了)。

儿童对客体原发身分认同和原发另我(孪生)关系的体验很难重构。这些阶段都发生得非常早，即发生在任何语言沟通可以协助我们的共情之前。然而，镜像阶段持续至语言阶段，因此，父母和儿童之间的互动更容易被我们共情性了解，即使是镜像阶段的前语言期开始时期也是如此〔例如：Trollope 对"婴儿化阁下"（Baby Worship）的描述，引自 Kohut, 1966a〕。然而，这次发的、退行地作为后来融合和孪生移情的前驱，应该是更容易发生在童年时期，而童年孤单的骇人记忆、带着近乎妄想式地与他人融合，和有着另我特征几乎是想象的玩伴和过渡客体，这些在成人的分析中并非罕见。

必须承认的是，即使对分析自恋人格困扰时所遇到的，使用最纯粹的狭义镜像移情的名词，也不是正常发展阶段的复制品。它们也是儿童需要注意、赞同、对其存在肯定地共鸣的退行式的改版，它们通常混合了暴虐和过度占有，泄漏了因为强烈挫折和失望所产生的口腔——虐待和肛门——虐待驱力成分的升高。无论如何，更严格些定义的镜像移情，比起融合和孪生，会比较接近治疗式的重新恢复的正常发展阶段，而在正确执行的分析中，后二者（融合和孪生）倾向于逐渐改变成前者，而镜像移情就倾向于变得愈来愈像正常的发展阶段，即：虐待的成分减少，对情感和回应的需求变得活跃，相当于父母和儿童间阶段恰当的互动所能给与的近似愉悦。

夸大自体治疗式重新激活的三种类型，并不只是符合这类精神结构的不同发展阶段，它们也因着清楚迥异的临床表现而能被区辨开来。但是，尽管它们在发展和现象学上的迥异，但是这三种夸大自体移情重新激活的次类型，其动力式的临床影响却是相同的：(1) 在全部三种形态中，分析师变成一种形象，环绕着这个形象，在自恋领域中相当程度的客体恒定可以被建立，不论其客体是多么原始；和 (2) 经由这或多或少稳定自恋地投资的客体的协助，在全部三种移情形态中，移情对被分析者自体的统整有贡献。

分析师可以被视为支持这个统整地灌注（力比多）的结构，是下列事实的表达：(a) 即一般而言，在童年时期一定程度已经达到一个（通常只是朝不保夕地维持着的）统整的夸大自体的形成；和 (b) 分析师倾听的、领悟的，和共鸣镜像的存在，现在增强了维持这个自我影像统整的精神力量——不论它是多么原始和（以成人的标准而言）不切实际。

临床实例

镜像移情促进自体统整的功能，最好以临床例证来阐述，在临床例证中，更深层的精神退行威胁干扰了已建立的移情平衡。以这样的方式对照镜像移情和更严重的精神的原始退行状态，会更容易显示出其自身特殊的精神内涵和影响。模拟于领悟的提供和当理想化移情受到干扰时，治疗上无价的、控制中的、短暂朝向理想化双亲影像瓦解的摆荡，①我们也会遇到这类退行状态，是镜像移情受到干扰的结果。它们元心理学的本质是自恋地灌注（力比多）的统整（身体－心智）自体的暂时解体，本能的灌注（力比多）暂时集中于隔离的身体部分、隔离的心智功能，和隔离的动作，因此会体验为一种与岌岌可危的或瓦解中的自体的危险断绝。

镜像移情平衡的干扰，带着解体退行的持续威胁，将借着特殊案例来阐释。

B先生接受一位同事（一位女性）的分析已经三个月了。这位个案在二十几岁晚期成为一位学院的专任讲师，他表面上是因为性的困扰和婚姻的破裂来寻求分析。不管他所呈现的症状表面上有关的本质为何，他身受着一种模糊的、明显的人格困扰，时而体验到严重的张力状态，时而又体验到痛苦空虚的感觉，二者都处于身体和精神体验的边缘。除此之外，个案也觉得受到突然爆发的强烈、阵发似的暴怒的威胁。

---

① 见第三章这个主题的讨论；也见第四章G先生的案例。

在分析开始后的几周内(分析师一方没有任何不恰当的动作),个案开始将分析体验为十分抚慰人心的。他形容"好像是一场温暖的沐浴"(一个有意义的比喻,基于体验到外在周围由一场温暖的沐浴所提供的温度调节,有助于恢复沐浴者的自恋平衡,而藉由它所提供的温和的身体刺激,可以增加身体自体的统整感)。在每一个分析的时段中,他开始渐渐地在每一周里累积连续会谈的效果,他的张力和痛苦的空虚感消退了,个案报告说他的工作改善了,他感觉到,而且真的是,具有更加浩瀚的生产力。然而,在周末期间,张力相当程度地增加了,他开始担忧他的身体和心智功能,做梦梦到暴力和威胁性的破坏,而且很容易以突然的暴怒来回应微不足道的讨厌事情。但他已经开始了解到他的张力和与分析师的分离有关(即使他仍很明显地主要还是认为他在意前妻可能会忘了他,或没有想念他)。

在他突然体验到完整、健康、自信心提高的强烈感觉期间,在一次分析的时段中,他的张力和内在空虚在分析师一段陈述之后都消退了,陈述包括下面一句话:"正如你一周前告诉我的。"个案表现出强烈的愉悦,分析师原来记得他在前一个时段说的事,分析师从个案的反应中得到很清楚的印象,个案自体体验的统整——在这里,特别是沿着一条时间轴——因着他被倾听、共情地回应和记得所支持(即分析师的镜像功能,使个案可以用自恋力比多,灌注(力比多)于一个重新激活的夸大自体)。

在这里必须补充的是,很多自恋人格困扰的个案抱怨存在一种解体的感觉,特别是包含一种自体体验和各式各样身体和心智功能分离的感受。灌注(力比多)仍不可靠的自体,在当个案随着治疗进展的结果,变得被外在追求的事情所吸尽耗竭时有稍纵即逝的解体,这在自恋人格困扰成功分析的后期阶段常短暂地出现。分析所达到的较佳统整程度,造成各式各样自我功能的改善,会将兴趣疏导至假期和人际关系的目标。炫惑于这样的新鲜体验,当个案突然觉察到关于他身体、特别是他心智功能的焦虑的疑病专注时，可能会迷失于一种特殊的追求中。然而，这些张力很快会消失，当——开始时是借着分析师诠释的协助，后来是自发地——个案理解到这情况是因为他的自体暂时被剥夺了统整的自恋的灌注（力比多），这些灌注（力比多）不受控制地被虹吸入他的行动中。

例如，个案M，一位三十岁的男性（接受一位在作者督导下的学生、一位女士的分析），不论个案在他的专业中有多么成功，他体验到他的工作是徒劳无功的，他投身于各式各样无止境的社交追求上，用以忘却内在空虚的压迫感。在分析中，他觉察到自己强烈的表现癖，在他童年时这是未被回应的。修通过程允许他逐渐巩固他的核心夸大自体，他不只可以耽溺于表现癖的幻想中（例如：对着广大、想象的听众演奏小提琴），也可以带着愈来愈多的驱动力和热忱将自己投身于日常工作中（以一种社会上接受的方式，真正提供他一个可以实现表现癖愿望的舞台）。然而，在一段过渡时期中，当他演奏小提琴和允许自己竭力于日常工作时，他都饱受到阵发焦虑之苦。详细审查每个情境的体验可以得知，焦虑不只是因为他尚未完全驯服的表现癖闯入，造成具威胁性的轻躁刺激的结果；更多是因为当他放弃自己，投入活动和目标时，即对活动和目标投资以自恋力比多时的一种自体丧失的感受（自体的去灌注，带着重新解体的威胁）。然而，这些焦虑体验，只发生在有限的过渡时期。之后他就可以将珍贵的自我调和的活动和自我调和的目标的自恋投资，和加强的自体统整混合，而这自体统整也是一个人的自我功能成功练习之后伴随而来的。

个案的自体灌注（力比多）被其最近的投资追求所吸尽耗竭，而造成危险时，在分析历程中这是特别的紧要关头（正如分析M先生所描述的）。以上情况必须和驱使人们把所有时间投入活动中的长期心理状况做出区辨，后者只有在活动中才会感觉活着。他们的行动不被他们视为是自己的计划、目的、目标和理想的自然产物（它们不是奠基于一种稳定的自体体验),而是自体的替代物。一个类似的症状,它的存在通常只在分析中才能辨识出来,这是基于一个事实,即个案并未随着时间轴体验到他自己是统整的。开始时这类个案通常会抱怨他们无法记得他们从这一次到下一次分析时段的内容。即使可被客观地指出,这种抱怨是不正确的,因为个案实际上记得之前的时段,但是这样无法记得的印象仍倾向于主观地持续着。而相对地,当分析师证明他记得个案早先的说法和感觉状态时,这类个案(例如 B 先生)开始主观地觉得完整和完全(包括他们在时间中的连续感)——这是一个清楚的征候,分析师(在镜像移情中)开始完成一个重要的(前)结构的功能,用以维持个案自体的统整。

从 B 先生分析的这一段情节中,可以作为例证说明,镜像移情加强沿着时间轴的重新激活自体的统整。下列的临床简述(也是发生在分析早期)包括另一种,特别具教导性质的,阐释一种治疗式重新激活的夸大自体的暂时退行解体。然而,这段情节示范的不是对时间中的自体统整体验的威胁(即体验到自体为连续性的),而是对自体的当前统整性的广度和深度的威胁。

E 先生是位将近三十岁的研究生。虽然他开始寻求治疗是因为婚姻破裂,但他很快就显露出有其它各种困难,特别是各式各样性错乱的幻想和实行的倾向。在这里我不讨论他精神病理和松散组成的人格结构的细节。我只想说明他借着许多性错乱的方式寻求解脱痛苦的自恋张力状态,在性错乱的方式中,各式各样表浅灌注(力比多)的客体的不恒常性,和性目标的千变万化的特质,显示出他没有任何可资信赖的满足来源,他甚至无法献身于那些他希望获得愉悦和再保证的方式中。然而,当(自恋的)移情开始发展,很清楚地,在他的性错乱中,偷窥—表现癖的目标扮演了一个特殊的角色,当他感到可能会被拒绝的威胁时,他可以转而在此领域中获得满足。

在这点上,我不会进入讨论分析期间某些隐约看见所获得的特定起源上的决定因子(然而,还是可以见第一章)。我将把自己限制在这里,简短报告在冗长分析期间的早期阶段,个案在一个特别的周末的体验。虽然个案已经开始知道与分析师的分离①会搅乱他的精神平衡,但是他尚未了解分析所提供的特殊支持的本质。在早先几次的周末分离里,他都尝试用各式各样的补救措施来对抗模糊感受到的内在威胁。例如:他会转向智性追求的相对无关的领域,也会有同性恋和异性恋的专注和参与的高峰,而通常都是以危险的公厕偷窥癖的行动作结束;在这样的行动过程中,他可以和他所盯视的男人达到融合的感觉。然而,在这个特别的周末过程中,通过一次艺术升华的行动,他不仅可以让自己免于用这种粗糙的方式保护自己不受自体瓦解的威胁,而且可以解释他正接收到来自分析师再保证的本质。在这个周末期间,个案画了一个分析师的画像,对这个艺术作品的了解之钥在于画中的分析师没有眼睛也没有鼻子——这些感觉器官的位置都被这位被分析者拿掉了。以这项证据为基础(有很多过去和现在的其余材料确证这个解释)可以得到一个结论,分析师对他提供的知觉,决定性地支持个案去维持其自恋地灌注(力比多)的自体影像:在镜像移情中,分析师被个案体验为(自恋的)力比多的接合剂,抵抗和预防解体的倾向。当他想到自己被一个客体接纳地凝视时,个案就会觉得完整,这个客体是一个未充分发展的内在精神功能的替代物:对于自体所缺乏的自恋的灌注(力比多),分析师提供了一种取代。

一个在之前的理论悲剧中已间接提及的观念上的澄清,在先前临床材料的背景下再重述,在此也许可以有帮助地再次介绍,我们必须区辨(a)个案自体影像的统整(重新激活之夸大自体的完整),可以因分析师的存在的协助而维持,即因分析师真实或想象中统一的知觉和

---

① 这个分析是由芝加哥精神分析学院(Chicago Institute for Psychoanalysis)一位资深并固定接受作者督导的学生所执行的。

回应的协助,和(b)个案的自我及其功能的统一和统整。

　　虽然这两个观念是在抽象的不同层次(自体的观念比较接近内省或共情的观察;自我的观念是从这里出发而更进一步的),我们可以说一个自体影像可信赖的自恋的灌注力比多的结果,是一种统一自体的体验,而统一自体的体验是一个可以统整运作的自我的先决条件;相反地,这类灌注(力比多)的缺乏会导致自我功能的困扰。最后,一个镜像移情的自恋灌注(力比多)可以补救这类自我的困扰,亦即,经由提供自体统整性这一中介的步骤来改善自我功能(自我和自体互相的关系的讨论,见 Kohut,1970a)。

第六章 镜像移情的类型：
基于动力性起源考虑的分类

前述由治疗式重新激活夸大自体结果而来的移情的分类，是植根于发展的考虑。本章中我将讨论的镜像移情类型，比较和(先天预先形成的?①)夸大自体成熟的阶段没有太大关系，而是和(童年的)过去及现在(治疗的)环境中活跃的外在因素较有关系。我现在要特别划清三种不同的方式——(1)原发的(primary)；(2)次发的(secondary)；(3)反应的(reactive)——镜像移情(就这个字词广义而言)，在分析中以这三种方式建立，并且这三种方式显示出其出现的不同形态是相关于(a)童年时期夸大自体的变迁(b)在临床移情情境中的某些当前体验。治疗式地激活夸大自体会直接产生(原发镜像移情)，或是作为一种暂时由理想化移情中撤退(夸大自体反应式重新激活)，或是发生在一种特殊起源结果的移情的重复(次发镜像移情)。

---

① 原文为：congenitally preformed?

原发镜像移情

并不需要长篇大论地分开讨论原发镜像移情,因为这个形式是夸大自体移情重新激活的临床现象常见的模式。正如在其它地方强调过的,分析师的态度如果是适当的、不干扰的,被分析者自然就会自行建立原发镜像移情,只要重申这点就足够了。这个移情的特殊类型(不论是融合、另我移情,或狭义的镜像移情)是由疾病指标的固着点决定。而当移情自行建立时,个案所体验到特殊的害怕(例如在坠落的梦中所表达的对失控退行的害怕;或因重新激活的原初表现癖所导致的对失控的过度刺激的害怕;或因阵发的夸大幻想害怕失去与现实的接触等等)和正在运作的移情的特殊类型有关。当然,对由个案特殊忧虑所激活的特殊阻抗而言也是相同的,特殊阻抗将会抵挡移情的建立。仔细观察下列的混合:暂时移情的表现,与其相关的特殊害怕和阻抗,对分析师而言会有很大的价值,因为它会提供分析师线索,不只是关于病态的起源学,一方面,也是关于核心的夸大和表现癖之间动力的互相影响,而另一方面,则是关于环绕的人格结构,这不像分析晚期那样清楚可辨。

如果被分析者的害怕引发自己不恰当的不舒服,或者如果它们长期地干扰他尝试重新灌注(力比多)(兴趣于)重新激活的夸大自体的原始自体—客体的能力,这样的情形,分析师向个案解释这开始的僵局的意义是有帮助的。当然,这类的解释不包括特殊起源的材料,分析师对直觉建立的起源重构的沟通应该避免,因为它们会被个案体验为是对和一个全知客体建立一种非特定的、防御的、原始关系的邀请。然而,如果分析师将自己限于给个案一个友善地澄清关于目前情境的动力学,个案将会认为分析师熟悉他所罹患的疾病的类型,他会觉得更安全,他的焦虑和相关的阻抗将会降低。

夸大自体反应式的激活

尽管夸大自体反应式的激活有很大的实务重要性，在目前的框架中仍然不需要详细讨论。在自恋型人格障碍分析期间的典型退行摆荡中，它的位置——作为一个中途站或是转折点——在第四章（第99页，图2，2A的位置）曾概括地描述，而其在治疗中的表现也借着临床的案例阐释（见第四章的个案G，和第十章的个案L），其中显示出分析师对理想化移情错误回应的若干后果。

从一种理想化移情撤退到一种（反应式的）激活夸大自体，关系到分析过程中一个策略的细节，本质上，和在分析移情神经官能症时，紧接着客体力比多特定挫折之后，为人所熟悉的暂时退行并无不同。这些发生在自恋移情范围框架的典型灌注（力比多）变换——然而移情这个字（或特定地说，镜像移情）对夸大自体反应式激活的临床表现而言，并不适当。在这类情境下继之而来的，几乎不是夸大自体正向治疗的运用，而是原始的夸大自体影像一种快速的过度灌注（力比多），而这是被敌意、冷漠、傲慢、讥讽和沉默（图2中2A的位置）所严密防御的。在一些对理想化客体失望后跟随而来的退行的例子中，并未停止在这原始自恋的层次上，而是更进一步移往对自体性欲、解体的身体-心灵-自体的过度灌注（力比多），带着疑病式担忧和原始羞耻的痛苦体验（图2中3的位置）。在原始自恋这撤退的位置（2A）和自体性欲之间（3），我们有时会遇到近似妄想的融合幻想、昙花一现的表现，这类幻想是关于个案不确定自己身分的认同。

例如，这类原始的认同，夹杂着疑病式担忧，对E先生（第五章）而言并非罕见，当他对分析师失望时，会觉得他做出了死去母亲身体或脸上表情的特征。这种外貌-融合表达（looking-merging expression）的原始化，表达了他未实现的口腔-触觉的呼求和他想要有目标抑制的温柔和共情(从一个母性的形象上得到),这样的原始化甚至发生在分析进阶的阶段中,即当他已经变得有能力持续展现有创造力升华活动的时期,这类的活动原本已经取代了他偷窥癖性错乱的原始视觉融合(见第十二章对E先生在这个阶段的讨论)。

这些退行状态的表现似乎是坏预兆,大部分的例子中,分析师和个案都不是被它们无端地警告。很少有例外,这是真的(例如,见第四章中关于G先生个案的短文,其中退行的严重度和肛门驱力要素的强度,及其相关的妄想态度确实是惊人的);但是在这个研究所关注的大多数个案的病态类型中,这些退行很明显是治疗过程的一部分,是领悟制造工厂的磨谷机的谷物,引导他的自我逐渐扩展和强化。

这些退行的摆荡既无法预防,它们也非治疗上真正不想要的。假设被分析者的自恋是脆弱的,它们就无法被避免,因为没有任何一个分析师的共情是完美的——没有任何其它的共情比母亲对应儿童需要的共情更多。而且,正如之前陈述的,由治疗上详细审查所获得的了解,对个案而言有很大的价值。然而,分析的工作,并非聚焦于退行的位置本身,这退行位置本身是由可工作的自恋移情中撤退而来的;对原始夸大自体和个案疑病式担忧及羞耻体验的表现内容做隔离的诠释,将会是无用和一种技术上的错误。一旦目前移情摆荡的动力背景被加以澄清,就没有需要去避免在分析中关于那些伴随短暂退行情势的童年感觉的共情重构。于是在个案目前的疑病式担心,和一个孤单的儿童觉得未受保护而感到威胁的模糊健康的担忧之间,可以进行一种类比,促进个案对他目前状况和其起源的根源有更深一层的理解。然而,分析师在此的关键首要任务,还是指认出全部治疗中的移动,其诠释主要必须聚焦于引发此撤退的创伤事件。

次发镜像移情

大部分的例子中,镜像移情是治疗一开始就逐渐发展的(原发镜像移情)；然而，有一些个案，镜像移情之前有一段初始短暂的理想化阶段。比起夸大自体反应式激活，次发镜像移情的重要性比较不明显；特别是其出现的起源学的涵意需要检视。

分析特定、和其它显著的以自体为中心、或自体–耗竭的自恋人格，在有限的开始期间，短暂出现理想化移情是无误的。个案这种理想化的态度，即使未被过早的诠释所干扰，或其它来自分析师一方主动或被动的干扰，它也常常很快消失，被个案的行为和自由联想的清楚的征候所取代，这些征候指出一种从理想化客体的激活到夸大自体的激活已经发生，而镜像移情(以其三种发展次类型之任一形式)已经建立。于是这会持续一个长时期，其中系统化修通过程聚焦于整合重新激活的夸大自体。开始时对分析师的理想化，通常必须被认为是一种被分析者尚未完全达成治疗式退行的退行路上特殊的中间步骤。这类的例子中，在个案的梦或回忆里，我们可以看到他早年所钦佩和理想化人物的影像，它们的出现很清楚地和目前对分析师的态度有关；或者我们会遇到个案直接表达意识上体验到的对分析师的钦佩。

某些分析师在他们被个案理想化时，倾向以错误、过早，或其它不正确的解释来回应，在后面对这点的讨论中(有时是因为他们反移情的激活)，将引用一个临床例子，关于在次发镜像移情之前的第一种理想化(早期梦中钦佩人物的影像)。这位个案，L小姐(第十章)在分析开始时的一些梦中，几乎很肯定地是一个稍纵即逝理想化移情的态度(以间接的方式表达)的例子。在这个个案中，理想化是重新恢复一种短暂的尝试，借着青少年早期对一位钦佩的牧师的理想化，来组织处理一种威胁自恋张力的冲击。在分析师一个错误之后发生的分析胶着状态，延迟的不是理想化移情的继续，而是将夸大自体表现癖的要求疏导入一种可工作的镜像移情的过程延迟。

在次发镜像移情之前的第二种理想化(直接表达对分析师意识上的钦佩)的一个临床例子，是包含在分析K先生(第九章)的广泛说明中(然而,是在不同的背景下)。这个个案的分析,在一段短暂的、早期期间,他公开表达对分析师很大的钦佩之意,而且理想化分析师的外貌、行为、身体及心智能力。这个短暂的理想化重复了个案童年时期(当时他大约三岁半)指向他父亲的一种未成功的理想化尝试。在弟弟出生后,当时他母亲对他和他需要注意这件事的态度,突然从非批判的欣赏转变成批判性的拒绝,这儿童借着把他父亲视为他可依恋其上的一个钦佩的理想化影像,尝试处理严重的自恋挫折。然而,这样的尝试因为一些原因失败了,特别是因为个案的父亲,尽管有相当外在的成功,似乎仍为一种特殊的、严重的自尊困扰所苦,这使他无法接受儿子试着要赋与他的角色。因此,未能允许这儿童颂扬他,并且未能允许儿童借着将自己依恋于这钦佩人物,以获得自恋满足和平衡的感觉,这父亲拒绝这儿童的钦佩,而且贬抑和批判儿童想建立一种认同式依恋的愿望。

因此,儿童创造一个理想化父亲影像的这种尝试,变得短暂,而他撤退到生命早期阶段可以让自恋平衡复苏的特殊态度和活动中。他现在尝试通过恢复早年由他母亲鼓励的古旧夸大和表现癖的展现来加强他的自尊。特定地,他转向以运动的形式来表达夸大和表现癖的追求,运动的形式持续进入他成人的生命中,变成他后来成功和失败的交错点。这个个案人格发展的细节具有教育性质,但不会在此刻陈述。现在关于起源学早年生命重要时期的段落,只是为了澄清在分析中自恋移情建立的特殊顺序(开始时期是理想化,接着是次发的镜像移情),是重复了童年时期事件的顺序(理想化短暂的尝试,接着回到对夸大自体的过度灌注(力比多))。

不论表达是公开或伪装地直接指向分析师,或以暗喻他的方式指出,以元心理学而言,这些稍纵即逝的理想化,构成一个向前步骤的重新复苏,这是在童年时未成功完成的自恋的重要发展方向之一:也就是说,尝试建立一种可信赖的理想化双亲影像,作为以理想化超我形式达成其内化的前驱物。因此，发生在治疗的更后期的从理想化双亲影像到夸大自体的暂时摆荡(夸大自体反应式激活)，与从理想化双亲影像激活到夸大自体激活的转变不同，后者在这些个案中重复了来自被分析者童年时期的一种特殊顺序：(a)一个童年时期客体的尝试理想化；(b)对理想化的一个(创伤式的)干扰；(c)(回返至)夸大自体的过度灌注(力比多)。不论是这个理想化的短暂时期或是后续朝向夸大自体的持续自发转变，都不应该被忽视，因为正是这个完整的顺序，构成了从过去而来的重要心理事件的重大移情(essential transference)重复。因此，分析师必须既不拒绝这初始的理想化，也不尝试人为的延长。

对分析师的理想化发生于于次发镜像移情建立之前，其临床重要性有三个层面。

1. 对分析师的理想化可以视为会谈早期个案透露给分析师的一项特殊测试(见第十章)。

2. 对分析师的理想化可以评价为是一个有利的预后征候，因为在这些个案中，修通过程打开通往自恋灌注(力比多)重新激活的两条路：(a)它提供一种治疗转化的机会，从原始夸大自体的夸大和表现癖到现实的企图心和自尊；以及(b)在治疗后期期间，对分析师一种更新的理想化(次发理想化移情)取代了(次发)镜像移情的位置，它提供一种治疗转化的机会，从理想化双亲影像到内化的理想。

3. 最后，在这些个案中，治疗式退行的阶段里，自恋力比多在理想化阶段中，于退行的移动时会有暂时的停滞，这个事实必须被视为一个重要治疗目标的宣告；彷佛童年时期一项未达成的发展目标，在治疗早期短暂出现，之后再度从视线中消失。

虽然这没有那么常见和显著，但有时在分析后期，理想化移情会自己建立起来，虽然这分析从治疗开始就以镜像移情(原发镜像移情)的存在为特征。在这类的个案中——当然，所有跟随次发镜像移情产生的次发理想化移情的个案也是——修通过程包括两个阶段：在早些的阶段，镜像移情是分析的焦点；晚些的阶段(次发理想化移情)分析工作是处理现在统整浮现的理想化。

第七章 镜像移情的治疗过程

分析夸大自体期间,启动的特殊修通过程的目标和内容是什么?正如早先讨论过的理想化移情的修通过程,最好是从比较镜像移情中聚焦于夸大自体的修通过程,和在移情神经官能症中为人所熟知的类似治疗行为开始。

在移情神经官能症精神分析式治疗中,重要的治疗作用是诠释潜意识客体-导向的渴求(object-directed strivings)(和诠释对它们的防御),这些渴求在治疗的情境中被激活,而且运用对分析师前意识的想象,作为形成移情的核心载体。修通的过程(即自我重复地与压抑的渴求遭遇,及面对这些自我用来防御驱力的原始方式)导向自我掌控领域的扩展,这是精神分析式治疗的目标。

类似于在分析移情神经官能症中变得重新激活的乱伦式客体投资,在镜像移情中激活的夸大自体并未逐步地整合入现实取向的自我组织中,却在病态体验(例如:与一个自恋的母亲过长时间的紧密联结,紧接着创伤式的拒绝和失望)的后果下,变得和其它精神装置解离。表现癖的驱策和夸大的幻想仍是隔离的、分裂的、否认的和(或)压抑的,是无法受到现实自我的修正影响。

在这里我无法加入一段关于从一种解离和(或)夸大自体的压抑,

自然演变为成长人格的缺点或优点(在适应下)的延伸讨论,我只会提及与其相关的两种主要的精神功能困扰:(1)由于自恋-表现癖力比多原始形式的阻碍(疑病式专注、胆怯、羞耻和尴尬倾向的提高)所产生的张力,和(2)健康自尊的能力和对活动和成功自我调和的享受〔包括享乐(Funktionslust)(Bühler)〕的降低,是因为自恋力比多被非现实潜意识的或被否认的夸大幻想所束缚,以及被分裂的和(或)压抑的夸大自体粗糙的表现癖所系缚,因此无法为围绕着(前)意识的自体体验的自我调和的活动、抱负和成功所用。

举例而言,如果一个人的自恋力比多被束缚于一种压抑的未经修饰的飞行幻想,他不仅被剥夺了由健康的运转散发出来的幸福感,也被剥夺了目标导向的行动享受和"想象飞扬"的享受(Sterba, 1960, p. 166),即升华的思考行动(thought-action)的享受。在此必须补充,飞翔的幻想似乎是未经修饰的婴儿化夸大的一个常见特征。婴儿化夸大的早期阶段对两种性别而言都是常见的,而且可以通过儿童被全能的理想化自体—客体搬动时的狂喜知觉而强化;然而,在幼儿晚期阶段,在男孩,则是关于围绕着前几次阴茎高举的无上喜悦的体验(Greenacre, 1964)。当然,飞翔的梦和幻想是普遍存在的,而且会以很多变形出现。①

---

① 对高度不合理的害怕(恐高症),正如我可以通过两个个案精神分析的观察中探知的,至少某些例子并未依照神经官能症症状的模式建构〔即回应一个乱伦愿望的激活,作为象征性的阉割焦虑(在此背景下,见 Bond, 1952)〕,而是因为婴儿化的、夸大的信念的激活,相信自己有能力可以飞。具体而言:未经修饰的夸大自体,逼促自我跳入空无(void),以便在太空中翱翔或航行。然而,现实自我对其自身领域中那些倾向于遵从这威胁生命的要求的部分,回应以焦虑。

可以将这些恐高症例子的核心重要精神病理,解释为平行于形成某些晕车症(见 Kohut, 1970a)个案的元心理学的基础。换句话说,某些易于发展出晕车症的人,也并非像歇斯底里症状一样地建构,即并非由于暴露于节奏的律动,会重新唤醒被禁止的婴儿化性刺激的体验,结果引起了这样的症状,这样的症状是来自与理想化自体-客体安全融合被重复干扰的结果——例如,以下的形式:一个人暴露于类似的非共情方式的外在情境中(例如在一辆车子中,有一位非共情的驾驶),这种非共情方式类似于理想化客体载着企图通过和理想化客体融合而获得精神稳定与安全的儿童。

在镜像移情中，修通过程核心重要的层面包括激活分裂和（或）压抑的夸大自体，及前意识和意识衍生物的形成，这些衍生物以表现癖渴求和夸大幻想的形式穿透入现实自我。一般而言，分析师熟悉这夸大自体较后阶段的激活，这阶段中的夸大和表现癖，混合着稳固建立的客体-导向渴求。在儿童俄狄浦斯阶段期间，特定的环境情境，助长了在这些例子中所体验到的在客体-导向渴求的框架下（或附属下）的夸大类型。如果儿童没有现实中成人的竞争者，例如在俄狄浦斯阶段期间同性父母的死亡或缺席；或如果成人的竞争者是俄狄浦斯爱的客体所轻蔑的；或如果成人爱的客体刺激儿童的夸大和表现癖；或如果儿童暴露于前述各种集合现象的不同组合中，早期俄狄浦斯阶段恰当的儿童生殖器自恋和夸大，面对儿童的现实限制时并未暴露，而这本来是俄狄浦斯阶段终期时阶段恰当的体验，儿童就会固着于他的生殖器夸大。

  这类固着的各式各样（常常是有害身心的，但不是总是如此）症状的结果是众所周知的，例如很多所谓生殖器人格（phallic personalities）的反畏惧的夸张表现（速度竞赛者、胆大妄为不怕死的人……等等），他们焦虑的自我否定一种早期所获得的俄狄浦斯的扬扬得意、非现实的认知，并否认其强烈的阉割焦虑，且以相对于现实中的危险来肯定自己的坚强永固，为其夸大的再保证需求，持续提供赞赏和喝采。

  然而，这类固着于早期俄狄浦斯夸大的例子中，自我的不安全感，几乎不只是单纯因为生殖器期夸大自体的要求和抱负的非现实本质。事实上，这种类型的心理层面非复杂的固着，有时候结果会导致自我企图符合——非防御地，即主要不是为了产生对抗阉割焦虑威胁的再保证——生殖器期夸大的要求，如果有幸运和天分的话，最后也许会产生现实上有价值的成就。

  然而，在大部分的例子中，因果情境的连锁关系是更加复杂的。举例而言，男孩夸大自体和被轻蔑的父亲（以女孩而言，就是一位被轻蔑的母亲)的关系的相关想象背后,通常是存在着危险、有力的竞争双亲的更深影像,而正如之前所陈述,防御的俄狄浦斯式自恋,主要是为了支持对阉割焦虑的否认而维持的。

了解儿童的俄狄浦斯式夸大是一种防御,不只重要,也值得注意。在俄狄浦斯爱的客体(以男孩而言,就是母亲)对俄狄浦斯竞争者(父亲)的轻蔑态度背后,及对于儿童(儿子)的明显偏爱(因而过度刺激的),通常是因在俄狄浦斯爱的客体(母亲)中,有一种对她自己俄狄浦斯爱的客体(母亲的父亲)的赞赏和敬畏的隐微态度。因此母亲明显地轻视成人的男性(即男孩的父亲),而且表现出偏爱这男孩,其中带着对她自己父亲的潜意识影像,一种深层的赞赏、混和着敬畏和害怕。儿子参与母亲防御式地轻蔑父亲,而且借着延长的夸大幻想阐释这样的情绪状况;然而,他感受到母亲对有着成人阴茎的强壮男性形象的害怕,而且知道(潜意识地),只有在他没有发展成一位独立男性时,她对他这儿子的扬扬得意才会维持。换句话说,他的功能是作为母亲防御系统的一部分。

然而,大多数这个研究所关心的个案,处理的不是固着于俄狄浦斯夸大的结果(特征是混杂着强烈的客体灌注力比多和阉割恐惧的存在),而是处理主要固着于儿童自恋发展中更早期的例子。当生殖器期的固着,借着防御地退行的婴儿化态度展现而逃避,或当早期的固着通过后期(俄狄浦斯期)的体验呈现(望远镜式的),不管其结构的复杂度为何,我现在要转而检视这前生殖器夸大自体的内容和情势,以及与其相关的分析工作。

当然,分析的目标是将夸大自体压抑的或其它未整合的(隔离的、分裂的、否认的)层面,纳入成人的人格(现实自我)中,无论其发展的情势如何,或服务自我的成熟区段的能量装置为何。在镜像移情期间,临床过程的原发的核心活动,是关于个案对他婴儿化表现癖夸大的幻想的揭露。然而,提升至意识,以及现实自我对先前疏离的夸大渴求的增加接受度，和作为之前这些步骤的结果，即与分析师沟通这些幻想，这些接下来将会面临强烈的阻抗。

夸大幻想①的内容以及在治疗期间面对现实痛苦的详细变迁，在这里不会有广泛的讨论，因为主要的焦点是在分析中建立起来的类移情的状况，以及，特别地，在其临床过程中的精神经济和精神动力的重要性。

除此之外，必须承认的是，分析师常常对看到的个案的显然是平凡琐碎的幻想很失望，这是个案在长时间之后所产出的，而强烈的内在阻抗最后有了曙光，通常是伴随着强烈羞耻和阻抗的最后一次爆发，他终于向分析师描述。群山努力挣扎，结果生出一只可笑的老鼠（The mountains will be in laror, a ridiculous mouse will be born.）（Horace, Ars Poetica, 139）。分析师的失望（对照于被分析者第一次对另一个人，实际上是对他自己，分享最深处的秘密时所体验到的强烈情绪）部分是因为分析师对退行的阻抗，而这退行需要分析师对原始材料全然共情的共鸣才会产生。这种坦露无法造成分析师强烈的情绪冲击，也可能是因为之前冗长的修通期间，这些原发过程的材料逐渐改变成次发过程的形式，变得可以沟通；也就是说，这些原发过程的材料现在不再是它从前的样子，即使个案自己对其坦露的过程仍体验到先前巨大力量的回响。②

诚然，有时候即使幻想的内容也会让分析师对个案所体验到的羞耻和疑病，以及焦虑有共情的了解：羞耻，是因为有时候坦露仍会伴随

---

① 起源学和"夸大和全能幻想"的功能的一般讨论，广泛散布于一些 J. Lampl-de Groot 论文中的相关短评（1965，特别是 pp. 132、218、236、269、314、320、352ff.）。相关典型的幻想，特别是可以飞这样的幻想，见 Kohut（1966a, p. 253ff.、p. 256f.）关于整合为现实所接受的行为的飞行幻想的特定阐释。

② 讨论潜意识幻想经历成为意识化的改变过程，和讨论未经改变的原发过程幻想的可能性的指标，也许会"超出（感觉器官）意识的范围，正如紫外线对于眼睛一样"，见 Kohut（1964, p. 200）。

着粗糙的、未经中和的表现癖力比多;而焦虑,是因为夸大隔离了被分析者,而永久客体的丧失对他造成威胁。

以个案 C 为例,在一段他期待被公开赐与荣耀和庆贺的期间,他作了下列的梦:"问题来自于要为我找寻一位接任者。我想:上帝如何?"这个梦部分是企图通过幽默来软化夸大未全然失败的结果,然而它还是引发了兴奋和焦虑,并导致为了对抗更新的阻抗,惊慌地回忆到童年时幻想觉得自己是上帝。

然而,很多例子中,形成这些幻想核心的夸大,只是以暗示的形式为被分析者所坦露,例如个案 D 回忆到强烈的羞耻感和阻抗,当时他是儿童,经常想象他正通过由他的头脑发散出的"思想控制"让街上的电车奔驰,而当他的头脑(显然和他身体的其它部分断绝)使用其神奇的影响力时,是远在云端之上的。

在另一些例子里,夸大幻想包括一种神奇的虐待控制世界的成分,个案是希特勒、匈奴王等等,他有广大的群众在他(神奇的)控制之下,他影响他们好像他们是机器中无生命的零件。对建筑物和城市神奇的摧毁和它们神奇的重建也是一种角色,有时候是对单一的他人全然的掌控,然而,这个人却是留在空虚的世界中唯一的现实。有些个案说相信每个人都是他们的侍者、奴隶或财产(个案 H)。这个儿童遇到的每个人都知道这点,但不会谈论;而类似地(个案 G),也有这样的信念——不只是幻想!(个案成人之后有比这里被提及的任何一个人都还要严重的困扰。)学校里的每个人当他还不知道他们的名字时,就都知道他的名字了——他是逆转的侏儒妖怪(Rumpelstiltskin)(译注:格林童话,在德国民间的一个传说,曾经有一个身形矮小的精灵,人称侏儒妖怪。侏儒妖怪为解救王子的新娘,答应展现法力把亚麻纺织成金线;成功后,和新娘立下条件,要索取新娘所生下的第一个孩子以为报酬,除非新娘有本事猜中他将要为孩子所取的姓名,才肯放弃这个孩子。结果,新娘果真猜中了,侏儒妖怪失望至极,后来自杀而亡）——这样的情境证实了他的独特、在儿童中提高的地位,这样的情境不是他没有能力和他们建立关系的这个简单事实的自然结果,虽然现实上,他们当然都知道彼此的名字,也知道他的名字。最后,一再发生的主题是要"特殊"、"独特"、非常常见的是要"珍贵的"（"像一个非常精密的仪器"、"像一个非常精密的手表"）,这似乎是一整群惊慌、羞耻和隔离的自恋幻想的打结点,而无法找到比这些字眼所传达的更确定的表达。

偶尔,分析师还是会目睹一种特殊的阻抗阻止婴儿化夸大幻想全然整合,即使在它已经明显被充分恢复和认知之后。这种阻抗的形式是个案无法运用他的领悟作为朝向现实行动的踏脚石。在这些情境下,分析师的诠释通常必须聚焦于幻想的伟大和现实的成功二者的对比。他必须显现出个案仍然无法忍受这两个事实：(a)不论准备得多好,在任何行动中都有失败的危险；(b)即使很伟大的现实的成功,其范围也是有限的。换句话说,个案已经掌握了他夸大幻想的非理性内容,但是他对有关努力结果的全能确实性的需要,以及对无限成功和无限喝采的需要,尚未转化成持续、乐观,和可信赖的自尊的自我调和的态度。

N先生,一位生理学家,在分析期间,广泛和根深蒂固的工作无法发挥的情况已有相当的改善。但是当他准备研究结果出版的任务时,仍然持续地体验到极度的困难。他的夸大幻想已经和他现实的企图心和行动模式有充分的整合,当他执行巨型的研究工作时,可以构成他活动的稳固的原动力。然而,他要确定成功、无限成就和无限喝采的原始需要的持续固着,使得他不太可能展露其有限的成就、让自己暴露于科学群众的未知反应,和接受他可以收到的喝采顶多属于有限的事实。

然而,夸大幻想的特定层面和现实的遭遇,不只是会被上述的特定困难暂时阻断,而是其所有层面的上升至意识——或当它以分裂状态存在时,与自我结构的整合——和与它相关的表现癖需求的释放,通常都倾向于被强烈阻抗所阻挡。在它的俄狄浦斯形态中(生殖器期夸大和生殖器期表现癖),夸大自体被强烈的客体结构所遮蔽,而这个阶段中明显的竞争张力和阉割恐惧,模糊了由俄狄浦斯情结的自恋层面激活所引发的这特定的焦虑和阻抗。然而,在那些例子,其中自发的治疗式退行产生前生殖器期夸大自体的激活——特别是这个阶段中,儿童需要无条件的被接纳和赞赏他全部的身体—心灵—自体,大约是在力比多发展口腔期的后半段期间——和自恋结构特定有关的焦虑和防御,更加容易区辨出来。诚然,口腔和肛门驱力成分的存在是无误的;但是在这里,它不是这些驱力原发的目标(甚至更少一些:关于他们的客体的特殊的可语言化的幻想),而是它们的原始性和质性导致这样的忧虑。换句话说,借着保持原始夸大自体的疏离和(或)压抑,自我防御自身远离危险,这危险是未经中和的自恋力比多去分化的(dedifferentiating)流入(针对这点,受威胁的自我以焦虑的激动回应)和解体的身体—自体原始影像的侵入(自我以疑病专注的形式阐述)。

　　既然已经陈述了原则,我必须承认在真实的临床情境中,主导移情激活的病态结构核心,是存在于前生殖器期自恋的范围或俄狄浦斯阶段的范围,有时候不是那么容易很快无误地决定。分析师的决定取决于(1)他共情地了解个案核心焦虑的本质,和个案为了逃避它们所运用的防御方法;和(2)他对存在于(前生殖器期和生殖器期)自恋结构和与俄狄浦斯期客体投资冲突的相关结构间,各式各样不同关系的理论上的理解。

　　正如我之前所说的,在分析自恋型人格障碍时所遇到的核心焦虑并非阉割焦虑,而是害怕自恋结构去分化地侵入以及其能量进入自我。因为这类侵入的症状结果已经讨论和论证过了,在这里我只简短地列举,它们是:经由与理想化双亲影像狂喜式的融合,或经由朝向与上帝或宇宙融合的准宗教的退行,所产生的失去现实自体的害怕;失去与现实接触的害怕,及通过非现实夸大体验所产生的永久隔离的害怕;经由表现癖力比多的侵入,所产生的羞耻和难为情的惊吓体验;因为对身体和心智分离部分过度灌注(力比多),所产生的对身体或心智疾病疑病式担忧。在自恋人格分析期间所体验到的害怕意念的内容窗体可再扩充,个案所担忧的精神阐释的描述可以再精细区分。然而,在这里,我宁愿再度把注意力放在这些焦虑的一般质性上,整体而言,也就是说,它们倾向于是模糊的,自我的原发害怕是回应兴奋的量和这侵入其领域的能量原始本质的威胁所引起的。

　　当然,区辨这些害怕和俄狄浦斯期的畏惧的报复焦虑并不困难,后者的阉割焦虑或多或少是直接以害怕被一种更高力量、限定的敌人杀害或残害的形式被体验。然而,下列情况让区别变得更加困难:(a)当俄狄浦斯期焦虑以前俄狄浦斯期象征来表达;或(b)当一种广泛、防御地退行至前俄狄浦斯期层次的现象发生,而这是为了逃避阉割恐惧。虽然这些复杂现象不属于这个段落的主题,但是它们必须被处理,因为它们和区别我们所关心的有关。因此,借着和自恋结构的威胁性侵入所引起的焦虑做比较,上述提及的两个例子中,常常或早或晚至少会有三角情境的线索出现;更进一步,会有更大程度对危险来源(个人的敌手)的阐释;而最后会有更大程度对危险本质(例如:惩罚)的阐释。区别下列(a)疑病式的担忧(以害怕身体或心智的疾病说法来阐释),是来自于自体性欲解体的害怕,和(b)以害怕疾患作为阉割焦虑退行式的表达(或以前生殖器期驱力成分的说法来表达,例如:怕被吞噬、吃掉、咬啮、淹没、下毒、被活埋而窒息……等等)可作为一个例子。

　　在第一个例子中,即恐惧原始自恋灌注(力比多)的侵入威胁自体统整的个案中,分析师会得到一种印象,分析工作进行得愈久,忧虑内容会变得愈加模糊。个案最后可能会说出模糊的身体压力和张力,或是说出失去接触的害怕,说出不满足的、刺激的焦虑兴奋……等等,他可能会开始诉说童年孤单的时刻,或童年不觉得自己活着的时刻之类的话。然而,在第二个例子中,即在退行地阐释阉割恐惧的个案中,相反的状况是真实的。在这里,分析工作进行得愈久,恐惧的阐释将会变得愈特定,危险的来源也愈限定。而且,最后,如果个案回忆起童年和更优越对手竞争的场景,紧接着有被报复的害怕,当然,这无疑地是有关于俄狄浦斯期激活的冲突的事实。一方面,因着俄狄浦斯期材料的退行,以及另一方面,后来的体验阐释和朝向望远镜式的自恋和自体性欲张力,因此表现的现象一开始似乎是相同的。然而,治疗的移动再加上体验阐释,会指向相反的方向并做出区别。

　　考虑个案精神病理的一般组织,下列的关系会存在于生殖器俄狄浦斯期结构和自恋结构之间(生殖器和前生殖器期),在前者之中儿童受伤的自恋扮演的是次发的角色,而后者是自恋移情主导下的病态决定因子。(1)不论是(a)自恋的,或(b)客体移情病理,明显占优势;(2)优势的自恋固着和重要的客体移情病理共同存在;(3)表面是自恋异常,隐藏着一种核心的俄狄浦斯期冲突;和(4)自恋型人格障碍被俄狄浦斯期结构所覆盖。在很多例子中,只有小心的观察和不干扰移情自然的发展,才能让我们决定分析所处理的是这些关系中的哪一种。然而,也必须一提,即使在一些真正原发性自恋固着的个案中,俄狄浦斯期症状群(例如:恐惧症)也可能会出现,即使非常短暂,在治疗的末尾,必须像典型原发移情神经官能症般地精神分析式处理。

自恋移情中的行动化治疗行动主义
(therapeutic activism)的问题

　　夸大自体的非社交(asocial)的本质说明了它对分析的影响的基本阻抗现象,以及分析中压抑的夸大自体激活期间所遇到的,最重要的移情阻抗之一，也就是其镜像移情的偏向，和其在非社交行动化（acting out）症候群中的本能能量的运用。自恋人格很多明显或隐藏的叛逆偏差行为（包括在分析治疗期间所发生的非社交行动），既不是因为超我的缺陷（间接地，除了当超我理想化的不足和自恋灌注的主要分量都集中于夸大自体的事实有关时），也不是在一种非复杂冲动模式中，单纯因为自我相对于驱力的虚弱。自恋人格的行动化，是一种症状，是夸大自体压抑层面部分突破冲出的结果所形成的。因此，虽然通常是适应不良且常常具破坏性的，无论如何，它还是可以被视为是自我的成就，自我将夸大幻想和表现癖的驱策力并入适宜的前意识内容，并且合理化它们，类似于移情神经官能症中症状形成的过程。

行动化倾向和夸大自体激活之间的关系是非常特定的一种关系，即在自恋型人格障碍的分析中，是表面上外部塑造（alloplastic）行动化的发生，而非表面上的更内部塑造（autoplastic）精神神经症症状的形成，这是因为治疗过程由前治疗（pretherapeutic）的精神平衡中同时产生两个重要改变的事实：（a）夸大自体的过度灌注（力比多），和（b）特定防御机制〔压抑—反灌注（repression-countercathexis）、解离—否定（dissociation-disavowal）〕的弱化，这些防御机制原本是防止夸大自体的表现癖-夸大冲动侵入现实自我。然而，作为在镜像移情期间变得暂时失去控制的疾病指标的紧急症状学，选择行动化的特定理由，既不是（夸大—表现癖）冲动的强度，也不是重新返回的本能（即经常发生的未经中和的口腔需求和口腔-虐待报复）的原始性，也不是自我的虚弱。行动化的特定决定因子是心智结构的绝对自恋，牵涉到夸大自体的突然突破冲出。特定退行到病态固着点导致自体和非自体间的区别减弱，因此也导致冲动、思想和行动间的区别的模糊。换句话说，表面上的审察看起来是外部塑造的行动，实际上不是行动（action），而是在心理发展一个阶段中内部塑造的活动（activity），在此阶段，外在世界仍然被灌注以自恋力比多。

无论个案的习性如何，从分析情境本身中，如果它们偏离但未延缓治疗式精神能量的激活，这样的倾向总是让分析师进退两难：他是否应该或必须干扰个案的活动。分析师是否必须变得主动，以及如果主动，在什么范围之内及什么内容和程度，这样的技术问题需要评估的不只是关于精神病理的类型，和关于与个案活动相关的元心理学的结构，也常常从实际问题的角度，个案是否有可能伤害自己或他人的危险性（自杀、杀人、公开招致侦查和处罚的叛逆偏差和性错乱活动等等）变得很大而需要被处理。在这些后面所举的例子中，分析师最好不要混合现实顾虑的表达和紧急的诠释，他要简单和直截了当地陈述，他希望个案不要执行他不祥的计划，或停止冒险的活动。然而，分析师这类重大强迫干扰的必要性，主要还是来自于边缘型精神病的例子，和严重自我缺陷产生无法受约束的冲动的例子。然而，在歇斯底里行动化（一种戏剧化的婴儿化语言）的状况中，分析师的活动有一种不同的、更严格精神分析式的目的，运用时可以（和应该）向个案解释。分析师的主动（他建议个案停止戏剧化的演出）的目标，在这里——类似弗洛伊德建议费伦齐（Ferenczi）关于分析恐惧症技术的目标（Ferenczi, 1919）——是去疏导潜意识压抑的乱伦驱力和相关的冲突，以便通往与自我的次发过程相遇，即在分析期间，以自由联想的形式，鼓励语言幻想衍生物的形成。

所有这些上述的考虑，特别是那些在危险状况中分析师顾虑的直接表达，有时也会运用于分析特定层面的自恋人格困扰个案行动化的例子中。然而，一般而言，行动化在此最直接被理解为是一种沟通的形式，一种对世界的全然原始的担忧，尚未出现行动和思想的确实区隔。因此有时候需要——而且有效！——改变个案的自我，为利于自体保存（self preservation），改变为主动是适当的。当个案因自己的作为置自身于险境中时，以当今流行的习俗观点来看，除了实际和现实的议题之外，不须提及道德议题。

然而，除了招致在分析师这方现实考虑的表达之外，个案的行动需要诠释，和——对照于歇斯底里症或恐惧症个案的行动化戏剧性的内容——它们在这里构成一种通过领悟，增加被分析者自我领域有价值的方式。因此，当个案 E 在与分析师分离期间，回到危险的公厕偷窥癖追求时，或当他觉得分析师不了解他时，非道德式的诠释指出他想要镜像、赞同、和了解的愿望，退行地扭曲朝向一种原始视觉融合的演出。这样的诠释，不只是有效地给与他在后来当觉得被漠视或误解时有更大的控制，也带领着对他自己的人格有更加深层的理解，和带领着童年时重要相关记忆的浮现。例如，他回忆起偷窥癖的第一次场景，发生在一个乡村市场公厕中，在他要求妈妈观看和欣赏他荡秋千的技术之后。当时，他妈妈已经病得很严重（恶性高血压），对于他展现好本事的愿望上无法有任何兴趣。他转身离开她，跑到公共厕所，被一种他现在才知道的力量所驱策，他也是现在才回忆起当时适当的情绪基调，他看着一个男人的性器官，并且融入其中，感到和它所象征的力量和坚强合一（用理论的说法：由相当于镜像移情的阶段，退行到融合移情的阶段已经发生）。

移情表现的移动，一般而言是从较原始的形态（例如：融合）至较进化的情势（狭义的镜像移情）。个案 E 在周末和分析师分离期间的行为，构成了一种暂时的逆转，以回应临床移情的变迁。

这类暂时退行由镜像移情到融合的另一个例子，是由一位同事提供给我的。① 将要描述的场景在某些层面类似于 E 先生周末的行为。但是有一个决定性的不同点。E 先生的退行发生在分析的早期，在重要结构改变达成之前，而且它包括一种明显、危险的行动。而 I 先生这位个案，这个场景发生在自恋人格困扰一般成功分析的晚期，经由之前的分析工作，结果是重要结构改善已经达成，其中并没有行动，退

---

① 这个分析由一位和我固定咨询的同事（男性）执行。

行以一个梦的形式表达自身。

个案 I 先生,二十五岁,企业界的雇员,在一次治疗时段中,带来一些童年时的日记本,并且读给分析师听。分析师表现出对日记内容的兴趣来回应,但是——即使在他的部分没有觉察到任何情绪的保留——他可能不是那么热情地回应阅读日记这件事,觉得可能这个个案把写下的纪录放在他自己和分析师之间;即阅读构成了一种阻碍,无法直接和自由地沟通个案的想法和记忆。可能是这样,从个案后续的反应可以推论,他失望于分析师的回应。下一个晚上,他做了一个二段式的梦:(a)他去钓鱼而且钓到一条大鱼,他骄傲地带着鱼到父亲那里。但是父亲并没有赞赏这个礼物,反而是批评的;(b)他看到基督在十字架上突然沉重地落下;肌肉突然放松,死亡。

以全然移情发展的眼光来回顾这个梦之前的会谈时段,可以引出一个结论:在会谈中,个案暂时地从狭义的镜像移情撤退至原始的(被虐的体验)融合。分析师显然未全然欣赏阅读日记对个案而言所代表的深层情绪意义,事实上这不是一种对沟通的阻抗,而是一个真正的(即分析上有价值的)礼物。个案确实已经到了一个阶段,之前童年时期秘密的材料,现在可以分享了。个案觉得分析师(正如个案童年时自恋的父亲一样)对个案的进步是负面回应(在类似的例子中,我观察到分析师一种自恋式从个案撤退的倾向,此个案已经进行到一个朝向情绪健康的重要步骤,却没有得到分析师立即和直接的协助)。因此,个案先前期待他的心理成就会有一种赞同的接纳(在一种分化和目标抑制层次上的镜像移情),却觉得被断然拒绝,而撤退至一种融合幻想:死亡中的基督和天父的再结合("'父啊,我将我的灵魂交在你手里!'说了这话,气就断了。"路加福音二十三章四十六节)。当分析师向个案诠释这后续现象时,实际情况很快获得了补救。

前述的临床片段是关于一个自恋人格成功分析的后期阶段。无疑地,在这类例子中,让移情再回到其恰当的、基本的层次,不需要其它,只要在给诠释时是带着现实程度温暖的一个正确诠释。然而,治疗行动主义(therapeutic activism)的疑问,在治疗某些特定类型的自恋人格是非常重要的。艾伦霍恩(Aichhorn,1936)介绍他的主动技术(active technique)治疗叛逆偏差的青少年时,用来创造治疗上有效的对分析师的情绪依恋,此领域中他是理论和技术的先驱。安娜·弗洛伊德(Anna Freud,1951)如下地形容艾伦霍恩的技术:"由于他人格中特殊的自恋结构,冒充者(impostor)①无法形成客体关系;无论通过一种自恋力比多的泛滥他可以变得如何依恋治疗师。但是,只有当治疗师可以呈现给这个冒充者……一个他自身叛逆偏差的自我(delinquent ego)和理想自我(ego-ideal)的光荣复制品,他的自恋移情才会建立。"(p.55)

建议分析师主动地提供他自己给个案作为一种理想自我,艾伦霍恩既未区辨自我理想和其前驱物理想化双亲影像,也未替夸大自体指定出一个分隔和特定的位置。而安娜·弗洛伊德对艾伦霍恩治疗这些特定个案主动技术的简短摘要,是十分符合所提出关于分析除了叛逆偏差的青少年个案外的广义自恋人格困扰所建立的移情状况的理论构想。例如,当她说治疗师呈现给这个冒充者"一个他自身叛逆偏差的自我和理想自我的光荣复制品",这个构想部分类似于区辨基于治疗式重新激活的夸大自体的移情(特别是和治疗师的孪生或另我关系),和基于重新激活的理想化双亲影像的移情。

较早的考虑关于治疗活动的应用艾伦霍恩的工作,将有助我们对这个技术问题的理论理解得更加敏锐。

几乎没有任何怀疑,艾伦霍恩的主动技术,鼓励自恋移情的建立,不可避免地被用在治疗一般叛逆偏差的某些类型和特别是叛逆偏差的少年;这些是所需的紧急手段,为了要创造和分析师一种情绪的联

---

① 译注:impostor-假装一个不是他自己的另一个人,在此应该是指个案

结——即聚焦于他的夸大自体的类移情（transferencelike）和（或）理想化双亲影像类移情——会在开始时留住个案不离开治疗。然而，对于主动建立与这类个案的移情联结的评估，原则上是开始于这个疑问，即主动创造的移情是与（叛逆偏差的）夸大自体有关，或与理想化双亲影像有关。一个叛逆偏差者用公开的赞赏让自己依恋于分析师的能力，明显显示有一个理想化双亲影像和深层希望形成理想化移情的（前意识）存在，而那是他们之前否认和隐藏的。某些青少年（或终其一生延续青少年的特定类型的成人）常常宣示他们明显对夸大自体完全的承诺（前意识地，因为他们对理想化态度所意味的弱点的尴尬，或因为对没有男子气概的多愁善感，会使他们暴露于可笑的害怕）。然而，在这些前意识社交耻辱的害怕后面，存在着潜意识的害怕，害怕被理想化客体创伤式地拒绝其理想化态度，或预期自己对理想化客体创伤式的幻灭——换句话说，对自恋领域挫折的忧虑，导致无法忍受的自恋张力，和羞耻及疑病的痛苦体验。

虽然艾伦霍恩治疗的类型，叛逆偏差少年的整合症候群的精神分析式的治疗，并不在我直接临床体验的范围之内，关于艾伦霍恩对这类个案建立自恋移情方法的某些结论，可以放在艾伦霍恩自己临床描述的基础上，和相关疾患体验的基础上。因此，我会提出艾伦霍恩步骤的成功是因为下列的情境。我们认为叛逆偏差者基本的固着在于理想化双亲影像和相对于此组成形式的中心疾病指标的移情的倾向，即建立理想化移情的倾向。然而，在这种对理想化客体核心渴求的周围，是叛逆偏差者人格的那些层次，这些层次不仅否认对理想化客体和理想化超我的渴求，相反地，还使他大声地宣布对所有价值观和理想的轻蔑。或者，以不同的说法表达，有一种夸大自体防御式的过度灌注（力比多）（可能原来是在对一个理想化客体痛苦的失望或丧失之后获得的）。对全能而未受限制的活动的炫耀和叛逆偏差者骄傲于他卤莽操作环境的技术，提供了他防御的支持，避免觉察到对失去的理想化自体-客体的渴望、空虚及缺乏自尊,如果叛逆偏差者的夸大自体的持续阐述停止了,包括话语和作为,上述情况将会随之而来。如果治疗师对这类叛逆偏差者提供他自己成为价值观世界的一个理想形象,并不会被接受。这就是艾伦霍恩对这些叛逆偏差者的特殊技巧和了解,他首先提供自己成为一个叛逆偏差者夸大自体的镜像影像,于是可以启动一个朝向理想化自体-客体的灌注的暗藏激活,且毋须干扰由防御所创造的夸大自体和其活动的必须保护。然而,一旦联结建立了,理想化灌注被激活,修通的过程变得有可能,从夸大自体的全能和不会受伤害,逐渐转变为更深层地对理想化客体的全能和不会受伤害的渴望(和对此客体必要的治疗式依赖)可以达成。

在精神分析式治疗自恋叛逆偏差者(特别是青少年)中,由夸大自体主动激活所显示的特殊问题,不是这个研究的主要焦点。在这里我们处理的是一般自恋型人格障碍的分析,在其中一般定义的叛逆偏差活动并未主导临床的现象。然而,在这些个案的分析治疗中,创造了一种情境,在其中被分析者退行地顺从,被主动地运用作为产生对分析师理想化的目的,这不是我乐意见到的。主动地鼓励对分析师的理想化,导致一种顽强的移情连结的建立(类似组织化的宗教所提供的依恋),产生大量认同(massive identification)的掩盖,和阻碍既存的自恋结构的逐渐治疗式改变。我们必须十分留意弗洛伊德相关的警告,会存在"一种尝试,分析师想去扮演个案的先知、拯救者,和救赎者的角色",即去鼓励个案把分析师放在"个案的自我理想的位置上",这个过程"正好相反地违背了分析的原则"(1923, p.50n.)。

人为的设计以产生对分析师的理想化,是有害分析的,而自发地发生理想化双亲影像或夸大自体治疗式激活,是实际上被欢迎和不应该被干扰的。

在分析治疗期间,关于分析师所谓的被动性有些一般的评论,在此刻可能是适当的,因为分析师反对对他们的个案采取一种带领的角色,采取这样的角色通常都被错误讨论得一个有如是道德的议题(例如:Hammett, 1965, esp. p. 32),借着一种价值系统(分析师的平常主义、谦逊之类)对立于另外一种(他应该知道他不可避免的责任,身为个案的带领者和指导者,因为他实际上应该知道某些个案生命问题的答案)而加入道德的议题。然而,这个选择必须植根于我们在分析治愈过程中,对构成主要因素的元素的了解为何。如果分析师主动地采取"先知、拯救者和救赎者"的角色,他借着粗略认同(gross identification)主动鼓励冲突解决,但站在个案逐渐整合他自身精神结构,和逐渐建立新结构的路途中。在元心理学中的说法,分析师主动采取带领的角色,既导致和原始(前结构的)自恋地灌注(力比多)的客体建立关系(于是个案进步的维持,就依赖于这种客体关系真实或幻想的维持),也导致大量认同被加入既存的精神结构之中。相对地,精神分析式治疗允许移情自发地发展出来(包括和原始、自恋式灌注的客体关系),然后经由修通过程,投射的或其它激活的结构转化和逐渐再内化(转变内化作用)。因此,在最后的分析中,启发式的治疗(inspirational therapy)和精神分析,在质上的不同可以被理解为量上的不同:前者修通主动建立的客体关系和大量认同;后者修通自发建立的移情和(转变)再内化作用精细的过程。

　　上述的陈述原则上是正确的,但是必须加以修正,把分析自恋人格中实际上暂时不是之前所叙述的"精细"(minute)和"转变"(transmuting)的内化过程期间的两个阶段纳入考虑。具体而言:粗略认同过程既可以在治疗的相当早期观察到(作为小规模、结构建造、转变内化作用的前驱物或先驱者),也可以发生在晚期,即通常在结束阶段的第一个部分,在最终放掉自恋移情客体的任务的准创伤冲击之下。

　　因此,对分析师的粗略认同——他的行为、说话、态度、品味的模式——常见于分析自恋人格的早期部分。这是有利的征候,特别是当粗略认同不是立即发生，而是在投入处理一段广泛阻抗的系统化工作期间之后，这广泛阻抗原本阻碍了适当自恋移情的建立，粗略认同应该被分析师所欢迎，视为是朝向获得允许结构建造的修通过程状况发生的第一步。研究在分析期间这种认同模式的改变是有帮助的，在其中被分析者的专业促进——以及用作合理化！——是采用在自己的分析中所观察到的分析师的专业行为。

例如，带着自恋人格组织的候选人的训练分析期间，或处于治疗分析中的精神科医师，下列特定事件会经常依次发生。首先有一个阶段，似乎没有移情再激活的证据。例如，治疗的中断似乎没有引起被分析者值得注意的反应。这个阶段会接着一个时期，被分析者以粗略、未同化地认同分析师单一的特征（例如，他会在分析师不在期间，被牵引着去买一件特别的衣服，后来他才会十分惊讶地发现，这件衣服和分析师所穿过的一件衣服一模一样），来回应自恋移情的干扰——例如，会谈连续的中断。然而，逐渐地当这些事件重复地被修通，认同过程的本质改变了：它们不再是粗略和不可分辨，而是变得选择性逐渐地聚焦于实际上和被分析者人格相符合的特征和特质上，强化个案自己的（到现在为止仍是潜伏的）才能。因此，某些分析师选择性相符的、喜爱的专业特质和技巧，在此认同的过程中，变得愈来愈被个案所同化：它们不再是组成认同上的异物（例如，经常发生的认同攻击者，是回应被个案体验为创伤性的分析师的活动而形成），在作为一些紧急目的使用后就必须被丢弃。最终，平行于一种内在放弃（自恋地灌注）分析师的逐步成就，个案会平静但深层和真实愉悦地发现，他已经获得自主功能和启动的坚固核心——在他每天的生活中，在他对自己的个案的感知和理解的模式中，包括他自己个人特定与分析师沟通的模式中。

一种更新建立粗略认同的倾向，有些证据显示也会在分析自恋人格困扰的结束阶段遇到（特别是在这个阶段的早期部分）。这个现象不应该被分析师视为不适当的警讯,而应该被视为是分析磨坊的谷物,正如之前所描述的发生在治疗早期的粗略认同。

例如:I 先生在他分析预期结束的几个月前所发生的梦中,描绘出在他分析结束阶段期间(之前恰当的:小规模的)转变内化作用过程的再具体化。在这期间,被分析者一方面对自己的精神装置是否有稳定和足够的发展有疑病式的担忧;另一方面则是一种有信心的模式,带着对他自主功能的预期的享受而期待最后与分析师的分离,被分析者在此两种状态之间转换。在担忧期间,有证据显示他对退行的知觉的需求,即借着以(再性欲化的)口腔和肛门的吞并渴望的形式进一步内化,来支撑他的精神结构。他会过度饮食,有着被动—同性恋(passive-homosexual)本质的梦,梦到分析师从肛门进入他的身体。在掌控这种内化需求再度复苏的进一步过程期间,在下列几乎是幽默的梦中(在分析期间个案确实得到少量的幽默),他描绘出这种仍旧想从分析师那里获得更多(或者,也可以说,仍旧要得到更多分析师的部分——这些是个案的成功非常可信的征候之一)的最终浓厚企图。在一个梦中(结束阶段的早期),用 X 光发现分析师停留在个案的肠子里面。另一个梦中(结束阶段的晚期),个案吞下一支竖笛(分析师的阴茎;或可说是他的声音,即分析情境中他的影响和功效的器具)。然而,在乐器被吞下之后,乐器仍继续从个案的内在演奏音乐(比较这个梦和 A 个案的自慰幻想。特别是在这个情境下,见第三章,批注 4)。

关于激活了的夸大自体的修通过程的目标

分析治疗所产生的心理转化的本质,通常最好是聚焦于相关修通过程的中间的、过渡的阶段来加以理解。在分析自恋人格之中,当工作是关于夸大自体的夸大和表现癖逐渐现实的整合,我们会遇到一个特殊的阶段,经常而特殊地在此特定阶段中,对自信和愉悦的更深层次来源的心理上使之贫瘠的压抑似乎大部分被废除了,并且现实主义的胜利和自我掌控似乎已经赢了。然而,更仔细地审视却发现表面的顺从仍部分持续存在,并非是完成了结构改变所达成的。我将用两个临床片段来阐释这个重要的过渡阶段。

J 先生,三十岁出头,一位有天赋、具创造力的作家,接受我的分析已经有一段时间,似乎达到相当程度可以掌握他未经修饰的夸大和表现癖,这是之前对他的幸福和生产力构成严重干扰的因素。在他分析的早期期间,在其很多梦中,他的夸大都以超人的名义来表达;他可以飞。最后,相当突然地,在我做了一次关于其作品中持续存在的夸大的特殊层面的强力陈述后,飞翔从他的梦中消失,在他的梦中,个案开始确实像凡夫俗子一样地走路。然而,尽管他显现梦的内容这样戏剧化地改变,与他作品有关的技术和目标的夸大仍持续,我对个案在梦中所强调的走路表达怀疑。被分析者于是才能够辨认和承认,虽然在他的梦中他似乎是在走路而不再飞翔,他的脚仍离地面有些微的距离。对所有旁观者而言,他看起来是正常地走路——只有他知道,他的脚从未真正接触地面。

另一个现象,指出在有关夸大自体修通过程中一种类似过渡阶段的存在,就是(华丽鲜明的技艺色彩的)有颜色梦的出现。A 先生,一位二十多岁的专业人士,有同性恋偏向和强烈的自恋固着,在分析的过程中,他已经有稳定的进步,在内在改变之后,已经可以相当程度地改善他外在生活的境况。他与一位女士形成有意义的依恋关系。而在他专业的追求上,已经采取了重要的步骤,朝向独立和成功的成就。虽然他精神病理的中枢和理想化父亲影像的固着有关,虽然修通过程的主要部分是处理他无止境地追寻理想化男性形象,和处理他想要依恋自己于这类有力量、理想化的保护者的愿望,将要描述的场景是发生在修通过程后期阶段期间,而此修通过程原来是聚焦于精神病理的次要领域:夸大自体的固着和相关的镜像移情。最近几个月分析的材料,处理他尝试面对专业生命中现实的困难和挫败,而不要屈从于夸大幻想的退行拉力,而夸大幻想和他童年时期有关,在面对排山倒海的外在情境时,他置换了长期离家的父亲和现实的无助感,导致全能自体-客体重新复苏的要求和他夸大自体灌注的强化。然而,最近个案确实可以现实地运作,虽然仍常常沮丧,明显地敏感于特定不可避免的挫败,但已经可以抵挡朝向长期自恋撤退的倾向。逐渐地,外在状况也变得比较好,他意识到自己的现实主义正在获得成果。

有一天,当他正明显地为他专业生命中一连串的有利发展高兴时,他报告了一个梦,暗示了各式各样最近的成功,和事实上他现在是一个负责的成年男性,加入生命的战场,接受这个带着缺憾和愉悦角色的现实。对他的现实主义和成功,在这样的描绘之外,个案还补充了两个事后的回想:他最近一次的性表现并未如应该的那么好,即他的射精来得太快了,而且——似乎和性表现的抱怨无关——他提到梦中的人们有些像玩具士兵或玩偶,全部的梦都是有颜色的。

我现在略去说明让我了解个案目前心理状况的中间联结,只报告我最后的结论。精要地说,我对个案解释,看到自己在真实生活中身为一个成人,对他而言仍是一个新的体验,他觉得这件事部分好像是小儿童正在幻想扮演一个成人(这个幻想当父亲回家时,会突然破灭),因此,他对他现实的成就回应以某些焦虑的兴奋——匆促地,彷佛它们是不稳固的,会消失似的。我对他指出,他的自我尚未完全完成接受自己这个新影像的任务,平静、不带着匆促和忧虑。性行为的匆促表现——这常常是人格平衡的一种敏感指标——可能是这些内在状况的表达,梦中非现实的特征,特别是梦有颜色的事实,同样是全然整合新的自体概念之自我能力未完成的表达:旧的夸大和表现癖的某些部分仍然混合入成人的自体概念中,仍未达到完全的转化。在简短的反省之后,个案安静地回答,我已经很了解他了,而且他补充说,梦不只是有颜色,而且还是很夸张的,不完全是真正的颜色,而是华丽鲜明的技艺色彩。

我应在这里补充，一般所说有颜色的梦常常是华丽鲜明的技艺色彩的梦。它们的出现通常意指未经过修正的材料以现实主义的伪装样子闯入自我之中，而自我没有能力将它完全整合。有人可能会说，华丽鲜明的色彩表达了在特定的夸大和夸大自体表现癖闯入时，自我升华地体验到焦虑的轻躁兴奋。

虽然早泄的元心理学，严格地说，并不属于目前的范畴，但是关于它的简单陈述是妥当的，因为在自恋人格困扰中，它并不是一个罕见的症状。一般而言，也许可以说，在性行为中不能竭力完成性的冲动，不能通过各式各样的体验和活动而维持性的张力不立即释放，是由于精神的基本的、驱力-控制的结构缺陷。这样的缺陷是前俄狄浦斯时期长期缺乏结构形成的恰到好处挫折体验的结果。这个基本结构的缺乏是父母病态人格（这是常见的原因）的结果，或是其它周遭情境（例如父母形象的缺席）的结果，这些并不会有太大的不同。具决定性的是有一个缺乏对儿童前俄狄浦斯客体逐渐去灌注的机会的事实，一个在精神中内化建造结构的缺乏，于是儿童去灌注的能力，和其它中和其冲动、愿望的能力，仍然是不健全的。以不同的用语陈述：在这类个人中，次发过程只占据精神一个薄薄的表面层次，它不能提供可信赖的关于驱力—贴近（drive-near）的精神过程的心理阐释，它是易碎的，而且（在关于 A 先生的例子中）很容易在各种压力的冲击下被扫除，A 先生对他的需要和愿望的（同性恋）性体验的倾向，和早泄的倾向，是因为其精神中的基本中和结构的相同缺陷。

于是在这类人格中，修通过程补充和完成之前早年生命中所拥有的不足和不安全的内化，所产生的不只是次发过程掌控的渐增，还同时伴随着非性的精神材料的性体验倾向的减少。这类个案（例如 E 先生）有时候会梦到精神结构去性欲化（和去攻击化）的需求，寻找这类次发过程的象征，例如书或图书馆，特别是在和分析师分离的时期，当被分析者开始体验分析师为外在的、辅助的精神结构,功能不只是面对由外而来压力的刺激障壁,还可以让他通过中和及精神阐释有能力控制和修正他的驱力。

拥有驱力—中和(drive‑neutralizing)及驱力‑阐释(drive‑elaborating)的精神结构功能运作可靠的成人,可以带着愉悦而不带着焦虑地暂时放掉他们的次发过程,因为他们能觉得确定自己重新获得次发过程的能力。因此,睡眠和性高潮是一个人次发过程去灌注的能力的最主要证明基础。另一方面,那些基本精神结构脆弱的、易碎的,或仅是建立得不够安全的人,倾向于害怕次发过程的去灌注。因此他们可能会体验到入睡困难,而且他们让自己投入享受性高潮的能力也可能会有不同方式的困扰。①

接下来的临床例子阐示在原始的夸大自体和自我结构的更安全整合尚未发生前,发生于镜像移情修通过程中的一些细节的特定反应。然而,不论这些中间阶段是什么,如果修通过程未受干扰,最后夸大自体会与自我的结构逐渐整合。伴随地,夸大自体治疗式激活的较原始的形式,倾向于被镜像移情(这词的狭义意义)所取代,与分析师的分离愈来愈为被分析者所认识(见第五章)。然而,即使在这个阶段,被分析者对客体的认识只是视为赞许、称赞,和共情参与的来源:在个案自恋需求的领域中,分析师是一个满足需要的客体(参考

---

① 在那些驱力—控制和驱力—阐释的精神结构只是危险地建立起来的人,这种性高潮体验所产生的特殊焦虑有一个具教育性质的阐述,由保罗 拓品恩(Paul Tolpin, 1969)所提供。拓品恩的个案叙述在一个梦中累增的性张力导致梦遗的睡眠自我(sleeping ego)的体验。在梦中他搭乘一个快速移动的火车,他从他的座位上起身,开始往前移动,经过一节一节的车厢。当他发现自己把书留在座位上时,他想回到他出发时的那节车厢。但是太迟了:他惊恐地发现,他现在所搭乘的部分和他遗留书的部分是分离的。这个梦描绘出性张力渐增的体验(从一节车厢走到另一节)和焦虑地认知到现在自我已经不可挽回地被性体验所接管;即它失去了与驱力—控制和驱力—阐释次发过程的通路(书本)。当然,这个个案的主要症状是早泄的事实,完全和他驱力—中和和驱力—阐释的精神结构缺陷相符合。

Hartmann，1952；Anna Freud，1952）。

最后，有些情况，在接近分析的尾声时，镜像移情会完全消失，分析师于是可能变成是(a)一个自恋地理想化的形象(理想化移情)，或是(b)一个爱之客体，个案扩展其中和了的自恋灌注(力比多)至这个客体，以目标抑制的表现癖、提高的自尊，和对爱的客体高估的形式，这些都是(婴儿化－乱伦的和成熟的)爱的正常自恋伴随物。

如果镜像移情最后被稳定的理想化移情所取代(可能是次发镜像移情中的第三阶段，或是原发镜像移情的结束)，我们就可以认定自恋灌注(力比多)的一部分已经从夸大自体完全地偏离，现在被运用于对理想化双亲影像的灌注(力比多)。自恋灌注(力比多)的一部分最后变成可以为加强超我的理想化所用。

然而，这些镜像移情修通过程的结果必须被视为是次发的。正如在理想化移情修通过程中的原发目标，是强化精神中的基本中和结构，和理想的获得与强化，镜像移情修通过程中的原发目标也是夸大自体的转化，导致自我的行动潜力的坚固(通过人格的企图心的现实主义的增加)，和导致现实自尊的强化。

分析师在分析镜像移情中的功能

正如在分析移情神经官能症中，分析师重要的活动主要在于认知范畴：他倾听、他试着理解、他诠释。分析师平均徘徊的注意力(evenly hovering attention)必须随着分析材料的流向而移动，他参与这项缓慢、费力，而且对他而言情绪通常较少刺激的任务。而在分析激活的夸大自体的表现，在镜像移情修通期间，被分析者赋与他执行的只有一项功能：对他的夸大和表现癖做反映和共鸣；或者在其中被分析者将分析师限制于或多或少不具名的存在，不是被包含在他的夸大自体的系统内,就是成为它忠实的复制品。①

被分析者需要注意、赞赏,和需要对符合狭义镜像移情所激活的夸大自体,有各式各样其它形式的镜像和共鸣反应,这通常不会造成分析师很严重的认知问题,虽然分析师必须激活很多细致的了解,以便跟上个案所需求的防御式否认,和跟上当并未出现对需求的立即共情反应时,常见的撤回需求。然而,如果分析师真正理解夸大自体需求之阶段恰当性,和如果他了解这个事实:即长久以来个案被错误地强调他的需求是非现实的,相反地,他必须展示给个案知道,这些需求在早期整体阶段的范畴中是恰当的,是在移情中被重新唤醒,它们必须被表达,于是个案会逐渐透露出夸大自体的驱策和幻想,缓慢的过程从此启动,导向——以几乎是无法察觉的步骤,通常也没有伴随由分析师这方而来的任何特定解释——夸大自体整合入现实自我的结构,和导向其能量适应地有用的转化。

分析师对于被分析者自恋需求之阶段恰当的接纳,反制了现实自我用下列机制:如压抑、隔离和否定,长期阻挡非现实的自恋结构的倾向。② 和最后的这个否定机制相关的是一个特定的、慢性长期的结构改变,以弗洛伊德(1927,1937b)的术语作修正,我会称之为是精神中的垂直分裂(vertical split in the psyche)。精神中垂直分裂观念和情绪的表现——相对于这类水平分裂(horizontal splits)产生于那些借着压抑所形成的较深层次,和借着反对所形成的较高层次(Freud,

---

① 这样的情境见 Koff(1957,特别是 p.430f.)。分析师变成"个案意志的延伸",这是为建立"信赖融洽关系"(rapport)所用的形容方式(参考在第一章和第八章我所讨论关于"信赖融洽关系"和"自恋移情"的差异)。

② 与理想化客体的类似情况的比较,见第四章注 1,Basch(1968)回顾外在现实和否定之间的关系,检视在防御机制中否定所占的重要位置。

1925)——和相邻的、意识存在的其它不兼容的深层(in depth)心理态度有关。①

分析师介入的本质,决定性地受到他对他所分析的精神病理的元心理学基础的了解所影响。关于那些自恋型人格障碍个案的精神病理的元心理学,夸大自体的整合有缺陷,形成了此疾患的基础,有两个族群需要区辨。对第一群而言,为数较少,是那些夸大自体主要以压抑和(或)否定状态呈现的人。因为在此我们是处理精神中的水平分裂,而水平分裂剥夺了现实自我从自恋能量的深层源头获取自恋的养分,症状就是自恋的匮乏(自信的减少、模糊的忧郁、对工作没有热忱、缺乏驱动力等等)。

第二群,比第一群为数更多,是其或多或少未经修正的夸大自体,借着垂直分裂被排除于精神现实区段掌控之外的那些个案。因为这夸大自体可以说是在意识的范围中呈现,至少也影响很多这些人格的活动,所以部分而言,症状的结果和第一群的个案是不同的。无论如何,个案态度是明显不一致的。一方面,它们是虚有其表的、夸耀的、关于他们的夸大主张过度肯定。另一方面,因为他们拥有(除了他们可以意识到,却是分裂的夸大之外)静默压抑的夸大自体不可接触地埋藏于人格深处(水平分裂),他们表现出和那些第一群个案相同的症

---

① 恋物癖者所恋之物,必须被了解为是深层精神的一个(垂直)分裂区段的精神内容。恋物癖者这个精神分裂区段的自我部分,在本我的部分的影响下,处于与本我未中断的接触中〔此背景见 Schafer, 1968, p.99,他提到"次结构(suborganization),包括本我和超我系统的成分,也包括自我系统的成分"〕。因此,表现的结果——在和这些结构的关系调和下——不是公开揭示女性有阴茎的这种信念。实际上,恋物癖者体验到意识中的渴求,这渴求和在精神中的分裂区段较深层(潜意识)层次相信女性生殖器存在的信念同调。

状和态度,但是却有更强烈的变异,带着公开展现其分裂区段的夸大。① 在第二群个案中普遍的状况将藉一位个案的片段(个案 J;也见第十一章个案 F)简短地阐示。

然而,决定分析师态度的一个技术上的决定性准则如下。分析师既非向精神中夸大自体被压抑的部分(即分析师不是对本我说话)表达他自己,也不是向精神中(包括其自我的层面)分裂的那部分表达他自己。他总是向现实自我(或是向现实自我的残余)表达他自己。他应该不要尝试教育精神中意识的夸大区段,正如不要尝试教育本我——他必须把努力集中于对现实自我解释精神中(垂直和水平)的分裂部分(包括现实自我防御它们的挣扎),以打开朝向现实自我最终可以掌控的道路。只有通过对这些关系的了解,表面上的矛盾才能被解决,即使是被分析者明显的、有时候吵嚷地展现的自恋需求也会被反制,但这并不是藉由禁止的教育态度和训诫的现实主义,相反地,是藉由接纳的态度,强调这些需求在一种原始状态移情式重新复苏的脉络下阶段的恰当性。个案于是可以面对先前未被认知的防御,这防御是保护他避免这样的发现,尽管表面上藉由精神中一个区段可以自我肯定地宣称自恋的主张,他的人格中最中心重要的区段却被剥夺了维持自尊的自恋力比多的汇入。

真正的临床情境常常很复杂,因为自我的扭曲〔这就暂时需要一点教育上的压力(见 Kernberg, 1969)〕也可能在特定期间发生在精神的中心的、最接近现实的区段里。最后,正如之前指出的,我们所面临的不只是不愿意中规中矩面对所意识到却分裂了的夸大自体层面,和不愿意接受其心理相关性的现实自我,还有对压抑的原始夸大自体的

---

① 不用说,自恋的分布有第三种模式是接近最佳状况,其中夸大和表现癖既不是压抑的,也不是分裂的,或压抑至精神经济学上相当的程度,而是夸大和表现癖深层源头——在被恰当地目标–抑制、驯服和中和之后——找到通路,并且和自我的现实取向的表层混合。

需求的(潜意识)害怕,这种害怕和个案意识上持续伟大和独特的主张少有相似。实际上,这里存在一个领域,在其中分析师的共情和特殊的临床体验必须混合很多的耐心,以允许他辨认出那些坚固、但也通常很细致的杠杆的点,使他可以激活和移除内在精神的困扰,这是之前阻碍了趋近原始夸大自体的压抑或其它不可接近的层面者。

例如个案J,他的夸大和表现癖在一些领域中非常穷凶极恶地展现,似乎有很长一段时间,他的夸大自体较深埋藏的层面还是没有任何通路,而只好努力尝试用劝戒和其它教育方式去反制他非现实的需求。有一天(这个场景发生在之前所形容的场景之后)个案偶然提到,当他早晨刮胡子时,在他清洗和擦干脸之前,他总是很小心地洗涤他的刮胡刷,清洁和干燥他的刮胡刀,甚至拚命刷洗洗脸槽。这段叙述似乎不相关,然而叙述时有一点点傲慢和紧张的味道吸引了分析师的注意。在个案身上,当他告诉分析师关于他刮胡子习惯时的傲慢是可以辨别的,而且强烈地对比于他很多自恋主张的追求时那种公开的傲慢。现在感觉的频率是那种防御的傲慢(一种不久后会变得可理解的反应,因突然觉察到核心的自恋移情已经参与在精神分析过程中而被激活)。它以一种困窘和紧张高傲的形式出现。

我不进入这个场景的临床细节中,也将特别略过特定的阻抗,这阻抗阻碍了对个案明显是琐碎陈述的研究。然而,在回溯中,它可以被评定为是第一个线索,一条通往发现个案人格重要层面的路径,和通往揭露个案童年历史起源学上重要部分的线索。直到这个点,我们才知道个案明显的浮夸和与其傲慢相关的童年历史的那部分——也就是说他接收了母亲对他各式各样表现的欢呼,这些表现被她用来炫耀以加强她自己的自尊。他人格中吵嚷展示夸大-表现癖的区段,从头到尾占据了他生命中精神舞台的意识中心。但是对他而言,它不是全然真实的,所提供的也是无法持久的满足,仍然是与共同存在的、位于他的精神中更核心的区段分裂,而在核心区段中,他体验到那些模糊的忧郁，带着羞耻和疑病症，也就是这些体验激活他来寻求精神分析的帮助。

最初有人试图解释个案的忧郁、羞耻倾向，和疑病症症状和个案的明显夸大之间，有一种直接的动力关系。换句话说，有人可能会认为他母亲对他的这种企图心期待已经内化入他的超我之中，因此形成一个无法达成、高的、非现实的理想自我（Saul，1947，p. 92ff.；Piers and Singer, 1953）或理想的自体（Sandler et al.，1963，p. 156f.），在与此理想自我比较下，个案觉得自己是一个可耻的失败者。① 然而，真实的心理状况十分不同。个案行为中明显琐碎的小症状，即他特殊的刮胡子习惯，是第一个显示个案人格中有一块迄今尚未探究的领域存在的症状。它让分析导向一个新的方向，允许通往潜意识（确实地说：压抑得不够安全的）原始夸大自体。然而，是此心理结构的压抑，而非理想化超我的要求，才是个案的忧郁情感和羞耻特质及疑病症的

---

① 在超我和自我之间，及本我（潜意识的夸大自体）和自我的基本过程之间，小的（升华的）羞耻讯息扮演维持自恋平衡的角色，自我负责了痛苦羞耻的产生，再次发地被整个文化所运用（Benedict, 1934），还被个人（父母式的）教育者所运用（Sandler et al.，1963），以作为整合入超我的价值观。羞耻一般而言是自我无法实现一个强烈自我理想（可能是非现实）的要求和期待时的反应（Saul, 1947），但这样的观念必须被拒绝，不仅是基于理论的基础，更是基于临床的观察。很多容易羞耻的人并未拥有强烈的理想，而他们之中的大多数是表现癖的人，被他们的企图心所驱动；即他们典型的精神失衡（被体验为是羞耻）是因为自我被未经中和的表现癖所泛滥，而不是一个相当脆弱的自我面对明显强烈的理想系统。这类的人对他们的挫折和失败的强烈反应，也——有稀少的例外——不是因为超我的活动。在他们追求企图心和表现癖目标上痛楚的挫败之后，这类的人首先体验到身心枯萎的羞耻，然后通常他把自己和一个成功的对手比较之后，会有强烈的羡嫉（envy）。这种羞耻和羡嫉的状态最后会伴随一种自我破坏的冲动。这些也一样不应该被理解为是超我对自我的攻击，而应该被视为是痛楚的自我尝试着去处理自体，以扫除失败的令人不悦和失望的现实。换句话说，自我破坏的冲动在此不应被理解为与忧郁个案的自杀冲动类似，而应被视为是自恋暴怒的表达。最后，必须谨记在心的是，分析这些容易羞耻的人的进步，通常不是基于去尝试降低过度强烈的理想的力量——一个常见的技术失误——而是（除了强化自我面对夸大自体的要求，因而达到增加对表现癖和夸大的掌控）基于将自恋投资从夸大自体转换到超我，亦即是基于强化这个结构的理想化。

原因。

沾染着被虐的刮胡子习惯是他特定的拒绝对自己的身体−自体的产物；它是内在精神相互作用的复制品，这相互作用发生在他某些原始的（但现在被焦虑压抑了的）关注其身体—自体的夸大—表现癖愿望需要被接纳的反应，和母亲没有能力对这些做回应之间。渐渐地，靠向强烈的阻抗（这阻抗是被深层的羞耻、对过度刺激的害怕，和对创伤式失望的害怕所激活），自恋移情开始集中在他需要让他的身体—心灵—自体（body-mind-self）受到分析师赞赏接纳地肯定的周围。渐渐地，我们开始了解个案的担忧在移情中所占的枢纽动力位置。个案担忧分析师——像他自我中心的母亲一样，只爱她可以完全拥有和控制的（她的珠宝、家具、瓷器、银器）——会较喜欢他的物质财产甚于个案本身，会只是把个案视为其自身夸耀的载体；而如果他主张要自动地展示他的身体和心智，如果他坚持要获得他自己的、个别的自恋报偿，我就不会接受他。只有在他对自己人格的这些层面获得逐渐增加的领悟之后，个案才开始体验到最深的渴望：一种原始的、未经修饰的夸大—表现癖之身体—自体被接纳的渴望，这渴望被自恋需求通过精神中的分裂区段 d 公开展示隐藏得如此之久，修通的过程启动了，也使他最终能够像他以开玩笑的方式说的："喜欢我的脸甚于刮胡刀。"①

一般而言，正如在之前个案的片段中所阐示的，我们可以说，这耗费时日的工作，降低了防御障壁。之前防御障壁抵挡了"垂直"分裂的区段和精神中核心区段的整合，现在将导向被分析者内在的一种新的动力平衡。

---

① 存在于这类短评中的沟通力量，与这类评论作为辛苦获得的、有根据的领悟的回溯焦点的能力相匹配。尽管重复地使用，它们也不会是口头禅的空洞、防御的本质，反而散发着温暖和一种"家庭笑话"的深意〔E. Kris，正如 Stein 讨论分析中的口头禅这篇有价值的论文中所报告的（1958）〕。也见 Kris（1956b）。

在这类"垂直"障壁上所做的分析工作的本质是什么？分析师加强相关内在精神转化的活动是什么？这项心理任务的要旨很清楚地不是古典的经由诠释的帮助而"成为意识的"。正如发生在强迫症个案分析中的，它相近于废除"隔离"的防御机制。但是，虽然在这里的情境和那些在强迫性神经官能症的情境有某些类似，但它们绝非同一。在自恋人格困扰中（特别是包括某些性错乱者），我们不是处理周遭内容彼此之间的隔离，或处理意念（ideation）和情感（affect）的隔离，而是处理深层异类的人格态度的并列存在；即统整的人格态度并列存在，却带着不同的目的结构（goal structures）、不同的享乐目标、不同的道德和审美的价值观。对这类个案分析工作的目标是让人格的核心区段为精神现实所认知，认知精神现实同时存在着(1)不变的意识和前意识的自恋的和（或）性错乱的目标，和(2)现实的目的结构，及属于核心区段的道德和审美的标准。有无数难以形容的方式可藉以增加分裂区段的整合。但作为一个具体和经常发生的例子，我会提及克服常见的严重阻抗——主要是因羞耻而激活——这阻抗阻挡个案"不过是"描述他明显的自恋行为、他意识上性错乱的幻想和活动，和类似的事。当然，说"不过是"描述，是基于对这类人普遍更深的误解。有体验的分析师会了解对个案而言，接受分裂区段为真实邻近于核心区段会是多么困难的事，他会理解当个案可以放下之前的含糊面纱和不直接、不带扭曲地形容他性错乱的幻想或意识的夸大主张和行为时，就是内在精神改变的扩展已经达成了。似乎自相矛盾的是，对分裂区段的真正接受通常伴随着惊愕和疏离的感觉。个案会问："这真的是我吗？""这是如何成为我的？"或者，例如，当依旧投入性错乱活动的演出时："我正在这里做什么？"当然，这种惊愕和疏离的感觉不要和之前分裂状态的表现相混淆。相反地，它是因为核心区段，带着它自己的目的和审美及道德价值观，第一次真正接触到其它的自体的事实，第一次可以用它的全体来看待它。

不论在这段分析期间被分析者和分析师合作工作的要旨是什么，分析的决定性结果是精神中的核心区段逐渐增加地投入移情中，因此个案潜意识自恋要求的激活和这些要求变得可为系统化修通过程所用。然而，正是后面的工作——关于个案的分裂、明显的夸大，不是用任何教育的努力——可以最终被分析者的自恋要求整合入其现实潜能的网络中。随着对他原始自恋的接受度的增加，和自我对它掌控度的增加，个案也会了解之前的分裂区段自恋展现的没有效率。正如一位歇斯底里的个案，终其一生在无数次歇斯底里的发作中，重新上演一个婴儿化时期的创伤场景，却一点也没有达到全方位的结构改变，所以从他人格（垂直）分裂区段出来的个人自恋主张的表达也是一样。然而，现实自我逐渐接纳深层自恋的要求，将会导向自恋领域中那些部分进行全方位的转化，这是分析自恋型人格障碍个案修通过程的目标。

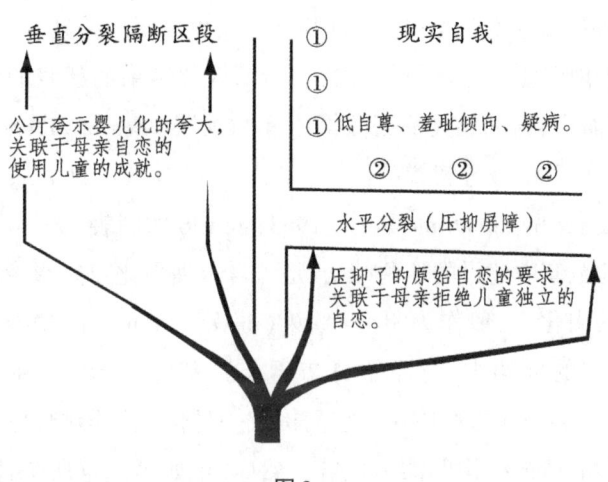

图3

图中的箭头表征自恋能量的流动（表现癖与夸大）。在分析的第一部分，主要的治疗努力是朝向（标示①的点）拆掉垂直分裂（被否认所维持），以使现实自我能控制先于精神的分裂隔断区段里的未受拘束的婴儿化自恋。自恋的能量因此可避免在垂直分裂隔断的区段(图的左侧)里寻求表现,而现在则可增强自恋的压力来对抗压抑障壁(图的右侧)。在分析的第二部分主要(标示②的点)拆掉水平分裂(被压抑所维持),以使(在)现实自我(里的自体表象)现在能得到自恋的能量的供应,因而可除去低自尊、羞耻倾向和疑病,这些症状是当它被剥夺了自恋能量时,就已在结构中广泛存在的。

虽然,心理关系用图表解释,会被批评是一种必然的过度简化,这是一种公道的批评。但前面的草图必须被谅解,因为它是设计来帮助读者领会上述临床阐示的结构-动力上的复杂性。

心理结构的建造是经由本能能量的释放而达成,这些本能能量被约束于原始自恋结构中,和前结构、原始自体-客体:理想化双亲影像的讨论有关。在那样情境下所提供的假说也包括一些原则,这些原则牵涉到夸大自体结构建造的转化的结构形成。

我现在要插入一个关于原始自恋结构的形成的一般性陈述,和某些具体性陈述,这些具体性陈述是有关存在于理想化双亲影像所扮演的角色和夸大自体在此北京下所扮演的角色之间的差异。

除了理想化双亲影像的俄狄浦斯期内化结果的超我的理想化以外,一般而言,新的结构属于逐渐中和的领域(area of progressive neutralization),一个心智装置的区段,在其中,精神的深部和表面有着不中断的接触(见 Kohut and Seitz, 1963, p.136 的图表)。

在此范畴中建设的那些结构,是源自于理想化双亲影像的前俄狄浦斯期的内化,一般作为驱力-约束(drive-curbing)的功能。特定地说,在我们的框架中,对原始自恋要求的表达——以一种深部滤网(sieve-in-depth)的本质——它们构成一种修正的影响,也形成负责中和它们的精神结构的能力成分。然而,正如第二章所陈述的,我相信这些自恋结构成分,在客体-导向的性的和攻击驱力的中和过程中也扮演了一个(次发的)角色。类似于它们在超我中的角色,自恋灌注(力比多)在这里也是混合着驱力-对抗(drive-opposing)的性的和攻击的灌注（力比多）（见 Hartmann，1950b，p. 132），这提供它们一些独裁主义的权威——正如超我中的状况一样——负责其力量和效力。

前俄狄浦斯期所获得的结构，是回应原始夸大自体的逐渐整合，也是建设在渐次中和的领域中，即在此人格区段中，深部和表面形成一种没有中断的连续体时，精神之中现实取向的层次为了其目的可以使用较深源头的能量〔比较自我自主（ego autonomy）的状况（Hartmann，1939），我会把这个状况称为自我掌控（ego dominance）。用弗洛伊德的类推（1923），第一种状况可以视为骑师下马（rider off the horse），第二种状况可以视为骑师在马上（rider on the horse）〕。然而，回应夸大自体的主张而建造的结构，不同于对理想化双亲影像逐渐去灌注的结果而建设的结构化，前者一般似乎比较不处理自恋要求的约束，而是处理自恋要求的表达的疏导和修正。前俄狄浦斯期所建设的结构，在这里特定地会导向自恋驱策力的各式各样阶段恰当的基本阐释，而所有这些都会在其成人人格中留下印记。然而，在这里没有固定和快速的原则可循，因为很大的部分是依赖儿童和父母之间特殊的互动而定。我们所能说的只是，也许精神在前俄狄浦斯期所获得的基本组织的驱力-约束层面（包括它们的自恋成分）是更强烈地受到环境挫折的影响，而驱力-疏通的结构（再次，包括它们的自恋成分）是更强烈地受到儿童天生驱力装置、他的自我的天生资源，以及父母的提供替代指引的影响。然而，在儿童精神的组成中，特定的文化环境和遗传因子如何强烈地影响这些状况的这个问题，在这个主要植根于分析情境观察所获得的材料的研究框架下（正如所呈现的例子），是无法回答的。

最后，在俄狄浦斯期期间，同时且平行于被称颂的自体-客体的去灌注（力比多）的是：儿童阶段恰当地认知到未经修正的获胜的生殖器自恋（victorious phallic narcissism）的俄狄浦斯期幻想的虚幻本质，在此冲击下也放掉非现实、夸大的自体影像。这是对未经修正的婴儿化夸大最后的大量(但是阶段恰当的)去灌注,然而,它现在却提供自恋能量给现实自体统整的灌注、给现实的自尊,和享受个人现实功能和活动的能力。

虽然前述的讨论是以发展的说法来呈现,它们略加修改后,也可以适用于相关的分析情境,确实,分析情境本质上是设计来产生一种过程,在其中原始的发展状况被重新激活,旧的发展机会再度上演。然而,对移情中夸大自体早期发展阶段的表现共情性理解并非容易达到。例如,分析师通常很难很快地了解在长时期间对分析相对的不满——亦即一般在个案生命中关于现在和过去的形象,以及在狭义移情中关于分析师自己的形象,两者的客体相关想象的贫乏——是一种原始自恋关系恰当的表现。如果通过原始夸大自体的延伸,和分析师的融合已经建立,那么相关的材料,可能会包括分析师无法辨识的关系;而在孪生①心理中对分析师的关系只有在当这些关于分析师的资料与被分析者夸大自体的原始体验相关,且当夸大自体逐渐从压抑中浮现(图3中的②),或当隔离现实自我和分裂夸大的否认障壁(图3中的①)被充分移除,知道和现实自我是相关时,才会系统化和统整地产生。

对一般镜像移情和治疗式激活的夸大自体最原始阶段的一种常见的误解是:易于认为它们是是阻止客体本能移情建立之广泛阻抗的自然结果。很多自恋型人格障碍的分析在这个点上短路(导向一个相当短暂、人格次要区段的过早分析,在次要区段中平常的移情确实也会发生,但是主要的自恋干扰仍然未触及),或者,被迫进入对抗被分析者广泛、非特定和长期自我阻抗的一个误解的和无益的方向。

当然,周围相关的阻抗存在,有时候很强烈而难以克服。然而,本质上它们是因特定的害怕而激活,这特定的害怕是因表露夸大自体的

---

① 例如,见个案C另我移情在本章进一步的描述。

幻想和压迫的任务而引起,主要不是因表达客体导向的力比多或攻击冲动而引起。无论如何,缺乏客体相关的关于分析师的资料并非一种阻抗的表现,而是其疾病指标的退行所导致的一种自恋式的客体关系阶段再度复苏的事实的表达。因此,失误如下:(a)以现在活跃显现的客体要求(被视为正当的请求来回应,或被视为来自童年客体-本能渴求的移情重新复苏来诠释),去解释确实发生的关于分析师的资料(例如:要求他作为一面反映、赞同和赞赏的镜子);(b)去解释它们的缺乏是因为个案不愿意建立一种现今治疗的信赖融洽关系,或诠释它为一种阻抗,要阻碍一种(客体-本能)移情的发展。在自恋型人格障碍中,正如我过去尝试表达的(1959),"分析师不是内在结构的投射屏幕……而是……(那些无法)转化成坚固心理结构的一种早年现实的直接延续"(p.470f.)。然而,这种"早年现实"仍然被体验为和自体是共同存在的。

镜像移情作为修通过程工具的重要意义

治疗式的退行(至疾病指标的固着点,即治疗式激活未经修正的夸大自体)导致镜像移情的建立,有时候常伴随着焦虑,有时候发生在分析开始几周期间以坠落的梦的形式出现。然而,一旦疾病指针的退行层次已自行建立,对抗夸大自体逐渐在治疗中显露的主要阻抗被激活了,(1)借着个案的害怕,怕他的夸大会隔离他,导致永久的客体丧失,和(2)借着他渴望逃离因自恋表现癖力比多侵入自我而引起的不适,这错误的释放模式,倾向于开始时产生一种不自在的扬扬得意的情感,交替着痛苦的难为情、害羞张力,和疑病症。自我尝试用不害怕和不在乎的吵嚷的反畏惧肯定(counterphobic assertion)来否认这些痛苦的情绪;用再次更新的压抑和(或)精神中垂直分裂的再次强化来避开它们;或通过形成紧急症状,特别是以无社交活动的形式,来约束或释放此侵入的自恋结构。

然而,在这里移情的功能是作为一种特殊的治疗缓冲。在狭义的镜像移情中,希望分析师共情性参与和情绪回应,将不会使自恋张力达到过度痛苦和危险程度的基础下,个案可以激活自己的夸大幻想和表现癖。个案希望自己重新激活的夸大幻想和表现癖要求,不会遇到童年时期所碰到的创伤性的缺乏赞同、共鸣或反映,因为分析师对他们在个案心理发展中所扮演的角色,会与个案沟通其接纳的共情性了解,会知道个案现在表达这些的需要。在孪生或融合中,因为长期将自恋灌注(力比多)用于治疗师上,提供了类似的保护,治疗师现在是个案婴儿化伟大(infantile greatness)和表现癖的载体。在镜像移情的这些形式中,激活的自恋灌注(力比多)将自己依恋于治疗师——治疗师未被理想化、赞赏或爱——治疗师变成个案扩展自体的一部分。因此,所有形式的镜像移情为个案创造一种相当安全的环境,使他在此痛苦的任务中可以坚持让夸大自体与现实相面对。

以发展而言,分析师在某些通过夸大自体重新激活而建立的类移情状况(特别是那些所提到的孪生或另我移情)中的位置,也许类似于自恋儿童想象玩伴的某些类型所采用的位置(Editha Sterba, 1960)。然而,不论镜像移情自行建立什么样的种类,即不论自恋灌注(力比多)的激活是关于夸大自体发展的早期或晚期阶段,治疗上最重要的是在自恋领域中可以获得一个可运用的客体恒定的事实。换句话说,镜像移情关键的功能是它产生一种维持治疗过程冲量的状况。

当然,我们不应该忽略个案意识动机的影响:从他的缺陷和受苦中解脱的愿望。虽然无法对分析较深的目的做综合论述,被分析者会感受到治疗的过程将会引导他从一种由快速情绪摆荡所主导的不安全的存在——摆荡于放纵的企图心和失败感之间,以及夸大的虚华和高涨的羞耻之间——到渐增的安定、内在的平静,和安全,而这是原始自恋转化成心中的理想、现实的目标和企图心,以及自制自尊的结果。

然而,治疗的合理目标本身不能说服自恋固着的被分析者之脆弱的自我放弃压抑、否认和行动化,以及面对原始夸大自体的需要和渴望。这痛苦的过程会导致夸大幻想必须面对自体的现实观念、导致理解到生命只能为满足自恋-表现癖愿望提供有限的可能;为了激励这痛苦的过程,并维持其继续运作,必须建立镜像移情中的一种类型。然而,如果它没有发展出来,或它的建立被分析师拒绝,或被其未成熟的或过早的大量移情诠释所干扰,那么个案的夸大会仍旧集中于夸大自体,分析师被体验为异类和不友善及有敌意的,因此被排除于有意义的参与之外。在这些状况下,自我的防御情况仍然是顽固的,自我的扩展就不会发生。

我将提供一个临床片段,为镜像移情作为修通过程工具的重要意义的讨论做结论。① 在这个特殊例子中所形容的夸大自体重新激活,是以另我移情的类型发生。

C个案接受我的分析四年。他是一位专业人士,四十多岁,虽然已婚且有了几个孩子,在他的学术生涯中也小有成就,但在他成人生命的历程中有多次接受各种心理治疗(包括数次尝试精神分析)的机会。这些治疗尝试有些是很短暂的,另一些曾经持续一年之久,但是他说没有一个治疗是成功的,没有一个处理了他精神本质的困扰。相对地,随着治疗进行,他愈来愈有信心地陈述,现在的分析确实已经聚焦于他精神病理的核心区域,因此虽然是缓慢地达到,却是有意义和坚实的结果。虽然他表面上的抱怨是轻微的早泄,和性交时缺乏情绪的投入,可以辨识的是(正如这类个案常见的)症状是模糊的、广泛的、难以言语形容的。它包括一种普遍存在的感觉,觉得他不是全然活着(虽然他不是忧郁的);也包括痛苦的张力状态,处于身体和心理体验

---

① 一个更扩展呈现的镜像移情的个案〔与A先生的个案一致(第三章),A先生是作为理想化移情中理想化双亲影像激活的例子〕在第九章。

的边界；以及包括对身体和心智功能沉思忧虑的倾向。

　　虽然在分析的较后阶段,他为自己认为的已经接收到的不寻常帮助和了解,表达了几次温暖的感谢。但是他并未理想化治疗师,只是在一种(深情正向的语调)合理和现实评价的范围里,保持赞美的评语。然而,在一种孪生(另我)移情的基础上的分析却是以下列具特征的方式进行。在个案的分析中,关于每一个新的主题,他的联想有规则地、有很长一段时间都不会先提及自己,而是提及分析师;然而这个明显地处理着关于分析师的修通阶段,总会在个案里产生有意义的心理改变。只有在这部分的工作完成后,个案才能聚焦于他自己,聚焦于他自己相关的冲突,和聚焦于他自己人格动力和起源的背景及他自己的发展史。然而,如果在这典型循环的第一部分,我陈述或暗指个案是"投射",个案就会以情绪撤回和他被误解了的这样不含糊的感觉来回应。即使在他分析的较后阶段,当他已经预期谈论他自己的精神的治疗将要结束,他继续以这样典型的顺序进行:他会首先、且很长一段时间,洞察我的(通常是引发他焦虑的)情感、愿望、企图心或幻想,这些是他正在处理的,只有在他以这种方式修通目前激活的情结之后,他才会转向关于他自己的这些部分。

　　借着提出发生在分析中期不同阶段的特殊段落,让我现在来阐述在这孪生移情特定例子中的修通过程。例如,个案开始时视"我"为全无企图心的人,情绪表浅的、病态冷静的、退缩的,和不活泼的,且——虽然这个影像和个案所知的"我"真正人格特征和活动有差异——他相信这些幻想,而不会受到并存的矛盾消息所干扰。接着一个冗长的修通过程,在其中"我"的人格被仔细察看,并且感觉上他好像被冲突所折磨。分析师害怕的是什么？他真的没有企图心吗？他真的从未嫉妒吗？或者他逃开他的企图心和嫉妒感,因为害怕它们会毁掉他？在很长一段这类的疑问和担忧之后,个案对"我"的感知逐渐改变,他现在记得态度——这是他一直知道的关于我的事——是这些态度让

"我"以十分不同的态势出现(在分析时段之中,个案对分析师直接的体验,也和个案所获得的新的影像一致地改变)。只有跟随这些和分析师相关的体验,个案才可以开始提及他自己。

转折点的前导通常是以个案报告显示,他已经在他经由分析师处理的特定领域有显著进步而在外在所发生的事。例如,他会报告嫉妒一位专业同事的体验,伴随着想让这位同事相形见绌的愿望,和分享某些成就的荣耀,那是他至今默默让给他人的。然而,在相当短暂的时间里就充满了强烈的情绪,个案不只体验到在他内在充满了冲突,而且通常可以将它连接到沉痛回忆的童年事件和童年情绪。虽然这些事件并非和在移情神经官能症中一样(移情神经官能症是那些可以回忆和重构的起源学上的决定因子),无论如何,它们是重要的,像是成人人格困扰之早期的前驱物。于是他回忆到童年的孤单、很长一段时间所耽溺的关于伟大和力量的怪异幻想,和担忧他可能无法从这些幻想中返回现实世界。甚至作为一个儿童,自己如何害怕情绪上与人灌注(力比多)的竞争,因为他恐惧潜藏的(近乎妄想)执行绝对虐待力量的幻想;以及他如何避免少量的人性参与和现实主义(a)借着发展有关一个想象玩伴的幻想,特别是在他忧郁的母亲怀孕期间,和在他六岁时弟弟出生后〔类似个案 K 的幻想(第九章),尚未出生的手足变成这些成见的中心焦点〕;(b)借着从有情绪意义的愿望,转向枯燥和疏离的智力追求;和(c)通过将他所有目的和目标之驱动力和指导力委托于谨慎执行的纯理性,因此排除了情绪和想象之事,以及前述所有自发的喜乐。

在精神分析中带来治疗进展的机制的一般性陈述

一方面,是典型移情神经官能症,另一方面,是自恋人格困扰,二者体验的内容和核心移情的客体本质,所产生的治疗进步的修通过程差异甚大。然而,从宽广的精神经济的和动力的有利点来看,在朝向心理健康的基础下,占优势的机制在这两群可分析的精神病理中是相同的。在移情神经官能症和自恋人格困扰中,负责分析治疗效果的因素的重要组成形式如下:(1)分析过程激活本能能量,这些能量束缚于童年愿望,而这些童年愿望(例如:通过压抑)尚未和精神的其它部分整合,因此未参与人格其它部分的成熟和发展。(2)分析过程阻止童年愿望在婴儿化层次上的满足(恰到好处的挫折、分析的节制);它持续(通过诠释)反制婴儿化愿望或需要的退行式逃避〔包括朝向其再压抑,或从分析建立的与精神中心位置的(前)意识领域的接触中,再排除掉其它形式的尝试〕。(3)如此,一方面因未被满足而继续重新激活,另一方面,阻止退行性逃走,对婴儿化的驱力、愿望或需要而言,只有一条路仍然是开放的:通过增大特定的、新的心理结构去掌控驱力,引导驱力至控制下的用途,或转化成为各式各样成熟和现实的思考和行动模式,而将它逐渐整合入精神中成熟和适应现实的区段和部位之中。换句话说,分析过程试图让婴儿化需要维持在激活状态,且除了通往成熟和现实的使用之外,同时切断所有通路。

用具体的词汇而言,阐示前述关于修通过程治疗动作动力的综合论述将是有益的。虽然在古典移情神经官能症个案的情境中是可以轻易呈现的,但在目前检视范围的架构下,所使用的例子不是儿童俄狄浦斯期的渴望,而是自恋人格困扰中所特定遇到的希望镜像、肯定的赞美、赞同的婴儿化愿望。起源上,我们必须理解,阶段恰当的希望父母接纳的愿望和需要,其创伤式的挫折会立即导致此愿望和需要的猛烈强化,正如其它特定阶段的需要或愿望挫折的状况一样。强化的愿望,合并持续或甚至更强的外在挫折(或处罚的威胁),形成一种严重的精神失衡,导致愿望或需要被排除于更进一步真实和协调地参与其余精神活动之外。一道防御的墙随之建立,保护精神抵挡婴儿化愿望的重新激活——在现在这个特定种类的自恋人格困扰发生的例子中:抵挡希望父母赞同的愿望的重新激活——因为害怕再次新的创伤式拒绝。根据防御所处的精神的位置,导致在人格中的分裂可以是(1)"垂直的",即一种分裂,隔离精神的一整段部分与带着核心自体的一边,交替地显现于下列二者之间:(a)夸大地否认需求赞同的挫折,和(b)空虚感和低自尊的明显感觉状态;和(或)(2)"水平的",即一种压抑的障壁,借着个案情绪的冷漠和坚持,与他可能想要自恋支持的客体保持距离来表现。

修通过程的第一项任务,是克服阻碍自恋移情(以目前的例子而言是镜像移情)建立的阻抗,即在意识中激活婴儿化对父母接纳的愿望和需要。分析的下一个阶段,治疗任务是维持镜像移情继续活跃着,尽管事实上婴儿化的需要本质上是再度受挫折的。在这阶段期间,会遭遇到修通过程的耗费时日、重复体验。在更新了的挫折的压力下,个案试着避免痛苦(a)借着垂直分裂和(或)压抑障壁重新创造前移情平衡;或(b)通过退行式的遁逃,即借着撤退至比病态固着更原始的精神功能层次(见第四章图表二,对这些退行摆荡的图表式的整理)。然而,移情诠释和起源学重构使被分析者精神中合作的区段可以阻断这两条不利的逃避路径,维持婴儿化需要的激活,尽管不舒服的感觉也因此产生(熟练的分析师会协助个案将这样的不舒服维持于可忍受的限度内;即他会依照恰到好处挫折的原则执行分析)。

所有退行的路都被阻断,而婴儿化的镜像期望被维持活跃,但未被以婴儿化的形式满足,精神被迫创造出新的结构,这新的结构可以沿着目标抑制和现实的轴线,转化和阐释婴儿化愿望。以行为和体验的说法:现实的自尊和现实的享受的成功逐渐增加;适度使用成就的幻想(为了将可能的现实行动融入计划中);以及在人格现实区段的范围内,诸如幽默、共情、智慧和创造力等(见第十二章)这类复杂发展的建立。

第三部分 ▶

在自恋的移情里的临床与技术问题

第八章
关于自恋移情的一般性陈述

理论上的考虑

一个理论上和术语上令人为难的问题之一，是关于源自自恋结构统整的治疗式激活。不论是在元心理学或临床的文字感受上，理想化的双亲影像和夸大自体统整的重新激活，应否被视为是移情，它们又应否被视以移情这用词？

分析师的完整融入一自恋地被投资了的精神结构的治疗激活，原则上应被视为移情方面的较大关于理想化的双亲影像在理想化移情里之激活，而较少相关于各种临床形式里之夸大自体的激活显现。然而由于理想化的移情有时有类似古典的移情神经官能症的临床显现之外在样式，所以最好是去强调区分这种临床情境与真正移情神经官能症的本质状态，以及强调在理想化的移情里的明显移情显现，是由于自恋的灌注（力比多）的激活，而非客体力比多激活的事实。发展上相对地较晚阶段的夸大自体（镜像的移情是这词汇的较狭义定义）的激活，也导致一临床的图像，这图像外表类似移情神经官能症之分析里的移情，在此也因而必须去强调，分析师虽然认知上被个案视为分离且自主的，却是只有当他在被分析者的自恋需求的情境里才显得重要；个案的夸大和表现癖有被共鸣、赞赏和肯定的需求，分析师会觉得被请求且去满足或挫折个案的这些需求。然而，关于发展上相对地较早阶段的夸大自体，即孪生（另我）的移情和通过夸大自体的延伸里的融合激活时，情况就逆转了。在此的内在状况和特别是由将分析师包含入夸大自体的治疗式激活里所创造出来的临床图像，似乎与移情神经官能症的结构与治疗显现大大的不同，因此首先必须陈述比较这两种状况，以及强调它们的相似性。只有藉由指出类似处，事实才能被展现，无视于人际状况的原始本质，早期夸大自体的治疗激活重新创造了这种人际状况，分析师确实真的进入一种与被分析者形成稳定的、有结构依据的临床关系，这关系决定性的支持着分析过程的维持。

　　关于理想化的移情和镜像的移情是否应被分类为移情的问题，应当藉由以下两方面回答：(a)考虑临床分析情境的元心理学评估，和(b)特定选择有关"移情"概念的定义。

　　在此，我将回避去判断有关决定自恋的移情在严格的元心理学的文字意涵里是否为移情的问题。在不否认一种严格的概念澄清的重要性下，我将继续概略谈理想化的双亲影像和夸大自体作为移情的治疗激活时之各种显现。有鉴于分析师的影像已进入一与激活了的自恋结构的长期、相对可靠关系的这无庸置疑的事实，这让一特定的、系统化的修通过程得以维持。这对于移情一词（此刻是指传统的）在广义的临床使用里有了丰富的正当性，而独立于元心理学的细密评估。①

现在，这两种自恋的移情将被检视，以对抗概念上的趋势背景，这趋势已存在于这理论领域里，且这些概念会在这专题论文里开展，将被拿来与旧的概念做比较，从而为它们画下更清楚的界线。我将仔细检查(1)理想化的移情和镜像的移情与弗洛伊德常指的自然浮现的"正向的移情"的关系，正向的移情构成了分析治疗的原动力，以及构成了分析师的治疗干预(例子见 1912，p. 105f.)效能的情绪基础；和(2)理想化的移情和镜像的移情与投射-内射活动的关系，对于这些活动，有些分析师在被分析者之所有临床移情里指定了一种优势影响的显著位置，这与精神分析上梅兰妮·克莱恩(M. Klein)的"英国学派"的假设一致——这个有想象力和前瞻性(但不幸地，理论上并非扎实的基础)企图去彻底了解最深度封存的人类体验——即在婴孩里存在着"妄想的"和"忧郁的"这两种遍在的原始配置(见 E. Bibring，1947；Glover，1945；Waelder，1936)。

当关注基本的"正向的移情"〔Waelder(1939)，以及特别是 E. Kris(1951)，他提到弗洛伊德"强调一分析师和个案之间的一个合作领域"②的事实〕，我很愿意重复先前建议(1959)的综合论述；亦即，我们应当"区分下面两者(1)模仿童年期模式的非移情客体选择(……

---

① 安娜·弗洛伊德评论现今人们的沟通时，以下面的方式表达这思考路线："在这些个案里，个案不是为了客体导向挣扎的复苏来使用分析师，而是为了包入一种力比多的(即自恋的)状态，在这状态下，个案已退行了，或在这时候，个案已变得停滞了。我们可称其为移情，或可称其为移情的次特质……这真的没什么关系，只要这现象能被了解并非由于对分析师以客体力比多灌注所产生的即可。"

② "如所熟知的，分析情境在于我们的将自己与被治疗者的自我结盟，以压制他不受控制的本我部分……这个如果我们能与其如此立约的自我，它必定会是个正常的自我。但一个正常的自我是……一个理想的虚构……事实上，每个正常人只是平均上的正常。他的自我在某些部分之趋近于精神病……以及它在序列上的离一端多远与离另一端多近，将提供我们一个对于……'自我之变更'的暂时测量。"(Freud，1937，p. 235)

常错误地被称为正向的'移情')和(2)真正的移情"。前者是由"虽然来自深处,但并未越过压抑壁垒的努力朝向客体",和"虽然起自移情,但稍后却效劳于与压抑的连结,并因而成为自我的自主客体选择的自我的那些努力"所组成。而且我格言式的摘要这个区别为"所有的移情都是重复,但不是所有的重复都是移情"(p.472)。

　　如果分析工作要获得持久的成果,一个"在分析师和个案之间的合作领域"(Kris, 1951)必须保存,这是无庸置疑的真实。未"将我们自己与接受治疗者的自我结盟"(Freud, 1937),分析将会是个可与催眠相提并论的被动与短暂的体验。再者,观察的自我与体验的自我(R. Sterba, 1934)治疗上的二分法,是在当观察的自我基于一现实的连结与在分析操作任务里的分析师合作,这依次是按照"模仿童年期模式的非移情客体选择"和"自我的自主客体选择"(Kohut, 1959)时,被维持得最好,这是无庸置疑的真实,当然,后者包含于"次发的自主"(Hartmann, 1950, 1952)的意思里。这些状况在自恋人格的精神分析治疗和古典的移情神经官能症的分析里,是同等必须的。被分析者人格的观察部分与分析师的合作,已积极承担了分析的任务,基本上这在可分析的自恋异常里与在可分析的移情神经官能症里,并无不同。在这两类案例形态里,衍生自儿童期(在客体灌注的和自恋的领域里)的正向体验产生了一种适当的现实合领域。这个现实合作领域是分析者的维持自我的治疗性分裂的前提,也是分析师钟爱的前提。分析师的这种钟爱保证了在分析过程和目标里的艰难时刻,维持一种充足的信赖。

　　另一方面,理想化的移情和镜像的移情是分析的客体;亦即被分析者的自我的观察与分析的部分和分析师合作来面对客体,且藉由逐渐地从动力的、经济的、结构的,及起源的维度去了解它们,企图获得对它们的逐渐掌控,并放弃与它们相关的要求。这掌控的获得是自恋异常分析的基本而特定的治疗目标。

在"分析师和个案间的合作领域"(Kris)里,立足于"非移情的客体选择"(Kohut)的"正向的移情"(Freud),只是操作此项任务时的工具;而且这种修通过程,以及原始的自体-客体最终放弃或者镜像的、理想化的移情的最终放弃(这两种情况下的最终放弃导致了特定的治疗结果),使得这些个案精神分析治疗的成功。

自恋的移情,与被分析者和分析师间的现实的治疗连结本身,两者的清楚区分是重要的,不只从理论观点来看是这样,从实务和临床的考虑,更是如此。由理论观点而言,如先前段落所述,被分析者和分析师间的现实的治疗连结(正向的移情、信赖融洽关系、工作联盟、治疗联盟等等),不是一种元心理学意涵上的移情,而是一种植根于早期全面的人际体验的关系,这关系虽然逐渐地被中和,且因而是目标抑制(aim-inhibited)的,但持续影响个案对所有成人客体的投资,这包括了他与分析师的关系。以心灵的结构模式的阐述词汇(Kohut, 1961; Kohut and Seitz, 1963)而言,这些客体依恋不属于移情的领域,而是属于逐渐中和的领域(area of progressive neutralization)。

然而由技术的观点来看,特别是关于自恋型人格障碍的某些面向时,在自恋的移情建立的当时,分析师维持不去干扰的能力,且不主动促进任何现实上的治疗连结的发展,可能有时候会是迈向治疗成功之路的决定因素。例如,一种对原始夸大自体的过度灌注,剥夺了力比多的养分的现实的自体体验(Rapaport, 1950)。非真实的、不诚实的、不是很有活着的感觉等等模糊感受前意识地存在着,但是被分析者似乎完全未觉察到这困扰的存在,或只是模糊地且朦胧地意识到它,或已学会掩盖它——不只学会向外在世界,也向自己掩盖它。对于这类个案在与分析师形成现实的连结上显现的无能力,分析师不应被以通过设计而建立的"联盟"去积极干预治疗,而应该在以下情况下心平气和地检查:即分析师暗示个案在自体的灌注方面存在一些困扰,以及暗示他们对是否自身和世界的真实体验能力存在一些困扰。

在分析开始时的某些症状行为会让分析师以为是来自超我的缺陷，事实上这可能就是自恋型人格障碍的表现。个案无法清楚知道自体影像的潜在困扰，因而无法将它沟通给分析师，个案可能以说谎，或隐瞒某些经济状况，或以其它某些似乎欺瞒的行为作为分析的开始。分析师必须既不点破这行动化的最初沟通，也不藉由责备或积极的介入来做反应。在大多数情况下，分析师所必须做的只有点出其发生——但不是以一种责备的口气去"面对"（confront）个案——如果必要的话，讨论其现实方面的问题，且强调他仍不确定是否它有任何隐含的重要性；而如果不是不要的，它的重要性又会是什么。任何将症状行为看作完全是一种现实行动的积极介入，可能会将个案最核心的困扰由分析工作的焦点挪走，因为个案最初将以愤怒、背叛和稍后的顺从来回应分析师的责备——简而言之，被分析者的自我里将有所改变，不会有潜藏病态的自恋结构的激活。因为个案仍未准备好回应这些最初的症状行为，也因为分析师对其活动的面质惊吓到被分析者，分析师可能犯的这暂时错误，如果稍后可返回最初发生处，并回溯的通过它，那么将不会有永远的伤害。然而，如果分析师的过度现实化或道德化反应被一理论信念的系统所支撑，也就是说，把分析态度放在一旁是适当地，而相对地认为个案"真的不诚实"、"真的缺乏整合性"或"真的缺乏对于治疗的允诺"，那么通往更深自恋困扰的分析可能确实会被阻塞。

如前所述，这些由前意识中心扩散出来的困扰特质，会有自体的现实不完整的感受，其次会有外在世界的不完整的感受。不只是去了解精神分析情境本身特定地被采用来将一种隐藏的自体体验（也就是对于自体的现实和周遭环境的现实的感受）带至开放是重要的，去了解在分析里这情况的逐渐浮现，让被分析者开始觉察到它动力的来源和结构的根源〔亦即在一原始自体影像上的固着，和（前）意识自体的失能与灌注力比多的不足〕也是重要的，因而一条通往普遍去修正困扰之路就被打开了。

分析情境的特定属性允许,且鼓励病态自体的浮现随之而来。在其核心方面,以一般的语言而言,分析情境不是真实的。它是一种特定的现实,与艺术体验的现实有某种程度的相似,一如戏剧的体验般。一个人必须拥有少量稳定的自体灌注(力比多),以能让自己投入假装的艺术现实里。如果我们确定我们自己的现实,就能暂时地由我们自己转离,并能与艺术中的悲剧英雄同苦,而不会处于对于我们所参与情绪的现实与我们每日生活的现实混淆的危险里。然而那些现实感不安全的人,可能无法很容易的放开自己投入艺术体验里,例如,借着告诉自己,自己正在看的"只不过是"戏剧,"只不过是"表演,"不是真的"等等。分析情境呈现了类似的问题。被分析者自己的现实感受比较完整时,将(带着适当的过渡性质的阻抗)让他们自己在分析中有不可或缺的退行。他们将因而能体验到移情感受的准艺术的、间接的现实,这现实曾经是关联到他们的过去①里一个不同(那时是当下而直接的)的现实。这退行是自然发生的,如同在剧院中发生的一般。且一如在剧院中的真实,当刻现实的去灌注,被一种来自当下周遭环境刺激的减少所支撑。更且,被分析者很少须被教导分析是怎么一回

---

① 当一个人把自己投入戏剧的表演里,自我状态的改变将会开始,亦即当刻现实的去灌注,以及朝向一个想象和艺术工作下记忆的世界,Zueignung 对此作了美妙的表达,哥德(Goethe)以这诗介绍《浮士德》(Faust),这是其作品中最伟大且最具个人重要性的。略去些微的不一致,这诗可说是完美地描绘了在被分析者里,和通过与分析师共情的共鸣,所勾起的灌注(力比多)转移的心智状态。尤其〔Richard Sterba 医师在一相关脉络(1969)里的引述,引导了我适切的看这几行〕是这诗的最后两行,不只应用到藉由艺术工作的体验带来的心智状态,特别是在舞台上的表演,而且也应用到以个案过去的复苏和现在的退却为特质的允诺参与分析过程的心智状态:

我所占有的,似乎遥远,
而消逝了的,成为现实。
What I possess, seems far away,
And what is gone becomes reality.

(哥德的《浮士德》。Translated by Walter Kaufmann。Garden City, New York: Doubleday, 1961, p. 67.)

事；他知道怎样关联到分析情境，就如同人们知道必须如何将自己关联到在剧院中所看的表演一般。

要适应一套不熟悉的体验时，可藉由适当解释而变得容易些，这是一项原则，在这个原则的执行中实行次级演练，但在此我略去实务上的次级演练。因而，如果一个人从没到过剧院，那么有关这类艺术的一般解释，将能帮助他更容易去回应这场表演。然而，在观众心里的激活基本心理过程却无须被教导，事实上也没有办法被教导。不论在艺术和分析体验间的无数深度差异，类似前述的考虑也应用到分析情境。对于分析的必要心理态度的建立，可通过适当的方式来协助；但是让移情感受的特定现实的体验成为可能的这种基本心理过程，是无法被教导的。

如果让个案得以体验到分析的现实的核心功能有了障碍时，那么既不能采用教育方式（解释），也不能采用说服（道德压力）方式，而是应该容许这缺陷自由地开展，以便能进行对它的分析。换句话说，如果个案的（前意识）自体被灌注得很差，那么他关于或多或少自然的去建立分析情境的困难本身，可能成为分析工作的最核心议题。但如果个案无能力耐受当下现实的去灌注和无能力接受分析情境的模糊性，被分析师这边的道德框架审视，且被说服和忠告训诫来回应，或者被一种现实或道德的主张所回应，那么个案这个重要而核心的精神病理，将被从分析的焦点移开。

带着特定适当的来自投射性与内射性认同（Klein, 1946）及被精神分析的"英国学派"所治疗面临的概念的修通过程，现在我将转而界定理想化的移情和镜像的移情之概念。镜像的移情可能处理一领域，这领域依克莱恩学派的看法，至少部分地与被称为"内射性认同"（introjective identification）的领域重迭，且类似地，理想化的移情可部分地顾及所谓"投射性认同"（projective identification）的领域。区分我们现今的工作与英国学派取向（这也导致了治疗态度的巨大不同）的理论观点上的特质,在这点上毋须摘要呈现,只提下面一点就够了。根据这里所呈现的观点,镜像的移情和理想化的移情是自恋力比多的两种基本状态的治疗激活,这两种情势在原发性自恋之后依次自行建立。因为这些状态组成了健康的及必须的成熟步骤,甚至在治疗里的固着与退行到这些状态,都必须首先被了解为本质上既非疾病也非邪恶的。个案在有关它们的治疗活动里,在他能了解逐渐转化它们成为较高组织的成人人格,和驯服它们成为自己成熟的目标和目的的任务前,首先会先学习认知这些自恋的形式(且他必须先能接纳它们是成熟健康且是必须的!)。被分析者的自我因而不是被设定来对抗其原始的自恋,彷佛原始的自恋是其敌人和陌生人一般,不会有属于客体分化(诸如关于一种想毁灭让人挫折的客体,或害怕被此客体毁灭的特定幻想)的较高阶段的观念形成过程被归咎于治疗式激活的领域,也不会有罪恶感的张力被创造出来。当然,张力是存在的,这自然地来自分析过程中。它们是因未修饰的自恋力比多流入自我,而且它们是被体验为疑病、难为情和害羞的(它们不是来自与理想化超我的冲突,这理想化超我的结构,尚未存在于我们处理的这些例子的发展层次中)。如果分析师将他的态度立足于先前的理论考虑,辨认出退行的流往较少客体分化(和伴随在前语言的张力状态与可语言化的幻想间的震荡)的阶段,且由此阶段再浮现之困难工作,将进展至一种任务导向的有目的的气氛里,这会鼓励被分析者的自我的观察和整合部分的自主性维持。①

但我不应以关于自恋型人格障碍而提出的特定理论的临床综合论述,进一步追求在精神病理学上与克莱恩学派的理论和临床展望间的比较。如果要继续开展这样深度的比较,会超过这个观察的限度,

---

① 心理的组织化的前客体—分化阶段的攻击成分的分析,也沿着类似的路线前进;亦即,如果其成熟适当原初的目标和重要性被牢记在心的话,在其稍后动力—经济学的重要性里,"自恋暴怒"的现象也可被成熟地、发展地阐释。

因为它将一方面需要去区别妄想症和躁郁症,另一方面,去区别自恋型人格障碍之精神病理学的呈现。① 替而代之的是,我将靠以下背景完成镜像的移情和理想化的移情概念的理论澄清(1)在下面两者间的进行性退行移动(a)解体了的身体自体(自体性欲)的身体—自体核心的阶段和(b)整合的身体自体(自恋) ②的阶段,与(2)在以下两者间有相互关系的分化(a)隔离的心理机制和(b)整合且结构的整体心灵自体。

关于治疗激活的镜像移情和理想化的移情,这样的词汇并非隔离的心理机制(如内射和投射),而是或多或少稳定且巩固的整体人格结构,独立于优势的心理机制,或独立于被这些优势的心理机制采用的机制,或那些甚至可能是这些优势的心理机制的特质者。由自体性欲到自恋(Freud, 1914)的发展阶段,是一个朝向增加人格合成的移动,这移动是因为一种由个体的部分身体,或者隔离的身体或心智功能的力比多灌注转换为对(虽然最初是夸大的、表现癖的,及非现实的)整合自体的灌注。换句话说,身体自体和心智自体的核心结合,形成一个上级的单位。对自己身体规则的发生身体疾病的成见,是一个自恋升高的显现,甚至当一单独的器官成为成见的中心时也是如此,因为那个器官仍可视为处于一种整体受苦的身体自体的情境里。然而,在精神病或前精神病的疑病里,或在精神分裂病的早期阶段里,个体的部分身体,或隔离了的身体或心智功能,会成为隔离并过度灌注的个体。这时统整自体的影像正在破碎中,而个案人格里残余之统整的、观察的部分,除了企图去解释一无法被控制的退行产物外,其它不能

---

① 然而,立即接着讨论隔离的心理机制的功能和整合的心理结构的活动间的区别,并非与克莱茵学派的理论系统毫无相关,依我之见,他们的理论系统倾向于模糊了这个重要的区别。在现在的情境下,也请参见第一章中,精神病和自恋型人格障碍间的鉴别诊断纲要。

② 在这情境下,见 Nagera(1964)贡献的阐述。

再做什么(Glover, 1939, p. 183ff.)。

伴随身体疾病的自恋退行,和发生于精神分裂病早期阶段的身体自体的前自恋解体,两者之间的区别,在下列情况下变得有点模糊。如果有一个人有强烈的前自恋固着,当他有身体疾病时,伴随这身体疾病的身体自恋的加增,可能带来往身体开始解体的进一步退行,而且此人将以疑病焦虑做反应以取代体验整体的自体关照。带有弥漫症状的身体疾病(诸如各种包括感冒等传染性疾病前导的初期的非特异症状)特别容易引发这类疑病反应。另一方面,明确症状的发展会对特定器官(如喉咙痛、流鼻涕、打喷嚏等等)有强烈的自恋灌注,会带来对于前自恋固着点的拉力产生反拉的力量。基于这个理由,这些症状的出现,通常都会受到具有疑病倾向者的欢迎,并使他们有种松了一口气的感觉。因而身体周边区域的疾病的剧烈疼痛,即使它们诸如性器官或眼睛这类情感上高度自恋灌注了的器官,也通常不易诱发疑病的反应。

类似来自下面两者的退行,也可于心智领域里被观察到;(1)整合的身体自体(自恋)阶段到(2)解体的身体自体阶段。后者即心理隔离了的部分身体和它们的功能(自体性欲)的阶段。一个人整体心智态度(自恋)的灌注,即使是以病态的扭曲和夸大的形式呈现,也必须与隔离的心智功能和机制(自体性欲)做区别。后者发生于自恋地灌注(力比多)的统整心灵自体破碎后的结果。一个任务导向的、适应的,且本质上是心灵自体的自动过度灌注,发生于精神分析治疗里,即精神分析的情境培育一种被分析者注意自己的心智态度和各种心灵功能的聚焦。然而在此也一如身体疾病里的类似状况,单一症状或单一心理机制不论如何显著或异己,它可能仍可在一整体的(即统整的)受苦心灵自体影像的背景里被见到和体验到。然而,发生于心智自体解体后的隔离心智功能与机制的过度灌注,是一种常见于精神病退行早期阶段之疑病的成分,而且因而被体验为类似身体的疑病症(亦即,例如合理化地担心自己失去理智、害怕疯狂之类等等)。

　　有时候分析师必须非常仔细注意个别的心理机制。例如内射和投射机制将会被自恋型人格障碍,及移情神经官能症的被分析者,用在防御或非防御(适应)的模式里。如果这些机制已成为心灵自体的一个解体退行破裂的隔离部分,它们就会是精神分析地难以接近,亦即,只有人格的周边方面和退行解体之前的心理事件仍会对有意义的细察维持开放。但只要能维持(虽然是在潜意识下执行的)一个整体的、统整的自体功能,它们就会是分析师诠释的适当标靶。具体而言,通过诠释,被分析者开始有连结上的渐增觉察,这连结存在于其主动的和反应的自体与心理机制间,这机制似已发生于一种不可测的且无法给与动机的样式里。通过分析工作,这些机制被带入与自我的驱动力有渐增的接触,于是自我掌握优势的领域就被扩展了。

　　不幸的是,这些区分(在隔离原始的机制与饶富意义的统整组合的心智活动的成分要素机制间)甚至变得更复杂,这是因为对于心理机制的拟人化倾向,在精神分析文献中是常会遇到的。例如,特别是某些作者似乎在鼓吹内射和投射为带着人格特质的机制;亦即,内射机制成为一个愤怒、贪婪的儿童,而投射机制则成为一个分裂或呕吐的儿童。如果这类的理论态度被带入临床情境,它们不只会在被分析者内在引起罪恶感,而且更重要的是,它们略去了下面两者间的关键区别;(a)统整的自恋结构是可分析的,因为它们能在临床情境中形成一种移情,和(b)自体性欲的结构是不可分析的,因为灌注并不在统整的自恋结构(夸大自体;理想化的双亲影像)上,而是灌注(力比多)在隔离的身体或心智功能上。在暂时或慢性退行期间,力比多在镜像的移情里的部署,可能确实被隔离的内射取代,而对理想化的移情的统整投资,可能融化而被隔离的投射所取代。在这些后者的例子里,无法获得移情的建立,致病的病源领域本身因而(至少是暂时地)无法分析。

比较我（源自系统化的精神分析观察自恋人格困扰的成人个案）的概念化和马勒（Mahler）及其伙伴①源自系统化的观察严重困扰儿童的概念，是有趣的。当前的概念化是与精神分析理论（特别是与动力的-经济的观点，和地形的—结构的观点）的元心理学观点一致，而原始体验（理想化的移情，镜像的移情，摇摇摆摆地往自体的短暂解体）被广阔地激活的层面，需要相对应的儿时体验的共情重构。马勒的概念化衍生自对小儿童行为的精神分析的复杂观察，因而这些概念化是与同调于她的观察领域的理论架构相协调。她关于自闭—共生（autism-symbiosis）阶段和分离—个体化（separation-individuation）阶段的综合论述，因而属于直接的儿童观察（direct child observation）的社会生物学架构。

由理论的立足点上进行相关实证观察后可被转译为普遍的准则，然而对于理论立足点的差别的最简明摘要，可能如下。在马勒的概念架构里，儿童是一个与环境互动的心理生物单位（psychobiological unit）。而她概念化了一个儿童对客体关系一致的心理生物发展观：由（a）缺乏相关性（自闭），经（b）与它融合（共生），到（c）由共生中自主和与共生有相互性（个体化）。我的元心理学的精神分析观点是与我的观察方法步调一致的，例如，儿童期体验的移情复苏，引导我去领悟的不只是自恋和客体爱（分别由原始的向较高的阶层移动）的并肩发展，而且也是自恋本身（夸大自体、理想化的双亲影像）的两个主要枝干的发展。这些在概念化上的不同，是两种不同基本观察态度的生成物：马勒观察儿童的行为；我在移情重新激活的基础上重构了他们的内在生命。

一个精神分析元心理学的综合论述和直接的儿童观察的综合论

---

① 例如，见 Mahler（1952，1968），Mahler and Gosliner（1955），Mahler and La Perriere（1965）。

述两者间的比较,超过了这篇文章的范畴。附带一提,马勒等人,本杰明(Benjamin,1950,1961)、斯皮茨(Spitz, 1949, 1950, 1957, 1961, 1965)和很多其它在此必须被考虑到的人①的调查贡献。特别在最近的二十年,对于早期在母亲与婴孩或小儿童间的互动影响的了解,已通过大量分析师的重要调查而被丰富了。然而,马勒不只做了最持续系统的贡献,而且也做了最有用和最有影响的相关贡献,在下文中,她将被视为这整个领域的代表性人物。

马勒对于由自闭到共生到个体化进展的综合论述,大略与弗洛伊德从自体性欲经自恋到客体爱的力比多发展的古典概念相一致。自恋的移情是发展阶段的治疗式激活,此发展阶段可能主要与马勒所认为的共生阶段后期部分和个体化阶段的早期部分之间的过渡期相一致。然而,我要再次强调,我自己的观察让我相信它是丰富且与实证资料一致的,它主张两条分离且大部分独立的发展路线:一条由自体性欲经自恋到客体爱;另一条由自体性欲经自恋到自恋的更高形式与转化。当然,考虑这两条发展线的第一条时,某些人主张客体爱的始基前期,早自自体性欲的和自恋的阶段期间已可被认出,这样的宣称并不令人讶异。他们认为应该假设客体力比多的独立发展路线的存在,他们认为这客体力比多以客体爱非常原始和始基的形式作为开始(在这背景里见 M. Balint, 1937; and 1968, esp. p. 64ff.)。然而,我自己的倾向让我对古典的综合论述仍维持忠心——我倾向于相信,他们将甚至是始基形式的客体爱(当然这不可与客体关系混淆)的能力归于儿童,是基于共情方面的回溯曲解和成人形态的错误。

---

① Therese Benedek 的先驱研究(1949, 1956, 1959)虽不是在一种有组织计划的直接儿童观察下进行的,但是如同马勒属于一种精神分析的互动主义范畴。这个理论系统藉由与互动的各部分等距离的观察者的位置,被定义为占据一个个体之外的想象点。精神分析元心理学的核心领域,则为观察者的位置所定义,观察者占据一个个体的精神组织之内的想象点,观察者共情地认同(替代的内省)被观察者的内省。

临床上的考虑

在有些个案里,理想化的移情和镜像的移情间的分化不易建立,因为或者是在这两个位置间的往复震荡非常快速,或者自恋的移情本身是一个过渡的或混合的形式,个案带着对分析师的理想化,并同时呈现对于镜像、钦佩的要求,或呈现他对一种另我或融合关系的要求的面貌。然而,这样的例子并不像那些至少在长时间分析期间里可做出清楚分化的例子那么频繁。在过渡的个案里——特别是在那些在夸大自体的激活和理想化双亲影像的激活间快速往复震荡的例子中,并不允许诠释的尖锐聚焦——分析师最好既没有停留在飞逝地灌注(力比多)的夸大自体上,也没有停留在理想化双亲影像上,而是要将自己的注意力聚焦于这些位置间发生的转换上,以及使它们加剧的事件上。至少在某些例子里,这快速往复震荡似乎是在服务于对脆弱性否认。每当个案伸展一种理想化的脆弱触须朝向治疗师,或每当个案羞怯地企图展露自己心爱的自体,并邀请分析师赞赏参与时,个案快速转向至对立的位置,并(像寓言中的乌龟)一直在那儿,而分析师赶不上他。

另一件实务上的事是聚焦于自恋的移情的诠释形式,特别是在镜像的移情里时。两个对比的陷阱可能成为分析自恋人格过程里的阻碍。一个是关于分析师准备呈现一种伦理的、伦理气息的,或现实的姿态来面对个案的自恋;另一个是关于分析师的倾向于将相关诠释抽象化。

通常我们可说价值判断、现实的伦理学(主要是哈特曼的健康伦理学的概念),和治疗的行动主义(教育的测量标准、劝戒等等)这三角,让分析师觉得必须跨步超越基本的(即诠释的)态度,并成为个案的领袖、老师和向导,这最易发生在当所细查的精神病理并没有以元心理学的角度去了解之时。因为在这些情境下,分析师必须忍受自己的治疗无能和缺乏成功,当他放弃无效的分析装备并转变模样(例如,提供自己给个案作为一个模范或被认同的客体)以求获得治疗改变时,他很难不被责备。然而,如果仍然没有以元心理学的角度去理解成功的一再缺乏,而在不放弃分析的意义,和不转向治疗的行动主义的情况下容忍了这种成功的缺乏,那么,新分析洞见的发生不会被阻碍,而且会有科学的进步。

另一个相关的现象可在元心理学的观点并非完全缺乏,只是不完全了解的领域里被观察到。在此,分析师倾向于补述他们的诠释,并以启发性的压力去重构,而相比于对元心理学的观点理解完全的情况下,此时治疗师人格的比重变得更加重要。有些分析师据说对自恋人格困扰的分析特别有天分,而且关于他们的治疗活动的奇闻轶事在分析领域里广为人知。① 但如同外科医师在外科的英雄时代里是个有

---

① 治疗师人格影响的评量在评估精神病和所谓"边缘"状态的心理治疗的结果时特别重要(A. Stern, 1938)。很少会怀疑一个治疗师的疑似宗教热情或其内在神圣的深度感受(例如见 Gertrude Schwing, 1940, p. 16),在治疗非常困扰的成人和儿童个案里会提供一种强烈的治疗力量,这说明了某些令人惊讶的治疗成功。相关的影响可能由有魅力的治疗师直接散发出来,或者,在有魅力的治疗师是这样的团队的领导者时,可能经由治疗团队来传送相关的影响〔在这样的情境下,我们会想到卡尔荣格(C. G. Jung)的司令人格,这无疑地对其同僚有深度的影响,因而间接地对治疗里的严重困扰个案产生影响〕。在这最后的分析里,我们正处理一种通过爱而有的治愈——虽然很大部分是自恋之爱!——相关当弗洛伊德被面质对于费伦齐的最终治疗实验时,采取了例外看法的取向〔见琼斯引述(Jones, 1957, p. 113)的弗洛伊德于 1931 年 12 月 13 日给费伦齐的信〕。然而,不只治疗师弥赛亚的或神圣的人格,而且他的生命史,似乎也在治疗的成功上扮演了一个积极的角色,并且一个如同耶稣由死里复活的神话,在一种自发的、舍身之爱的权能里,有时形成一种有效魅力的特殊部分〔在这背景下见 Victor Frankl(1946, 1958),他的在"死亡"(!)集中营里幸存下来,成为其治疗上的人格资产和治疗立场的一个中心部分〕。当然,没有人应当基于其它人几乎不可能治疗的个案,而认为这些成功的获得是经由治疗师人格的直接或间接的影响,来反对治疗的成功。然而,要反对的是次发的合理化,这次发的合理化企图对被采用的步骤提供科学的敬重。决定一个治疗处置的特定形式本质上是否是科学的或灵感的(亦即所涉及的非理性力量是否已在治疗师的理性控制下的问题),必须藉由回答下列问题来逼近:(1)对于涉及治疗里的过程,我们有一个系统化的理论理解吗?(2)这治疗方法能被沟通给他人,亦即它可在没有其创始者的存在下被学习(并最终被实行出来)吗? 和(3)最重要的,在它的创造者死后,这治疗方法仍然维持成功吗? 唉,特别是最后一点,似乎太常会透露出这治疗方法学是不科学的,而其成功只是有赖于单一、特别有天赋之人的真实存在。

治病驱魔天分的人，他表现了个人的勇气和英雄技巧的伟大技艺，而现代的外科医师则倾向于成为一个平静的、训练良好的工匠，分析师也是如此。当我们对于自恋异常的知识逐渐增加时，过去如此个人化要求的治疗步骤，将逐渐成为富于洞见与理解的分析师的一种熟练的工作，这些分析师并不使用他们人格的任何特殊非凡魅力，而是限制自己使用可提供合理成功的仅有工具：诠释和重构。

对于个案的自恋固着的癖性所暗示的反移情，分析师倾向于以恼怒不耐烦来回应。这种反移情的暗示始终是如此的敏感，这将于第十一章里讨论。在此我只重复我先前（1966a）的陈述，换句话说，是西方文明的利他价值系统的不当入侵，而不是发展成熟度或适应的有用性的客观考虑，容易导致一种希望，希望分析师这边能够用客体哎去取代个案的自恋状况。反过来说，在很多例子里，自恋结构的重塑和其在人格里的整合，必须被评定为比要求个案不安定地顺服于改变其自恋为客体爱的要求，更为真诚而有效的治疗结果。当然，在对某些自恋人格者的分析中，有时候强有力的的陈述会以无误的姿态出现，来作为说服个案的最后一步，让个案明白：源自没修饰的自恋幻想的满足是虚假的。例如，老一代技艺高超的分析师，因为维护本土的精神分析观点，会在策略的关键处，让自己默默交出荣耀的冠冕，授与他无所怀疑的被分析者，而不是以其它的言语诠释来面对被分析者。

然而，总体来说，当我们以真诚的和可被客观接受的语辞，为个案示范说明在其原始世界里的自恋游戏时，精神分析过程被强化得最深。不论抗拒和困难，个案在这原始自恋世界里都认可分析师。所以我们最好是信赖个案自我的分析的共情接纳气氛里，去获得逐渐掌控人格的自恋部分的自发合成功能，而不是去驱使被分析者朝向大规模模仿分析师的对于被分析者缺乏现实感的轻蔑拒绝。如果分析师能广泛的重构原始的自我状态，和带着自恋状况游戏于这些状态里的特定角色，而且如果他能建立相关移情体验和相符的儿童期创伤间的连结,分析师在这方面会特别能起到作用。

弗洛伊德在其关于技术方面的最后文章(1937b)里的简短暗示,对于这样重构的风格与形式,虽未特指描绘它们在自恋困扰下的分析领域里的角色,而是一个有当今接纳解释的客观性风格背景的倾向的例子,这接纳解释的客观性应该被以下面的干预方式来使用。" '到了你的第 n 年(弗洛伊德告诉其想象中的个案),你视自己如同唯一拥有和无限拥有你的母亲;之后有另一个婴孩的到来,并带给你重大的幻灭。有时候你的母亲会离开你,而甚至当她再出现的时候,她也不再唯一奉献给你。你对母亲的感觉变得矛盾,你的父亲对你而言的一个新重要性,'等等"(p.261)。

分析师对个案施加教育压力的相对上的适当性或不适当性——无论是通过冷酷的客观陈述或在道德训诫里,应该在对抗占据了治疗舞台中心的非现实结构的元心理学了解下的背景里被评价。暂且不提个案非现实的理想化,这非现实的理想化当然是在其非现实的夸大里〔特别当它通过似无伪装的优雅的优越性或桀骜不驯态度,以及通过缺乏界限地显然无视于他人(例如分析师)的权利和限制表达自己时〕,对此,分析师将倾向于自动地藉由教育方式(以现实来做面质)来回应。依哈特曼(1960)的意思,亦即藉由现实的或成熟主义式道德的态度来教育个案。

然而,分析师对被分析者所显现出的夸大选择的适当回应的能力,先决条件是对于特定结构的了解,以及因而有对其要求的特定心理重要性的了解。更精确地说:发生于自恋型人格障碍里的外显的自恋索求,可被以结构的和动力的词汇加以区分为以下三种形式。每个形式应当会在分析师这方引出治疗反应,这些与个案行为的特定结构与动力决定因子是相互一致的。

1. 夸大的行为可能是精神(见第七章,个案 J 和图 3 的讨论)的垂直分裂区段的一个显现。我已明白它对于精神分析的进展是无传导力的,亦即,要通过改变结构以获得健康,或要以教育说服、告诫等等类似的现实形式,来面对垂直分裂区段无伪装下的自恋显现,是无效的。根本 的分析工作应在嘈杂的分裂区段和安静的中心坐落的现实自我间的边境来进行,藉此,基本的自恋移情就被调和了。然而,在这边境的阻抗不会被对分裂的傲慢施加打击所克服,而会被藉由将它解释给(通过动力的-起源的重构)人格的中心坐落区段,以说服后者接受前者进入其领域里所克服。在这努力的渐增成功导致了两个结果:(a)中心自我的道德的、美学的,和现实适应的力量本身将开始转化原始的自恋主张,并使它们更可为社会接受,精神经济上更有用。而且,更重要的是(b)原始的自恋灌注(力比多)由垂直分裂区段往中央区段的一种移动发生了,这增加了朝向建立(自恋的)移情的倾向。要强调的是这带来一由精神的垂直分裂部分(其无移情的潜能)往精神的水平分裂区段〔其确实能形成一种(自恋的)移情〕的移动。我在此可附带一提,相同情况盛行于那些性错乱(上述情形构成了性错乱的大部分)的个案里,性错乱是在自恋的基础上建构的。性错乱的行为存在于精神的垂直分裂区段,且在潜藏的本能力量被疏通进入自恋的移情前,首先必须与精神的中央区段整合,因而可为开始修通的系统过程所用。

2. 在第二种形式里,公开地显出自恋主张也可被以结构-动力的词汇来定义。在这些例子里,我们处理一种在人格的中央区段里未被安全地围住(水平分裂)的夸大结构,其阵发的突破困扰,或多或少是自恋耗竭的主要慢性症状。因为这样的突破困扰通常导致一种精神经济上的不平衡(如过度刺激),它们应被视为创伤状态。

3. 自恋态度的显现最终可能以防御性自恋的形式发生,以支撑(慢性地,或作为一种暂时的紧急方法)防御对抗更深藏的原始自恋结构的要求。当J先生对原始的夸大—表现癖的自体的要求在移情中(就如同他谈到自己的刮胡子习惯时)产生变化时,J先生的暂时傲慢属于这个情境。在此,分析师的恰当回应再次成为动力的诠释与起源的重构。然而,当一慢性的防御夸大已次发的被一合理化(类似恐惧症的藉由特异品味和嗜好的合理化系统,及藉由偏见等等的伪装)的系统所包围时,那么某种程度的教育压力可能确实必须被用来抵消自我在这领域里的变化。

在讨论了分析师对被分析者的自恋以不恰当地伦理的或过早的现实(带着拥护成功适应的这方面意图)回应,特别是被以公然或隐秘的道德化或责难的陈述形式传送时。讨论了这些后,现在我要转而说明分析技术在分析这些疾患里的第二个陷阱,即分析师关于自恋移情的诠释可能变得过于抽象。如果我们避免落入客体关系和客体爱之间的广泛混淆的话,这个危险就可被大大消除。如我先前(1966a)说过的,"自恋的对立方并非客体关系,而是客体爱。一个个体的富于客体关系,就社会领域的观察者而言,可能是隐藏了其客体世界的自恋体验;而一个人表面上的疏离或孤单,可能是一个当时富裕的客体投资"(p. 245)。因此,我们必须牢记在心的是(a)无论客体被投资以自恋的灌注(力比多)的事实,我们关于理想化的移情和镜像的移情的诠释,是关于一种强烈的客体关系的陈述;而且(b)我们是向被分析者解释其自恋如何导致他对于某些特定层面和客体活动高涨的敏感,他是在自恋的模式里体验分析师这一客体。如果在精神分析开展过程的显现里,分析师能将这一点谨记在心——即自恋的精神结构的激活会发生在自恋的客体关系的形式里——那么,分析师将能以具体的用语向个案示范的不只是他如何反应,也说明了这些反应都特别集中在某些分析师身上,这些分析师能将体验到的态度和活动作为来自过去的重要自恋情境、功能,和客体的复苏。更且,由于思想和活动在这退行的致病层面仍未完全分离,这种退行在自恋异常的分析里被激活了,分析师也必须学习平静的去接纳看似重复的"行动化",并视它为一种原始的沟通方式来回应。

如果分析师的诠释一直是非责难性；如果他能以具体的词汇向个案澄清个案的（经常是被见诸行动的）讯息，个案非理性的过度敏感，以及自恋状况的灌注（力比多）的来回流动的意义和重要性；尤其是，如果他能向个案观察到的与自体分析的自我部分示范——在人格发展的全部阶段的背景下，这些原始的态度是可理解的、适应的，以及有价值的，并且形成人格的一部分——那么自我的成熟部分将不会由自恋自体的夸大转离，也不会由过高评价的、自恋体验的客体的可怕的特点转离。少量的一而再、再而三地在心理的可处理部分，自我将处理对于了解到夸大自体的主张是非现实的失望。在回应这体验时，自我或者将哀伤地退缩到来自自体的原始影像自恋灌注（力比多）的一个部分，或者它将在新获得的结构的协助下，中和相关的自恋能量或疏通使之到达对目标禁抑的追求（aim-inhibited pursuits）里。少量之一而再、再而三地在心理的可处理部分，自我也将处理对于了解到理想化自体—客体是不可及或不完美的失望。在回应这体验时，自我将撤回来自自体-客体的理想化投资的一部分，并且强化相符的内在结构。简言之，如果自我首先学会去接纳激活了的自恋结构的存在，它将能逐渐整合这些自恋结构进入自己的领域，而分析师将见证在人格的自恋区段里的自我掌控（ego dominance）及自我自主（ego autonomy）的建立。

创伤状态

因为精神的基本中和结构在大多数带有自恋型人格障碍的个案里发展不足，这些个案不只易于将他们的需要和冲突性欲化，而且也显现许多其它功能上的缺陷。他们易于受伤和被冒犯，很快变得过度激动，他们的恐惧和担忧倾向于蔓延且变得没界线。因而在分析过程里（也在他们的日常生活里），尤其是在治疗阶段的早期，这些个案常处于一种反复的创伤状态，这并不令人意外。在这些时间里，分析的焦点暂时移到精神过度负荷的近乎排他的考虑上，亦即考虑精神经济不平衡的存在。

　　当然，这些创伤状态中，某些是由于外在事件所致。由于加剧创伤状态的因子与所有激发焦虑、不安、担忧和在每个人身上的类似情形有关，故难以具体讨论，除了再次强调它是过度的反应、烦乱的强烈程度，及在这精神状态下显著的精神功能暂时瘫痪，而不是强调加剧发生事件的内容本身。只有一个特定的加剧事件我会简短的提及，因为它将困扰过度和体验的心理味道描绘得很好：即失态（faux pas）。个案多次（尤其在自恋人格分析的早期）在到达会谈室时，因自以为犯了失态行为而满怀羞耻与焦虑①。如个案说了一个时地不宜的笑话，在同伴中说太多他的事，衣着的不适当等等。细究之下，当通过对一种突然地而非预期地拒绝的发生，就可以理解很多这类情境的痛苦，正当个案最脆弱于这拒绝之时，亦即，就当个案在其幻想中期待炫耀并预期喝采时〔当一个人在失态之后说溜了嘴或其它类似的失误时所体验到的羞耻。它特别会被突然、自恋痛苦地认知到自己对于相信毋庸置疑的掌控了的领域——自己的精神（见 Freud，1917b）——无法控制而引起〕。自恋的个案倾向于对失态的记忆有过度的羞耻和自体拒绝。他的心灵一再的返回到痛苦的时刻，企图藉由神奇的方法根除意外事件的现实，亦即，企图去抵消它。个案可能同时愤怒地想杀了自己，以抹掉这折磨人的记忆。

　　在自恋人格的分析里，这些可能是非常重要的时刻。它们需要分析师去忍受个案对痛苦场景的反复计算，以及去忍受个案常常受到似乎微不足道的事件引起的极度痛苦。在很长的时间里，分析师必须共

---

　　① 一个对他人真正的不恰当，或自己想象上他人不恰当（诸如要求注意的行为或不恰当的华丽不实的服装）变得过度敏感与过度挑剔的互补倾向，常发现于夸大和表现癖的整合仍不完美的人身上。

情地参与到个案所苦的精神失衡里；他必须显示对个案的痛苦困窘和对犯下的行为难以抵消感到愤怒的了解。那么，逐渐地，情境的动力就可被逼近，而个案对喝采的期望，与其儿童期夸大和表现癖的困扰角色可被识别。然而，儿童期夸大和表现癖也不须被指责。一方面，分析师必须对个案表明，在这领域里未修饰的儿童期要求的入侵是如何引起个案现实上的困窘；另一方面，如同在共情地起源重构的背景下所见到的，也必须要有对这些挣扎的正当性的同情接纳。在这初步预备好的基础上，可达成更多朝个案的强烈暴怒和自体拒绝的起源了解的进展。相关的记忆可能浮现，这记忆倾向于完成并矫正初步的重构。它们常指向一种情境，在这情境里，儿童要求对于其成长的认可性关注，过去并未获得回应，也就是在这些情境里的重要时刻，当儿童最骄傲地想展现自己时，被轻忽和嘲笑了。

当然，在这样一个人格区段里的完整分析工作，无法在单一特定外在事件的回应里全部完成，诸如一个特定的失态（或者是在临床的移情情况下回应单一的类似意外事件）的外在事件。只有经由这种形态的反复创伤状态的缓慢的、系统化的分析，对抗强烈的阻抗，那么深埋于这些反应中央的陈旧夸大和表现癖才成为可理解的，而且过度羞耻和恐惧才开始可被不带着挫折或嘲笑的自我所忍受。然而，只有藉由它们的获得进入自我的通道，自我才能建立那些特定的适当结构，这结构在其功能运作里，可将原始的自恋驱力和理想转化成为可接受的企图心、自尊和愉悦。

有些其它创伤状态典型地发生于自恋人格的分析的中期甚至稍后阶段，自相矛盾的是，这些状态常发生于以正确而共情的诠释的回应里，而这样的诠释本应该（且最后的确应该）是促进分析过程的。乍看之下，人们倾向将这些反应解释为一种潜意识罪恶感影响的表现；亦即，人们倾向于推测它们是一种负向的治疗反应（Freud, 1923）。然而，因为许多理由，这样的解释经常是错误的。自恋人格者通常不会被罪恶感(他们不倾向于过度对自己的理想化超我所施加的压力做反应)压倒性的摇动。他们的压倒性倾向是被羞耻感所淹没,亦即,他们对夸大自体的原始层面,特别是未中和的表现癖的突破做反应。

下面是得自 B 先生的分析治疗的第二型(这型通常发生于分析的开始阶段之后)创伤状态的例子。如前所述,精神经济上的这些失衡状态(常是严重的),和它们于精神上的尽心竭力是(a)被正确的诠释所触发,以及(b)被分析师对个案反应本质的了解的暂时失败所维持和延长。

B 先生那次相关的会谈发生于其被分析第一年末的一个周末。他相当平静的说到自己较过去更好忍受分离的能力。例如,他已能不靠自慰来协助自己平静入睡,甚至在周末与分析师分离期间和了解且抚慰他的女友不在时也是如此,这女友最近搬到别处去了。个案于是开始思索关于特定的"小男孩的需求",这似乎是其无止息孤独的核心。他说,他的母亲似乎不喜欢她自己的身体,并且对身体的亲近是畏缩的。这时分析师对个案说,在其母亲态度的影响结果下,事实上个案的不安定和紧张是相关于他从未学会去体验自己为"可爱的、爱人的和可触摸的"。沉默了一会儿之后,个案用这样的用语来回应分析师的陈述:"轰隆!你打中了!"这感叹之后伴随着一个关于其爱的生活的某些细节的简短阐述。于是他再度提到其母亲(及其前妻),她让他觉得自己"像是害虫或秽物"。最后他沉默了;他说,所有这些非常令他感动;眼泪开始充满他的眼睛,并且他无言的哭泣,直到那次分析的结束。

第二天,个案以一种蓬乱且深度困扰的状况来到;而且他在该周的后续日子里,维持着兴奋和重度困扰。他抱怨分析的时间太短了,说他晚上无法入睡,所以最后当他耗竭地觉得想睡时,他的睡眠也不是很能休息的,而且他有无数焦虑和兴奋的梦。他联想到有关对于不共情的女人的愤怒想法;对分析师有外显而粗略地性幻想;梦到吃东西、乳房、威胁的口腔虐待症状（发出嗡嗡声的蜜蜂）；说生活失了味，并描述自己的生活有如一个因所有线路全纠结在一起而失了功能的收音机。而且最令人警觉的是他开始编造出一些怪异的幻想（一种先前只在治疗的起初才发生的怪异幻想），诸如关于"电灯插座里的乳房"等。分析师茫然于个案的创伤状态，她想试着将这些与个案不共情的母亲连结，但却完全无效。直到过了些时候再回溯（但在后来的类似发作期间，接着被证实了），分析师开始了解到这事件的重要性（且因而能在当个案进入一类似状态时，帮助个案很快克服其兴奋）。

本质上，个案的创伤状态是由于对分析师的正确诠释有了过度刺激和兴奋的反应。其脆弱的精神无法处理一种自儿童期起存在着的需求（或一种愿望的实现）之满足：即在其环境里的全然重要者正确共情回应。个案于儿童期对其母亲共情的身体回应的愿望，在当分析师把它转换为语言时，突然地被强烈刺激到。特别是她所用的词句"可爱的和可触摸的"，打破了他慢性化了的防御。他的精神因而被泛滥的兴奋所淹没，而突然被强烈刺激了的自恋力比多张力，导致一幻想的精神活动加速，并导致自恋移情的粗略性欲化。然而，在分析的最后可知，是个案的基本心理缺陷导致兴奋：他的精神缺乏中和口腔的（和口腔虐待的）自恋张力的能力，这张力被分析师的诠释所触发，而且他缺乏那些让他可转化这些张力为或多或少是目标抑制下的幻想，和对于事业、浪漫理想、或甚至是创造力与工作愿望的自我结构。

这些常见强烈的困扰反应的内容有广泛的变异，而且当然不只是由个案的整体人格组成所决定，也会由触发精神经济失衡和自我（这依次是由于自我的调节功能的相对不足）的无助感的特定事件所决定。有些个案在此环境下开始行动有如"疯了"——就这意义而言，个案的活动可能显示有如苦于一咸信为一种怪异神经疾病的歇斯底里发作。这心智精神失衡的暂时状态的观察者获得了模糊的印象，觉得个案的行为有如疯了，但实际上个案既非疯狂也非诈病。个案整个的异常行为,可能会包括去从事分析情境外的危险活动。然而,通常这精神病理的急性形式,倾向于以精神分析情境里的语言层次,近乎排他地显现自己;亦即,个案经常会有足够的现实感去避免于社会上危险的行动化。但分析情境里的行为是整体而且似乎是蓄意地怪异,带着一种语言的退行使用,一种朝原发过程靠近的双关语的幽默退行特征,以及一种强烈的肛门虐待或口腔虐待的支离破碎的沟通气息。

　　文学里相类似的哈姆雷特的行为可在这样的脉络里一提。哈姆雷特的行为也好似以难以回答的问题面对共情的观察者,是否他真的苦于一种心智疾病,或者他只是(多少是意识的)假装疯了。我相信,这谜它自己会解答,它会一如类似我们的个案的处于创伤期期间,一旦有人开始了解哈姆雷特的自我之相对的暂时失衡,是因为被一内在适应和改变的庞大任务所淹没。具体而言,我们可基于许多征候(或许包括国家回应这王子的爱),假设哈姆雷特已成为一高度理想化的年轻人,因而他看这世界,特别是他的当下人类环境为本质上是好而高贵的。当启动这悲剧(他叔叔和母亲的罪行共谋,谋杀了他的父亲)事件入侵他时,现在要求着他的是对其世界观的完全洗牌,亦即基本上是对其所有中心价值的贬抑,也创造了一个新世界观,知道世界里的邪恶角色的现实。事实上这样的完全改变(自恋的)价值和理想的领域必须被完成,当然,这是在有一同时来自强烈激活的俄狄浦斯张力①的贡献而大大地使精神装置过度负荷的要求下。然而,俄狄浦斯冲突本身无法解释哈姆雷特所苦的创伤状态的程度与本质。哈姆雷特的精神"脱臼了",因为他必须去面质那个他所曾相信的世界已经"脱臼了"的事实。最先,他以否认来回应这新现实,这新现实粉碎了他先前的理想化眺望。否认之后,随着一种深层烦闷的突破,令人不喜欢的现实以一种准妄想的形式(父亲鬼魂的出现),进入了哈姆雷特

---

① 见弗洛伊德的诠释(1900, p. 264ff);也见琼斯(1910)。

的觉察。在对这现实的新眺望的部分接受阶段期间,对其发现的重要性的部分否认,仍然与对真相的认知维持并肩齐步。心理上而言,真相为哈姆雷特人格的一个部分所知,但被隔离于另一部分(自我里的垂直分裂)之外。于是在接下来的阶段里,创伤状态呈现出最典型的显现;它的特征是(a)释放现象(discharge phenomena),范围由讽刺的双关语到莽撞的攻击爆发行为(杀死 Polonius);和(b)撤退现象(retreat phenomena),范围由哲学的沉思到深度的忧郁专注。

客观而言,我们的个案并未面对如哈姆雷特的整体世界支离破碎的影像所加诸他可调查探知的任务等级。但是,相对的失衡在自恋脆弱者的脆弱或不完整结构化的自我里被建立了,这可能产生一暂时的临床图像,很类似于莎士比亚藉由其作品中的伟大王子所呈现的。

然而,分析师的存在和分析师对其个案创伤状态的回应是很重要的——不只因为它们对于被分析者被淹没了的心智装置可带来很快的舒缓,更是因为它们贡献给个案获得对其心智失衡状态和其复发的创伤状态本质原由的了解。

换句话说,如果分析师学会认出这些创伤状态,如果他了解这些创伤状态来自未中和的(常是口腔虐待的)自恋力比多的淹没,而且如果他呈现适当的诠释来沟通其了解,那么个案的兴奋经常会平息下来。例如,分析师必须告诉个案,在先前分析会谈中,其所获得的了解和洞见对他冲击太大,因而他现在难以重获平衡。而不是去重提先前的诠释(例如,在 B 先生的例子里,原始的需求被涵容和触摸到了)的内容——或是非共情的或只是离题的提它——分析师应该告诉个案,有时很难觉察原始愿望与需求的强度,因而它们的满足可能会超过个案一次所能控制的,而现在的状态,是个案在除去其兴奋时的可被了解的企图。如此动力重要的细节,一如 B 先生印象上觉得现在的会谈太短了,可以用他内在精神不平衡的词汇来解释,作为觉察到一种在其张力和处理这张力的能力间的差异的表达。儿童相对于张力的精神重建也可能做到了；也可清楚不只在这样的环境下儿童会需要一个驱散张力的成人，而且因着个案的母亲未能在其儿童期让他有这样的最佳体验，个案会暂时地再体验这个原始状态。

　　所有前面这些叙述，只能被视为是例子，用意是要去描述分析师在其个案精神失衡时刻里的一般态度。在我的经验里，要指述个案的这兴奋并不困难，而且个案通常不止很快的平静下来，并且对于在这过程中的自己学习甚多。最后，但非最不重要的是，一种朝心理结构的建造启动了。所获得的洞见让个案可维持对自恋张力的觉察，因而疏通它们进入种种的理想背景。更且，他逐渐学会在没有分析师协助下，开始去掌握这些渐增熟悉的张力状态〔过渡地，当个案有时被兴奋淹没时，例如周末期间，他们有时候将会想象着分析师的存在。或者他们将对自己重复分析师的语言——但这些粗略认同会或早或晚被抛弃，且会被真实内化了的态度和甚至特定的独立地浮现的个人收获所取代。例如，被能力（诸如幽默）的流畅所取代，这些能力过去已经以一种始基和潜藏的形式存在，但先前并无机会发展〕。

第九章　自恋移情的临床描绘

像现在我要做的解说，不只是在论证理论上的定理和它们于精神分析元心理学（包括发展上的考虑）里的合理性是困难的，而且在展现它们的实证基础和临床相关性上也是困难的。没有发明出单独的解说可能成功，但我们必须在理论观点、临床案例，以及较宽广的理论陈述和个案报告之间，交替重复。只有藉由一种追求多重逼近的模式，才可能产生出企求的结果，即对于我们所正在处理之现象的理论统整和临床实证之了解。

除了作为另一个一般准则的施行之外，临床观察和理论综合论述之间的伙伴关系，必须保有其在精神分析里的科学进展上的非常核心的位置。下面的案例研究呈现了两个特定的目的，然而，这两个目的并不相关。

1.后续的临床报告是被提供作为说明一夸大自体的治疗式激活，是相关于个案的主要精神病理的案例类型的例子。对照于数个先前的案例，临床数据是被引用来描述某些镜像的移情和精神病理的特定样子，在这个案的精神病理中，镜像的移情则是统整的治疗显现。下列某些临床细节概述以及对潜藏病理的摘述纲要,目的是要有一完整(长期及深度两者)程度的了解,以一瞥自恋型人格这次群组的整体结构。因而,在现在的研究架构里,这样的个案应被视为占据了以镜像的移情为主要材料的位置,类似于个案 A(见第三章)所占据的,以理想化的移情为主要材料的位置。

2. 作为夸大自体的治疗式激活的第一个样本外,这临床材料也将作为开始去扩展某些基本的动力-结构状况的理论探索(由第七章开始)的观点,这些状况呈现于自恋人格困扰里。稍早的检查涉及以下两者之间的关系(1)精神里的垂直分裂,这常见于自恋型人格障碍;和(2)精神里的水平分裂,我相信这存在于所有有这类困扰的个案,或者(较少见)单独存在,或者与垂直分裂结合(这是一般的情况)。如稍早指出的(特别是在 J 先生的案例里),水平分裂的呈现常难以确定,且可能很容易被忽略。虽然水平分裂的自恋结构有深度影响效果,这些效果通常比垂直分裂区段的公然展示夸大所引起的效果更不显著。在审视水平分裂的自恋结构显现出的相对地较不显著的质量时,强调下列叙述是重要的,一方面,一仔细且系统化的精神分析调查,总是会显示出精神里之水平分裂的呈现,然而另一方面,有人确实会遇到苦于自恋人格困扰者的精神里并未显示明显垂直分裂的存在。在后者这些例子里,原始的自恋结构(例如原始的夸大自体)沉潜了,而且未与人格的成熟层面成为整合的。这个发展上的裂隙相对的静默结果,是种种在自恋领域里的人格缺陷的呈现。这些缺陷(诸如自尊的缺乏)中的某些,是由于迈向成熟的、接近现实的结构(例如,自体的意识上的表象)时的自恋养分可及性的不足,结果大量的自恋力比多保持集中于潜藏的原始结构上。其它困扰(诸如疑病的成见和羞耻倾向,以及阵发性地建造防御傲慢的易碎之墙,且有时会伴随着焦虑轻躁的兴奋)是由于圈围不足的原始结构不受控制、间歇的发作入侵精神的靠近现实层面部分之故。

然而，在大多数镜像移情的个案里，垂直分裂的夸大占据了行为阶段的核心，而潜意识的水平分裂夸大，只在往垂直分裂区段与现实区段整合进展的完成达显著程度后，最终才被拉入修通的过程（见 J 先生的案例报告及图 3）。创造的动机和垂直分裂的维持大致上是可理解的：这是在自恋领域里，对应于特定精神经济失衡威胁时之特定焦虑。然而，在垂直分裂区段和现实自我间的障壁的本质，以及藉由什么来获得其效果的方法，需要更进一步的研究。当被鼓励去面质分裂区段显现的傲慢和自恋的主张时，现实自我所激活的元心理学对应本质是什么？为什么精神的右手（坐落于中央的现实自我，带着它的低自尊、缺乏进取心、羞耻倾向和疑病）不知道自己的左手（夸大、分裂区段）在做什么？如我所倾向于相信的，是否障壁类似于否定机制，如同弗洛伊德（1927）在恋物癖里所描述的类似情形？

不论这些问题有多重要，下面的个案报告将不去关注精神的垂直分裂区段，而会去关注维持水平分裂的障壁。换句话说，我们将检查我们的发现，这些发现在很多方面近似弗洛伊德（1915b）描述的心理状态，那些状态形成了古典的移情神经官能症的基础。因而，一个关注自恋型人格障碍精神里的水平分裂本质问题是——这是 J 先生的情况，是否水平分裂只在相对于垂直分裂的领域已有足够进展后才变得明显，或是（这似乎是下面所要描述的 K 先生的情形）致病的夸大自体主要是以一潜意识形式呈现，亦即，埋藏在人格的深处里。

我企图澄清的特定问题，与两个相关问题有关：(a) 是否自恋结构可说是存在于压抑里（不论自我可能采用其它任何一种支撑潜藏压抑的次发防御）；而且，如果第一个问题的回答是肯定的，(b) 是否（前）意识相关于压抑了的自恋结构（在 K 先生里，主要是夸大自体）的元心理学的材料和行为的显现，是激活了的潜意识结构与合适的（前）意识心智内容的混合，关于这点，弗洛伊德（1900）是使用"移情"一词来描述。移情的意义已逐渐由弗洛伊德 1900 年结构动力的定义，转变成现在临床上所接受的较广定义。它所指的概念似已失去其早期之元心理学方面的精确。然而，如同我在别处（Kohut，1959）的主张，弗洛伊德早期对于移情的概念化，现在无疑的已失去其基本的、标定方向上的重要性。

　　将这些先前引介的考虑谨记于心后，现在我们可转往临床方面的描述。起先它主要是关注某些梦的材料，在 K 先生（一个四十出头年纪的工业工程师）的分析中，他在一短暂的理想化阶段后，对分析师已形成一相对稳定、比较静默的自恋关系。这移情最先在融合与孪生关系之间的边缘上，很少有关客体样子的阐明；稍后，对于分析师的共鸣、认可和肯定有了渐增的要求；亦即，严格词汇意义下镜像的移情逐渐被建立了。

　　现在我将聚焦的临床数据，是关注个案预料与我的分离，或约定时间改变时的某些反应。在这些环境下，个案通常不只倾向于变得退缩、情绪表浅和弥漫着忧郁，而且在其梦里也会显现出一种惊人的改变。通常在他的梦里充满了许多人；然而，当面对与我的分离时，他会规则的梦到复杂的机器、电线缠绕，和常有旋转的轮子。最初他未觉察到自己的情绪反应（其自尊的严重降低）是相关于分离的这事实；而在客体力比多和客体攻击的层次上的诠释未产生重要的进展。例如，其梦中旋转的轮子所表达的，并非我原先所想的他藉由干扰我的活动，希望我不要离开的期望；它们表示的是一种退行到身体张力，和退行到对于自己的强烈关注，类似于因某些重要儿童期创伤后的自恋张力状态疑病成见的早期体验。电线、轮子和机械类的梦的其它方面，可在稍后的分析里被了解——有时会被很详细的了解——如同是指其身体的某些部分。在个案的儿童期里，当他觉得被忽略和抛弃时，他就会担忧和幻想自己的身体。

　　以一般用词陈述，我们可说，像这个案的例子，当刻的自恋损伤后，可能随着特定潜意识的自恋的和自体性欲的结构的浮现——亦即,早期阶段自体的浮现,和自体解体之前驱物的浮现——对这些结构的分析,会导致回忆起儿童期里自恋的和自体性欲的反应。依序这样的观察,提供了特定自恋的或前自恋的聚焦存在于精神里的假设的实证基础。直到藉由自恋力比多的流入而变得过度灌注(力比多)前,这仍维持为潜意识的。因近期的自恋损伤结果,自恋力比多已由现今的自体撤回,并转而朝向那些压抑了的原始自体表象。

前面的临床描述,示范了潜意识自恋结构的存在,亦即,特定压抑了的、关注着自体的理想和幻想的结构被灌注以自恋的能量。然而,潜意识结构的单独存在并不是移情,而是移情的先决条件;附带地,我们必须探查早期的自体表象(在它激活了的状态里)是如何运用其影响力到相关于当前现实的思考内容。而且相反地,它也对当前因素(它被再度激活,以回应有如心理触发物的当前事件)有反应。在我们的临床例子里,我们确实可辨识出治疗地激活了的过去与现在这两种关系:(1)混合早期身体和自体的想象的梦里,带着日间的残余,以前意识概念关注机器和电气系统(被个案当前的工业技术兴趣所刺激)的形式;和(2)等同于治疗期间开始使退行运作的事件(诸如晤谈的缺席),和那些触发了儿童期里类似的灌注(力比多)变换(双亲的撤回)。

我们将先把我们的注意力指向机器的梦、旋转的轮子,和电线。机器的梦之元心理学建构是严格的元心理学里移情一词的意义(Frued, 1900, p.562;也见 Kohut, 1959; Kohut and Seitz, 1963)。然而,这仍不足以认为一前意识的日间残余(当前关注机器的想法)成为了压抑的潜意识内容(原始的身体自体)的载体,它可因着我已示范了只有表象象征的形式上退行而被确定。换句话说,可视为我不过是呈现了个案非通过语言思考来处理潜意识的内容,而是通过图像语言之助来处理的,图像语言在睡眠中变得是可及的,类似于喜尔柏(Silberer, 1909)描述的催眠退行。

然而无疑的,个案梦中的机器是通过个案的整个人生而构成,是其一个自体体验扩展的重要意识维度。他的童年的机械玩具、雪橇和三轮车,已成为具有克服特定的原始自恋,以及特别是自体性欲张力的关键意义(对于自己身体的疑病忧虑);而各种机械的技巧以及特别是其处理复杂的移动式装置(例如,他是个熟练的滑翔机飞行员)的突出能力,在其成人生活的自尊维持上,扮演了一个决定性的角色,且维持是其自体形象的一个重要构成物。考虑了这些因素后,我们可说机器的发生于他的梦中,不只是因为它们对于图像表象的适用性,而且也因为类似于关注移情神经官能症里的客体挣扎的梦境里的移情,机器的外貌可被了解为如同当下的自体表象和原始的自体表象之间合并与妥协形成的结果。在一个对个案自尊(失去自恋体验的分析师)的打击之后,(前)意识自体表象变得去灌注,且来自儿童期潜意识的原始自体影像,在夸大自体和它的自体性欲解体之间的边缘,变得过度灌注(力比多)和力求表现,身体自体里会有具威胁性的痛苦自恋张力。结果是梦的妥协,在这妥协里,老的和新的混合,且建立一暂时的平衡。

先前的元心理学精神分析,示范了数种在某些自恋形成与类似的移情神经官能症里的移情结构间的相似性。在这两者的例子里,压抑的结构首先被本能能量过度灌注,这本能能量已由一前意识表象被撤回,且经历了退行的转化;而过度灌注(力比多)的结构于是侵入前意识的自我加以融合,以混合与妥协的形式与这心理领域的适合内容融合。这相似性是否大到足以让我们说这样的梦是移情的现象?看第一眼时,有人会强烈怀疑这样的说法,因为缺乏客体本能的灌注这个就元心理学的而言是移情基本元素之一。更且,除了被激活了的本能力量之自恋质量方面的决定性事实外,甚至没有认知观念所定义的客体呈现出来:既无潜意识幻想里之身体自体的表象,亦无前意识所想象的似乎具有客体质量的机器的表象。

如果我们现在由梦的元心理学评估转到触发自恋力比多退行的事件，我们会获得我们是在熟悉领域的立即印象，亦即，我们正在处理一种移情反应——或许不是最严格的元心理学词汇下的意义，但至少是在其更广的临床意义里的移情反应。而事实上大多数在精神分析里获得的资料，似乎肯定这个初步的印象。在除去许多表层的阻抗之后，个案情感撤退的发生，是对分析师于将来临的假期或休假等等而取消或更改约定时间的反应，这一点变得相当清楚了。另外也可确定，类似的反应在分析开始前（特别是与他太太的关系；这些方面持续的与个案对分析师的反应齐步发生）已发生，而且它们发生于儿童期里当他的父母离开他时。最后，新增的证据赞同了这样的重构，许多确认的记忆支持这点，即当个案三岁时，母亲的怀孕和弟弟的出生，以及母亲随后伴随的由个案撤回，已成为一主要的自恋固着焦点，这不只决定了其后来人格发展的大部分，且无疑的成为某些他后来对分析师反应的核心。

必须强调的是，弟弟的出生不能被视为儿童自恋发展困扰的基本原因。是母亲的自恋人格及儿童与她的整体致病关系，既前导又尾随着弟弟的诞生，才成为这样的创伤冲击和病态结果的原因。我们甚至可假设如果没有另一个儿童的话，自恋的固着也已建立，因而我们可能可以假设，分析环绕着弟弟出生事件这期间的环境记忆的重要性，是因它们已成为朝类似的（早期的及后来的）起源体验的望远镜式观点倾向的焦点的事实。事实上，弟弟的出生在某个意义上可能对个案的精神发展也有正向贡献，特别是在其自恋的领域上。它中断了个案与其矛盾的母亲的纠结关系，并推动了两个由发展僵局逃脱的特定企图，其中一个不幸失败了，另一个只有部分成功。失败似乎是发生在他与父亲的关系里。在儿童为其自恋张力寻找客体的时候，父亲常是儿童转向的对象，这是在如此情境下非常典型的动作。虽然他应该已成熟到准备好面对这个阶段（这时他三岁半），把自己依恋到父亲，如同依恋到钦佩的、理想化的双亲影像的企图，因着三个原因而失败了：(1)母亲的微妙但极有效的干扰；(2)他已完全被与母亲的强烈令人满足的纠结关系所吸引，其先前的发展让他仍未准备好去面对现在突然需要的转变；而更重要的似乎是(3)这被他人轻视的父亲(例如，他秘密的较低社会经济背景被拿来与母亲的贵族家庭做比较)无法耐受儿子对他的理想化，于是从儿子身边退缩了。

这儿童通过身体活动去释放自恋张力的尝试是较成功的。虽然它们总是处于夸大与非现实(因而经常危及其生命与健康)的边缘，它们确实包含少量的升华可能性，并提供一个可获得某些潜藏的夸大幻想和表现癖现实满足的阶段。

我们对K先生完成这有意义的治疗转化所涉及的自恋使用移情这词正当吗？我相信这问题的答案不是一清二楚的，且大半依赖分析理论家的个别倾向癖好而定。不去追求这些理论的议题，替而代之的，我将保持词汇学上的开放，并转到临床材料方面的论述。我将列举关于具体的、体验的角色的最重要因子，这角色是分析师在分析过程期间为了个案而扮演的。

1.在分析的早期阶段，个案已显示对分析师及其专业能力很钦佩的证据。这态度(一理想化的移情)快速自行建立，维持了数星期，然后逐渐被较沉静但强烈的连结所取代，对此连结的困扰形成了个案梦境内容改变的背景，这已在前面讨论过。这移情连结很少包含客体的阐述。然而，很少材料浮现的事实，指向了个案觉得自己寂静地与分析师融合，或个案体验分析师为一个另我(亦即，某个像自己的人，他可以与此人分享自己的想法与体验)的事实。这个自恋的关系，让个案可以逐渐显露自己的强烈自恋需求，特别是他在体能领域里的表现癖和夸大的渴望。这个材料特别关联到当他母亲由他转离的时候，他母亲以前给了他强烈(虽是病态地延长了的)、无条件、无选择性的自恋满足。这儿童于是企图疏通其自恋力比多进入一与父亲的理想化关系;但是在这企图失败之后,他似已撤退到一种与(另我)玩伴①关系的幻想里,这幻想与忧郁气息笼罩的孤独(在这孤独里,他必定激活了某些与母亲融合的过去感受)交替着。在通过初期的理想化阶段,且支配着分析的次发的孪生—融合(twinship-merger)移情的躯体组成后,这些夸大自体的阶段在分析里被复苏了。然而,当分析继续进行时,融合-孪生关系逐渐被一种狭义的镜像移情所取代;亦即,个案觉察到自己变得更多地要求来自分析师的赞同、共鸣和肯定。然而很清楚地,即使是在这时候,要强调的仍不是在分析师身上,而是在个案自己和他的自恋要求上。只有在个案的长时间分析的最后一年期间,确实有更整合的理想化移情似乎再次建立了它自己。这显示出导向一特别关于他的理想化企图(关联到当他被母亲拒绝而转向父亲时)的最后修通阶段。在此例子里,有一个外在事件不幸地让分析必须明智地在那时停止,因而无法获得一个对此最后阶段的可靠评估。然而,短暂出现的更新了的理想化,也常在分析的中期当融合-孪生的移情掌控了情境时呈现。这些理想化的短暂时期,当自恋力比多移动中的某些短暂的过渡阶段显现时,能轻易的被辨识出来,尤其是当个案在对分析师的融合-孪生关系里,建立其夸大自体的基本激活被短暂中断后。一早期短暂的理想化双亲影像(在分析的主要部分期间,作为夸大自体的长期激活的短暂前驱物)重新激活的重要性,已在次发的镜像移情(第六章)的背景下被讨论过。我在此的主要兴趣在于相对稳定的移情,这形成了分析期间的基本修通过程的基础。因而,下面我将转到这个长期的连结,以及特别是它在治疗过程里

---

① 在一不同背景下(见第七章)提到的个案 C,从与童年类似的时期回忆到自己的童年,那时他幻想着这新生婴孩(在他的预期想象里:一个双胞胎)将会是个玩伴,且因而将会成就其它于再建立自恋平衡里的某些角色,这自恋平衡被其从前自恋地纠结的母亲怀孕所严重困扰,这母亲现在已由个案撤回了。

的某些变迁。

2. 如所提过的，这基本上是一种或多或少沉静的融合-孪生关系，带着很少或甚至不带有明显或暗中的对分析师钦佩的证据，也没有相关于客体样貌的阐述。分析师被接受得有如一静默的存在，或者在稍后关系的镜像变异里，有如个案表达时的共鸣回响。分析师成功的诠释，主要是关注于个案现在及过去的自尊，和个案现在及过去的抱负与企图心。虽然这些诠释有时候激起了严重的特定阻抗①，分析师的存在被体验为或者是与夸大自体融合，或者如同是双胞胎般的复制品，提供了一个重要的缓冲功能，而个案的自体评估于是在可掌握的张力（极致的情况是，焦虑的乐观兴奋，随后跟着藉由通过各种自体放纵模式来平静自己的由过度刺激中撤退）摆荡下继续前进。然而，整体而言，分析过程引导个案进入一可预测的向前方向，朝更现实、更扩展工作能力，以及更增加担负适当责任的能力。

3. 每当面对预料与分析师分离（或类似的事件）时，分析工作总会进入停滞，这样的情况威胁着藉由另我分析师的存在，或与分析师融合而提供的恒定缓冲功能之维持。在这阶段期间，个案会觉得退缩、平淡及被拒绝，除了例外的报告了在这些时候规则发生的机器之梦以外，他没有除了他的心情、身体，和心智状态情况以外的其它关联想法。特定地说，在这些时候，没有指涉到分析师的任何事，除非稍微到了治疗的后期，关于他的张力是由于与分析师的分离，才能被拿来作为一种渐增之（前）意识了解的表达。

4. 对分析师感受的词汇诠释的论述，无论它们有否可能处理对于挚爱的渴求，或对愤怒的报复和破坏，产生的效果很少，且感觉起来单调平淡。另外，只要重构是被以努力朝向儿童期影像（特别是个案的母亲）的客体力比多和客体攻击的词汇来表达，如此起源上的诠释也

---

① 见第七章中这些个案在面对修通过程时遭遇的阻抗的讨论。

一样很少产生进展。

5. 然而，一旦个案的反应（现在和过去的）在自恋的层次被趋近，就开始会有重要的进展（在他的梦里，轮子停止转动且有了煞车）。具体而言，我们开始了解到，在分析的早期，个案不是以一个分离的、不同的人来体验这个他或爱或恨的分析师，而是如同以一个静默的复制品，或是他自己的婴儿化自恋的扩展来体验分析师；因而分析师的存在，保护个案免于屈从自己严重的自尊缺乏，及免于疲累与相关于它的缺乏动机诱因，正如另我的玩伴（或者是完全想象的，或者尤其是后来他在真实的玩伴身上所编织的孪生关系幻想）部分地保护了他，且让他保持一少量提供自尊的身体活动（一辆三轮车在此扮演了最重要的角色），即或是在他的母亲由涉入他的体能表现和对其成就的夸张赞赏中突然地撤回（之前过度强烈和阶段不恰当地不合格）下仍能维持。在分析的后期，大半是因着关于分析师的另我状态修通过程的结果，当融合-孪生关系在某种程度上被一严格定义(sensu strictiori)的镜像移情取代时，诠释的内容改变了，而个案学会去认出现在感受到的自尊枯竭，以及自己的苦于性格的痛苦疲累，因为他体验到了将来临的分析师的缺席（或其它任一虽然外表看来很不同，对个案却有相同情绪意涵的事件），如自恋灌注（力比多）的由一夸大自体撤回，这夸大自体是需要在一赞赏人的母亲面前不断表演的。然而，在任何一种情况里，或者他剥削分析师如同扮演其延伸的另我角色，或者作为他的共鸣、赞赏，和肯定镜像的功能，自恋的投资由它所维持的层次退行，而自恋的移情相对地未受困扰，并且它强化了对于概念上统整夸大自体的较少分化之前驱物（原始的、解体的身体自体）的灌注（力比多）。然而，原始身体自体的过度灌注（力比多），导致痛苦的自体性欲的张力状态，这状态是个案以关注自己身体与心智健康的疑病成见的形式被其所体验。我们可以这么说，在夸大自体的领域里，一种由自恋到自体性欲,由自体统整到自体解体的退行,已经发生了。

个案母亲的人格对形成个案相当严重的自恋固着的影响,难以被细查。如前所述,环绕着当个案三岁半时弟弟出生的相关记忆,显示出这事件是个案与母亲关系的转折点。然而,作为对儿童自恋固着回应的主要外在起因环境(当与关联于儿童的精神内在所阐述和反应的外在影响的起源数据区别时),是一个心理社会的环境,换句话说,事实上,个案自恋的母亲似乎在一段时间里只能与一个儿童维持关系。

母亲在这方面情绪上的限制,常常可被那些受苦于自恋型人格障碍的个案的儿童期历史所确认,是他们的困扰的原发原因。这些个案最初浮现的记忆似乎是指向手足的出生。然而,不是手足的出生要被责备——大多数儿童确实由这样的事件中幸存下来,而不带着自恋领域里的失能固着——而是母亲与较年长儿童的自恋纠结完全且突然的转换到同样专心地对新生婴儿的涉入。正确地说,这样的母亲似乎只能对幼小的、前俄狄浦斯期的男孩(父亲经常是被贬抑的,而较年长的儿童经常被情绪上地忽略,或被她矛盾地婴儿化了)感受到真正的情绪;但是当这样的关系延续下去时,确实是一种非常紧张的关系。前俄狄浦斯期的男孩被母亲以自恋力比多强烈灌注,而且母亲对这儿童如此的赞美态度,就男孩的同调需要而言,被维持得超过了仍属阶段恰当的时间。然而,一旦另一个儿童来临,母亲以自恋的灌注(力比多)投资到这个新婴孩,这自恋的灌注是她由让较年长的儿童带着创伤性中断的情况下撤回的。

在此可附带一提,个案双亲的致病人格的客观评估,虽然有时候在分析里是策略上有用,因为这样一种在知识掌控方面的行动,可能会对个案的自我提供支持,但这不是严格而言的精神分析任务,而是属于精神分析对社会心理学最重要的扩展和应用：是儿童的环境①的精神分析检查报告。在此,我必须重复提到,在很多例子里,父母被儿童延长了自恋体验的情况,似乎在一自恋固着的父母对儿童之类似态度做回应时发生。在这方面父母困扰的光谱,可由轻微的自恋固着到潜伏的或明显的精神病。我的印象是,父母之一方有隐蔽的精神病特定类型,比之明显的精神疾病,更倾向于在自恋里产生较广与较深的固着,而且特别是在前自恋的（自体性欲的）领域。在双亲之一有明显的精神病例子里,儿童常常更会被由这样的父母的有害影响下移走,甚至这样的父母在未住院治疗下,儿童也会被移开,事实上这样的父母行为上的大大不正常,会被环境所知。儿童因而在他努力朝身体－心灵－自体的自主核心发展时,被支持了。

一个严重病态父母（他不只能通过合理化掩饰其精神病的显现,也能藉由创造一大群跟随其理想的人来获得环境的支持协助）的影响结果,可能可以由尼得兰德（Niederland，1959b，1960）和勃美亚（Baumeyer，1955）收集的对于薛伯（Schreber）父亲之的证据来了解。由这些作者所呈现的证据可推演,不只是这父亲的人格对儿童有严重的致病影响,而且母亲臣服、淹没、混杂于父亲的压倒性人格,因而让儿子在面对父亲的病态冲击时没有避难所。什么是薛伯父亲的病理？我没有可接受的诊断类别,但我相信他呈现的并非严重的神经官能

---

① 因为我在此正表达一种对儿童环境里的客观肯定因素的调查上的偏好,就最严格的定义而言,如同身处精神分析领域之外,故我必须清楚说明,这样的偏好并非任意的,就我的判断,是立足于有用的区分下面两者：(a)起源学的观点,精神分析元心理学的基本取向之一（见 Hartmann and Kris，1945）,和(b)病原学的调查（这是以概念的和技术的工具来实施的,这些概念和技术工具属于许多相邻领域的训练方法,诸如生物学、生物遗传、社会学和社会心理学等等,这些只是举其中的少数例子）。精神分析里的起源学取向关系到儿童的那些主观心理体验的调查,这导入了在精神力量和结构分布与进一步发展里的一种慢性改变。另一方面而言,病原学取向则关系到那些客观肯定因素的调查,这些因素（与儿童的精神互动,有如儿童的精神是在某个瞬间被组成的）可能会——也可能不会——引出起源方面的决定性体验。

症,而是一种精神病特质的结构,在这样的结构里,现实感保持大略完整,甚至虽然这样的现实感是为精神病服务,是为一种核心的固着成见服务。它很可能是一种痊愈了的精神病,也许类似希特勒(Hitler)(见 Erikson, 1950;以及尤其是 Bullock, 1952),他由一种孤单的疑病阶段崭露头角,带着犹太人侵入了德国的身体,且必须被根除的固定想法。薛伯的父亲带着这绝对信念支撑其核心想法,他带着盲目的狂热追求其弥赛亚式的健康目标,我相信这些目标透露了它们的深层自恋和前自恋的特质;而且我会假设,对疑病张力的恐惧,是藏在他相当明显地对抗手淫的争斗后面,而以他在体能文化领域里众所周知的教学形式施行出来。这些狂热的活动,虽然大多数通过他的书籍(主要的,例如 Das Buch der Erziehung an Leib und Seele, 1865)媒介呈现给大众,且存活在其儿子的身体之外,是一种隐藏的精神病系统的表达。换句话说,父亲体验这儿子为自己的精神病自体世界之一部分,而不是分离的。我相信在此安置了一个儿子的深度前自恋固着的主要来源。当被包含了刺激人的与压迫人的成人隐藏的前自恋妄想系统时被刺激与压迫,并不会促使儿童的客体力比多的性幻想,或被导向去对抗客体的复仇幻想,有更进一步的阐述,而是会使儿童易于形成一种性与攻击驱力的自恋和前自恋的(自体性欲的)分布。

当然,前述关于薛伯的妄想症的思索,确实只间接支持自恋人格困扰之病原学问题。在多数后者的例子中,父亲的病理并非是精神病,而是与一种自恋类型的性格畸形一致,这样的自恋类型决定了父亲对孩子的态度,也因而导致自恋的固着。但是我也见过数个自恋型人格障碍的例子,在他们里面有强烈的证据显示,双亲的关键病理是明显的精神病(例如,个案 C 与 D 的母亲似乎都是潜藏的精神分裂症个案;个案 J 的母亲在年长时发展出一关于其附身的明显被害妄想系统,在检视 J 先生的特定精神病理时,这关于附身的被害妄想是一个重要的特定症状)。

然而，我将不在自恋型人格障碍的病原学心理因素的角色问题上做任何更久的逗留，但将以 K 先生的精神病理结构——以及分析的相关过程——的摘要来总结前述的考虑，这自恋人格困扰的特定个案，在此作为一夸大自体的治疗式激活的例子。在他通过理想化其父亲，企图重新获得自己的自恋平衡失败后，这孩子退行至其夸大自体的激活，亦即，基本上退行到自恋情势的病态版本，这版本是过去在母亲离开他时就拥有了的。伴随发生的是在早期夸大自体阶段上，及早期身体自体的原始表现癖上的固着过程，和这些结构的一部分（另一部分升华为个案的运动兴趣）的压抑，创造了他的精神组织的永久致病核心。这在他于分析中建立自恋的移情期间，流向逆转了。它以一种短暂的理想化移情（复苏了要去理想化父亲的企图）作为开始，这移情随后很快地跟着一长期的次发夸大自体的激活，亦即，藉由自恋的母亲移情，这最初是在一个融合–孪生关系的形式里的。最后，融合–孪生关系逐渐被一种狭义的镜像移情所取代，带着强烈体验到的对赞赏的要求，以及期望暴露自身和自己的本领给分析师看的要求，这重新激活了某些他早期与母亲的纠结关系的显著面向。进入分析的尾声时，在修通有关的次发的镜像移情的过程完成后，理想化的移情重新建立了自己（作为重要自恋的父亲移情的重新激活）。

此个案精神病理的基本致病心理结构因而是自恋的结构，且分析期间的某些关键动力移动（例如，机器之梦的显现），不是由客体爱到自恋的心理转换，而是由一个自恋情势（融合–镜像的移情）到另一个自恋情势（在一自恋的原始阶段和自体性欲的、解体的身体自体之间的边缘）的心理转换。这个个案在镜像移情里的夸大自体的重新激活，因而主要不是被了解为往全然的客体爱（事实上，个案的人格有其它的区段，在这些区段里，他已获得客体投资相当可观的深度与广度）之路上的固着点的复苏，而是在往自恋的主要形式之一的发展之路上的固着点的重新激活。与母亲的病态关系（她对他的突然失去兴趣），以及企图去理想化其父亲的失败,对客体爱发展的困扰,并不像它对成熟的企图心与自我目标获得的困扰那么大。它与下列事实非常一致,即个案的主要外在精神病理,不在于他去爱,以及他在人际关系领域里的能力,而在于他恒常稳定地让自己专注于工作,并委身于值得的以及吸引人的长期目标的能力。于是夸大自体未转化进入现实的企图心与目标,并且未采用它的本能投资以得到健康的自尊感,替而代之的却是原始的夸大自体保持未修饰,且自恋力比多的大部分不只是持续投资到这个未修饰的结构上,而且有时候甚至也投资到自体性欲的、解体的身体自体上。结果会是一种在成人现实领域里有意义的工作与成就被排除了的生命;然而,他可能藉由参与(且很成功)各种体能活动和运动,尤其是那些涉及快速运动者,找到纾解自体性欲的身体张力和危险的夸大幻想两者的方式。这种适应方式的不可靠性,导致持续地涉入社会冲突,且无法避免忧郁状态和内在耗竭的发生。

第十章
分析师对理想化移情的某些反应

可能可以预期分析师在自恋型人格障碍里的主要反应(包括他的反移情),是源自分析师自己的自恋,以及尤其是他自己未解决的自恋困扰。本质上这些现象与那些发生在被分析者身上的并无不同,而它们在此将只被考虑为在分析师里被激活了的对限定于自恋个案的一群移情的反应范围。检查当分析师主要面对个案在理想化移情里父母的理想化双亲影像所面质时会显现出的各种反应,将能与检查那些发生于当个案的夸大自体在镜像的移情(见第十一章)里已成为分析工作焦点者分离出来。

我将以一个具体的例子,引介分析师对被分析者的理想化移情的反应。

以前,我向一位同事咨询关于一个年轻女士(L 小姐)在分析里过久的困境,这困境似乎在治疗的一开始就存在了,且在两年的分析工作里均持续着。暂且不论他给了我有关个案史和分析资料回顾的这个事实,最初我无法决定困境的原由;且由于个案(一个情绪表浅、少变动的,及性关系混乱的女性)显示了一种在建立有意义的客体关系能力上的严重困扰,并呈现了严重儿童期创伤的历史,我起初倾向于同意分析师的看法,即个案自恋固着的程度,避免她去建立最少量的移情,而没有这移情,分析是无法进行的。个案显示了一些对分析师与治疗有兴趣的证据,然而,这并不支持她那看来全然悲观的信念;困境似乎从治疗的一开始就存在了。因此我要求分析师给我关于分析早期的说明,并特别注意他这方可能被个案体验为严厉拒绝的活动。

　　这位天主教徒女个案最初移情显现的几个梦里,包含了一个属灵的、理想化了的神父的形象,这些早期的梦未被诠释,分析师记得(清楚地是对抗某些阻抗)他那时对个案说,他不是一个天主教徒。他似乎不是因着个案的梦而给她这个资料做反应,而是因为他由个案所假想的需求,认为个案掌握的现实很少。这事件一定对个案很重要。后来我们知道,在起初的尝试移情阶段,她一再提到一种开始于青少年期的理想化宗教奉献态度,这依次出现的态度是儿童期早期体验到的模糊敬畏和赞赏的复苏。稍后由分析资料获得的对这个案的结论是,这些最早期的理想化已成为一种企图逃避创伤刺激和挫折(来自其严重病态的父母)所引起的怪异的张力和幻想。然而分析师误导的去说明自己不是一个天主教徒——亦即,不像她梦里的神父,并非一个个案理想化与健康的版本——被个案视为是一种严厉的拒绝,并导致分析的困境。在分析师多次咨询有关这个案及自己对她的反应的协助下,分析的困境大都可被打破。

　　我不是正在聚焦于起初的(理想化)移情的特定重要性上,也不是聚焦在分析过程中的分析师失误的特定效果上——在这例子里,它可能部分是被个案所激起的;我是有兴趣于一种反移情症状的解释。单一的观察不能获得有效的结论,但是各个因素(事实上我观察这些因素间的类似发生情况;一个完全一样的情况发生于我所督导的学生身上）的结合，让我可以高度可信的提供下列的解释。分析上不当地排拒个案理想化分析师的态度，通常是产生于来自分析师自己里面的激活，即当他压抑了的夸大自体幻想被个案的理想化刺激时的痛苦自恋张力（体验为一种困窘、难为情和害羞的，并且甚至导致疑病的成见）的防御。

分析师被个案理想化时的不舒服，特别容易发生于当理想化来得又急又快时，亦即，当分析师意外被掳获、且没有时间在情绪上预备自己去面对个案突然的自恋的理想化力比多突如其来投资时的反应。当一个人暴露于到处遍在的公开而强烈的奉承阿谀（谚语："当面的赞美是一种侮辱"）时，当然会有些不舒服。因而虽然分析师的人格并无过度的自恋脆弱性，可能仍必须去抗拒想防止个案赞赏他的诱惑。然而，除非有这方面不寻常的脆弱性，这些反应会被控制，且会被与理想化移情（以及与个案对它的内在阻抗）的适当开展上更一致的反应和态度所取代。然而，如果分析师对自己对于自恋张力的耐受与尤其是他已形成了（经由认同与模仿，或由自己本身的）一种稳定的或者准理论上的坚信、或特定的人格防御、或（常有的情况是）两者均有的反移情态度的觉察不足，那么他对自恋人格困扰的某些个案类群的效能就会受损。

是否对个案理想化的拒绝是以平淡的（很少如此）、或精妙的（较常见，如所报告的例子），或（最常见的）几乎被正确但过早给与起源的或动力的诠释（诸如分析师很快唤起个案的注意力到其过去的理想化人物，或者去指出潜藏于个案理想化对方背后的敌意冲动和轻蔑的想法）来加以封闭，这些拒绝之间并无差别。拒绝的本身可仅仅通过是稍微过度客观的态度，或分析师冷酷的声音来表达；或者在对赞赏人的个案的玩笑倾向里表露，或以一种幽默且温柔的方式来贬抑自恋的理想化（在这情况下，见 Kubie, 1971）。

在此可附带一提的是，是自恋的脆弱性促使许多过度滑稽的人采用了这些特定的防御;亦即,他们持续被迫藉由轻视别人与自我轻视来处理他们的自恋张力(包括自恋暴怒的压力)(在自恋的元心理学架构里,区分戏谑与讥讽,和另一边的真正幽默感,见 Kohut, 1966a)。

最后,当分析师感觉被自恋张力压迫时,他会藉各种方式去面对,分析师可能会企图防止个案明显的理想化(或者藉由某种方式,他被引导去忽略个案藉以伪装理想化双亲影像治疗激活显现的防御)。当个案企图扩张根深柢固的自恋情势时,因为与分析师的比较,而觉得谦卑与不重要(似乎当分析师对他的个案表达尊重时,仍然会出现的诉求),在一次的分析中去强调个案的资产,甚至会是更有害的。简言之,在那些受自恋特质困扰的分析阶段期间,当一理想化的移情开始萌芽时,只有一种正确的分析态度:就是去接受赞赏。

分析师的这些失败,相对于因着分析师精神装置里的精神内在组成形式陈列的理想化移情显现,我们应该视为是反移情吗?这里可附带一提的,这个问题也可在关于镜像的移情里重新激活了夸大自体的分析期间所发生的类似现象里出现,这带给了我们复杂、但现在已熟悉的整套问题。我不想再说一遍问题的那些方面,那视移情一词的意义而定,亦即,是否我们接受它指的是在其动力的与起源的维度里被了解为一种临床现象,或者除了上面所述之外,再加上坚持一种更严格的由地形学的—结构学的及精神经济学观点的元心理学定义(见第八章及第九章)。在此我将只考虑有限的问题,即是否分析师的反应主要是被当前的压力所激发的?或者是否他的错误回应是因为特定的长期脆弱性,而这脆弱性与特定压抑了的潜意识组成形式的危险激活有关?由于我觉得前述起因所提到的这两者的某些都有可能,这个问题的答案不能以一般的词汇来回答,而必须由对于个别案例的分析调查里去推衍。

当同事参与了自恋人格的精神分析治疗,以及类似的自我分析体验有关时,来自这些同事的材料让我相信这些错误的反应可能与宽广光谱里的任何一个点,亦即,由(a)在短暂当刻压力情境里单纯的防御回应,到(b)属于彻彻底底的反移情部分的回应。在第一个情况里,如果分析师了解理想化移情的重要性,而且他愿意让分析情境自然开展的话,督导或被咨询者的解释,或分析师自己的快速自我细查,将会矫正此情况。在这些例子里,对分析师最佳功能的短暂困扰,源自先前说过的某种程度自恋脆弱普遍存在的事实,而公开的赞美和推崇(尤其是当自恋的刺激料想会有预期的张力时)倾向于让最文明的人觉得不舒服且因而变得防御。然而,特定的对于让一统整的理想化态度开展的彻底阻抗,不只可由单纯解释的不足以改变分析师有害态度的事实来认出,也常可由一种分析师回应上的性格特质和僵化来认出。例如,分析师可能会坚信敌意是常常藏在个案期望去赞赏他的背面;他会相信与个案维持友善的信赖融洽关系是需要以谨慎的现实主义来回应的等等。因为如果分析师不是在处理一种理想化的移情的话,这两种假设的任何一种可能确实是正确的。不去参照它基本上已经是钝化损坏了分析师平常的专业知觉力和共情敏感度的事实,他的错误是不会被证明的。当个案表达分析师误解了他的事实,而分析师无法捉住这不可被误解的重要性时,这些感觉经常变得特别喧嚷。显然地,工作中必定会有困扰(潜意识的)因素,当一有体验的分析师困惑于个案的夸张赞美时,这伴随着暗示潜意识的敌意带着理想化的羞怯萌芽蔓须,在理想化移情开始建立自己时,被分析者可能扩张(例如,在其梦中)这种理想化。同样清楚的是,在分析开始时,相对于个案的理想化,分析师自动的去强调自己的现实主义,这比分析师在回应个案的俄狄浦斯挣扎的最初暗示时,抗议自己并非个案的父母,是同样不正当的。

在弗洛伊德给宾斯万格(Binswanger,1913年2月20日)的一封信中,关于反移情的问题,弗洛伊德表达自己的看法如下,他认为它是"精神分析里最困难的技术之一"。"要给个案什么呢?"必须是"意识上地充当,而当需求可能发生的时候,或多或少地恰好。有时候要很大量地……"。稍后,弗洛伊德记下了重要的格言:"因为有人爱他太多而给他太少,是对个案的不公平,且是一个技术上的错误"（Binswanger, 1956, p.50）。

　　目前在自恋人格困扰的分析领域里的考虑,构成了与弗洛伊德关于移情神经官能症分析里的反移情的先前叙述类似的情形。在移情神经官能症的分析里,如果个案重新激活了乱伦的客体力比多要求,在分析师里引发了一个分析师所不了解的强烈潜意识回应,相对于个案的需求,他可能变得冷酷与过度技巧化,他可能用某些方式来拒绝这些需求,或甚至无法认知到这些需求。无论如何,分析师的自我将不会有自由,而且也不能去选择与分析需求协调的回应,如同弗洛伊德所表达的,意识上地去充当他要给个案的"或多或少……当需求可能发生的时候"。一个平行的情境可能发生于自恋人格困扰的分析里,即当理想化双亲影像的重新激活鼓舞被分析者将分析师视为理想化的完美化身时,如果分析师与自己的夸大自体未能达成妥协,他可能以这理想化为一个对其潜意识夸大幻想的强烈刺激来回应。这些压力将招致防御的强化,而且可能(在以一种防御的阐明和扶持里)带来分析师对个案之理想化移情的拒绝。如果分析师的防御变得慢性化了,那么就会干扰一种可工作的理想化移情的建立,而逐渐的修通过程和在理想化双亲影像领域里伴随的转变内化作用就被阻止了。分析师的"工作自我"（Fliess, 1942）的自由度缩减,是由于他无法忍受个案的特定自恋要求。我们语意重述无法让自己被理想化的弗洛伊德的这句话:"或多或少……当需求可能发生的时候"。

　　理想化移情缓慢的分析溶解过程,发生于延伸的修通阶段期间,常是在分析的晚期,将分析师暴露于另一次情绪的检验里。如前所述,在初期阶段,分析师可能会觉得被自己的自恋幻想刺激所压迫;在稍后阶段,他可能会怨恨被这过去都理想化他的个案所轻视。

夸张的找碴和轻视也常发生，以作为防御对抗比较不复杂的理想化移情的建立。有知觉力的分析师将能在这些例子里，毫无困难的认出藏在个案挑剔态度后面的小小伪装了的赞赏。当然，相比于攻击分析师，这些前导或伴随理想化力比多的撤回的防御，需要一种不同的技术取向，而且它们在分析师那里，会唤起不同的反应。分析师处理个案对抗防御理想化移情的建立的知识上的了解，通常将可保护分析师去对抗可能干扰其分析姿态不利反应的发展。

然而，发生于分析后期修通阶段期间个案的攻击分析师，可能确实会给分析师加上一种情绪上的艰困，因为大多数个案（在他们与现实感工作期间愤怒失望的背景下，这愤怒失望会先行于理想化力比多由分析师撤回的波涛）能系缚分析师的某些真实的、情绪的、知识的、身体的和社会的短处。根据我的体验，这领域里的更严重困难（亦即，分析师的反应危及到分析的成功）并不是很常有的。当个案正修通其理想化而发生攻击分析师的反应时，会有许多理由支持认为这些反应是相当无害的。如果分析师的自恋脆弱性很大（附带地说，尤其他对于自恋异常的分析治疗技巧和体验不足时），他的个案可能不会达到一个理想化移情可被系统化修通的阶段，且因而一个在其中自恋力比多可逐渐由分析师撤回的阶段就不会发生。然而，如果一个在这领域里的系统化修通过程被建立了，两个因素会共同去缓和分析师的有妨碍反应的伤害效果：(a) 个案现在减少了对分析师的错误做反应的倾向，而且不只是自恋的和前自恋的飞快地撤回与撤退；以及 (b) 分析师在通过愤怒、情绪的冷漠，或错置的诠释行动化后，已有去重新获得自己的平衡之较大能力。更且，个案理想化灌注（力比多）的撤回的发生，并不会比初期的暂时理想化建立得快，而且个案的错误发现，常会混合着自然摆回其先前的理想化态度。分析师因而开始觉察到这些在赞赏和轻蔑间的转变，且将能以最佳的客观性看待被导向对抗他的攻击，因为他可在分析过程期间被分析者的需求脉络里了解这些攻击。他将抓住在个案对他的攻击、理想化灌注(力比多)的松解,与逐渐强化的某些内化结构(例如个案的理想)之间的动力交互作用。在一困难的治疗任务里进步的喜悦,及知识上了解这进步是如何成就的愉悦,是情绪上的报酬,这在当分析过程证实是对分析师特别有压力时,支持着他。

第十一章
分析师对镜像移情的某些反应

　　分析师在个案重新激活其理想化的双亲影像期间的体验与行为，同样也会真实呈现在他面对个案治疗式激活了的夸大自体之要求时的情绪回应上：这些反应不只是被分析师本身对自恋异常分析方面的专业体验层次所决定，也常常被分析师自己的人格与其当下的心灵状态决定。然而，进一步的说，我们必须不可忽略这样的事实：夸大自体的治疗式激活以不同形式发生，以及类似的移情状况以不同临床样貌呈现，这些情况会将分析师暴露于不同的情绪任务中。

　　因而在狭义的镜像移情里，分析师是个案要求的明确标靶，他反映、共鸣、肯定个案的表现癖与伟大感。然而，当个案夸大自体的治疗式重新激活导致被分析者知觉分析师为一个另我或孪生，且尤有甚者，当被分析者扩张了的夸大自体开始去体验分析师的表象为它自己（融合）的一部分，那么对于分析师的情绪要求就会是一种不同的本质了。在狭义的镜像移情中，个案对于分析师的存在达到一种相当有限制性的程度；迄今他觉察分析师为满足个案自恋需求的功能；个案变得坚持要求分析师的活动完全聚焦在这些需求上，并且以各种情绪来回应分析师对其要求之共情的消长。然而，在各种重新激活夸大自体的孪生（另我）和融合里，分析师作为一个独立的个体，会倾向于去彻底除掉来自个案的关联，于是他剥夺在镜像移情里仍然提供给个案非常少量的自恋满足：个案承认与分析师分开而各自存在。

然而，甚至个案在狭义的镜像移情的要求，会强加许多情绪上的困境给分析师，因而可能招致干扰移情和修通过程发展与维持的反应。在长时间下，当被分析者开始激活原始的自恋需求，并（常是在挣扎对抗强烈的内在阻抗下）开始在治疗情境里为他的表现癖与夸大展开部署时，个案指定给分析师的角色，是对其被迫封闭了的婴儿化自恋的共鸣与镜像。姑且不论分析师机敏的对个案的表现癖夸大的接纳，分析师对镜像移情建立与开展的贡献，是被限制于两套谨慎采用的活动里：他诠释个案的阻抗为对抗夸大的复苏；以及他不只对个案表明其夸大与表现癖曾扮演着一个阶段上恰当的角色，而且也对个案表明它们现在必须被允许通往意识。然而，在分析的长时间里，对于分析师的去强调个案的夸大幻想的非理性，或去强调个案约束自己的表现癖要求的现实需要，这样的强调几乎总是有害的。如果个案在分析师对于镜像移情的共情了解协助下，能维持夸大自体的激活，且暴露其自我于夸大自体的要求下，个案的婴儿化夸大与表现癖的现实整合，事实上将会静静地且自然地（虽然非常慢）发生（见第七章，镜像移情里修通过程的讨论）。

然而，分析师自己的自恋需求，可能使他难以耐受一种情境，一种他被减弱成似乎是个案婴儿化自恋的镜子被动角色的情境，因而他可能隐微的或公然的通过粗暴的失误与症状式的行动，或通过被合理化了的与被理论支持了的行为，干扰镜像移情的建立或维持。

先前大多数有关分析师对于理想化移情的反应与反移情所提出

的考虑,也可应用到对于镜像移情的考虑,而很多先前反映的结果可轻易应用到目前的情境里。特别是,我们将再次记起弗洛伊德的名言,即分析师觉察到个案的需求与自己的反应,他必须能控制要给个案多少,甚至"有时候要很大量地"①。在迈向整合个案的婴儿化夸大与表现癖的路上,不只需要分析师长时间的证明自己对个案需求的同情了解,而成为个案谨慎地企图激活早期形式的自体爱时的反映器,他也必须确实作为一个这些需求的放大镜,通过对于个案重新激活的婴儿化自恋显现(经常只是微妙暗示地显现)的非拒绝地表达诠释。然而,唯有分析师能不带怨恨的去忍受个案基本上视他为占据一个相当卑微的位置,且要求他执行一套相当谦逊的功能,在有这样耐受能力的事实下,他才能完成这项任务。

当分析师变得涉入夸大自体的各种孪生(另我)和融合中的治疗式重新激活时,所面对的问题(是他对于夸大自体的分析式重新激活潜在的困扰)是不同的。暴露于镜像移情中,分析师可能变得无能力了解个案的自恋需求,且无能力以适当的诠释回应它们。分析师面对孪生与融合的移情时,最常见的危险是厌倦感、对个案缺乏情绪投入,及难以维持注意力(诸如明显的愤怒、训诫、对阻抗的强迫诠释,以及其它对于张力与不耐烦合理化的次发反应的行动化形式)。

一套相对简单的起因,可以解释大多数分析师之所以倾向于对其处于另我(孪生)和融合的各种移情期间,对个案的厌倦感与由个案撤回注意力的例子。一个对于注意力的元心理学的简短检视,将导引我们了解当分析师面对融合或孪生的移情时,何以变得注意力不集中的特定倾向。

长时间的观察期间,真正的警觉与专心只有在当观察者的精神是深度允诺参与时才得以被维持。显现了客体导向的奋斗,总会倾向于

---

① 此叙述在本书第271页被引用过。

引起那些它们所朝向之人的情绪回应。因而即使在分析师对个案所沟通的特定意义仍感迷惘的时候，对（客体-本能的）移情显现的观察，经常并不会使他厌倦。

当然，这种情形与分析师的防御式厌倦是不同的。在后者的这些例子里，分析师太了解个案沟通的移情意义了，但他并不想去了解它。例如，他可能潜意识地被力比多移情引起的共鸣所刺激，且因而藉由一种没兴趣的态度去对抗个案企图对他的诱惑来防御自己。在所有这些例子里，我们所处理的不是真正的厌倦，而是处理一种对于情绪涉入（包括前意识的注意力）的排拒，这排拒当前是存在于分析师的人格表层之下。

在防御式厌倦的例子里，分析师较深层的精神装置因而被表层的防御活动所阻隔。然而，在非对立的平均徘徊（even-hovering）的注意阶段期间，亦即，当分析师的基本观察态度并未被困扰时，分析师精神的较深层仍对散发自个案意图沟通的刺激开放，而认知较高层次的智能活动会暂时大大地（但选择性地！）悬宕。除非分析师未解决的冲突是关于自己的潜意识力比多与攻击回应，而干扰了自己对个案（客体-本能的）移情讯息的接收性，否则分析师将能长时间维持作为一个专注的倾听者，且将既不须通过一种没兴趣的情绪撤回态度，也不须通过（前）意识的终结讨论的过早综合论述来脱逃。

然而，有自恋型人格障碍的个案的语言与非语言的行为，一如在移情神经官能症的相关材料里的方式一样，并不会允诺参与到分析师的潜意识回应和注意中。后者组成了客体导向的本能奋斗。确实，在理想化的移情下可能会视分析师为一个多少有些较高层次的过渡客体，因而如先前所述，分析师自己的自恋或者被刺激了，或者失望了，因而他的注意力也变得更易被吸引。

上述情形在狭义的镜像移情里同样为真，虽然这是因为有些不同的理由。姑且不理会分析师在此对个案的重要性只是去共鸣个案重新激活了的夸大自体的一面镜子,在个案激活了的自恋要求情境下,分析师仍然是被恳求、防守对抗,或撤回的。于是在分析师身上产生了对这些恳求的各种情绪回应,且激起并维持分析师的注意力。

然而,当夸大自体的激活是以其与分析师的精神表象融合(或者较少程度的在另我移情里)的形式发生时,那么就不会有客体的投资,而个案对分析师的依恋就会是种特定的原始形式。因而当分析师的注意力被了解原始自恋关系的模糊显现的认知任务所激起时(以及当分析师可能觉得被个案的不合格但安静的要求所迫,这要求由融合的移情标靶的观点看来,等同于全然的奴役),客体-本能的灌注(力比多)的缺乏,常让分析师在长时间里要维持可靠的注意力变得很困难。

虽然前述考虑是指人类的一种反应癖好,这癖好很可能是普遍存在的,我们可能要求一个受过训练的分析师,应该能掌控自己将自己的注意力从个案撤回的能力。这个个案没有通过客体灌注的扩展来刺激他。换句话说,分析师对于其治疗激活自恋结构自恋的被分析者,应能激活并维持自己的共情与认知的涉入。审视这类情形失败的频率,仍然不是由于分析师特定的潜意识冲突与固着,因此也不应该被归类为反移情。当分析师倾向于他获得此精神病理领域的一种更深与更完整的了解,以及当他变得更清楚觉察到加在他身上的特定心理任务的本质时,在这方面的困难就大量消失,这一观点被更进一步地支持。

然而,有时候说明(例如,老师、督导或被咨询者所给的说明;或由其它方式中获得的说明)并不能满足,也不能造成扩大分析师对于治疗自恋型人格障碍的特定心理困难的(前)意识理解,和当分析师倾向于以失去注意力、厌倦与防御的活动来面对被咨询者和督导的评论,以及甚至分析师对自己良心上与自我细查的持续努力维持阻抗时,在这些情形下,分析师的潜意识固着(通常是在他自己的自恋领域里),似乎应该为其在激活及维持自己的注意力、共情和理解方面的慢性失能来负责,于是反移情一词在此可被恰当的使用。这时候,分析师会需要躲避慢性涉入一种复杂的人际关系里所加给他的压力,分析师躲避这样缺乏重要客体－本能灌注(力比多)的关系,似乎是落入另一个人的心理组织的自恋网络里,成为一种匿名般的存在的纠缠感受。

很难去估计这些固着点在分析师人格组成里的频率,尤其当看到以下事实:甚至当它们存在时,却未干扰到分析师在自恋人格困扰分析以外的其它领域的专业活动。由于分析师可能会去逃避治疗这类的个案,因而它们也不易被侦查到。然而我相信这领域里的少量脆弱性在分析师中是很常见的,因为共情敏感度的特定发展成就了想成为分析师的动机,且只要它维持在自我的范畴中,就能真实地保持为一种专业上的有用天性。必须承认,意识上的自我在导致共情知觉的心理表现中并未扮演积极的角色,共情的知觉从很多方面控制心理表现:意识上的自我决定是否启动知觉的共情模式,它在平均徘徊的注意期间控制退行的深度;它以适当的次发过程活动取代共情的态度,以评估共情地觉察到的心理数据,而这些数据必须与现实和逻辑的背景相契合,且对这些数据必须要选择恰当的反应,可能是沉默、诠释,或大范围的分析建构。

然而,获得共情知觉特殊才能的潜能,以及愉悦使用这个心理功能的习性倾向,大多来自生命的早期。才能方面的潜能以及使用这个心理功能时的愉悦这两者所由来的非常情境,也形成了我们这里所讨论的脆弱性相对于对原始纠结关系恐惧的核心。例如,如果一个自恋的双亲(在此,虽不是全部,但多半母亲的人格在这方面影响较大)视子女为她自身的扩展,而这态度超过了适宜的时期,或超过了最佳强度,或带着一种与她有关联的回应的扭曲选择,那么儿童不成熟的精神组织将变得过度调频至母亲的(或父亲的)心理组织。这样一种早期环境的长期心理影响结果可能大不相同。它可能导致一种敏感的心理超结构的发展,带着对于他人的心理过程的知觉与阐明的很大能力。或者相反地，早期的大量暴露于过度亲密关系下，可能导致知觉层面的防御式硬化或淡漠，以保护精神免于被可致病父母的激惹焦虑的回应所创伤。

在最佳环境下，与儿童共情融合的成人将会知觉到儿童的焦虑，且会对儿童的张力给予恰当的回应。例如，儿童的严重焦虑张力将诱发成人立即的共情讯号焦虑。然而，在评估现实状况之后，该成人可能会认知到并无危险存在，焦虑于是消失。该成人藉由阶段上恰当的行动（例如，借着抱起儿童等等的行动①），将此儿童纳入自己的平静里，这些行动强调了情绪状态共情的融合传递。这样的互动鼓励了一种在儿童里面完整而平衡的共情能力的发展。然而，如果母亲并未作为儿童焦虑体验的缓冲，而对儿童刚开始的轻微焦虑弥漫和选择性地疑病夸张及有如阐述自己痛苦情绪般的来回应，并且威胁着以她自己的恐慌来感染儿童，那么儿童将会通过疏远和早熟的自主来试图保护自己，或者，在这情境下最重要的是，通过阶段上不恰当（即早熟的）的其它现实评估的模式，取代共情的知觉，以对抗创伤状态的发展。

在特定的选择性优良环境下，甚至虽然这样的早期创伤可能不会影响日后心理领域的才能，而确实有些出色的精神分析师（虽然少见），他们对分析领域科学贡献的掌握，似乎是来自于一种共情能力被阻塞后的结果，这共情能力被一通过次发过程评估心理现实的早期能力取代了。当大多数共情能力良好的分析师通过对于他人内在的大量复杂结构单位的共情知觉来收集数据时（类似于通过单一的认知行动来认一张脸），这群共情能力阻塞的心理学家并不是以类似的一个认知的冲击来辨认复杂的心理状态。他们反而是去收集并契合简单的心理细节，直到他们能获得对于他人内在的复杂心理结构的了解。

---

① 当然，如此有益的融合情境的复制也发生于成人间。当一个人把他的手臂环绕于沮丧朋友的肩膀时，他不只是戏剧化的保护着这朋友，也让朋友可在自愿的退行里，与自己的平静短暂地融合。

在这过程中,他们获得意识觉察上许多由共情的观察者中逃脱的细节;然而,从另一方面而言,他们常浪费许多时间去知觉显然之事,他们常是明显误解下的受害者,另外,因着他们倾向过多说明已属显然之事,他们之间的沟通也常颇无趣。

前面提及的基于细究共情敏感度领域的态度和发展的回应所做的精神分析师人格分类,当然是过度简化的。现实上,混合型比纯粹型更常见,而且不可能建立深度心理学家的人格组成的简单形态学。然而,经验确实告诉我们,那些在事业上选择一种以共情他人为专业活动核心者,常有共情发展早期的(耐受范围内的)创伤,而且他们已以两种互补的反应来应对关于将会再创伤:(a)他们发展了知觉表面的过度敏感;而且(b)他们须藉一种瞄准了解心理资料并带来心理素材次序的次发过程的不寻常成长发展,来掌控刺激的威胁性流入。

调查共情领域里的各种不同特定天赋和特定困扰,超乎目前的讨论范围。如果它在关于自恋型人格困扰分析期间的反移情有足够重复的话,那么一个即或对于移情神经官能症的结构冲突的共情知觉有良好、或甚至突出、有能力的分析师,可能在面对自恋人格困扰个案的分析期间,在关于结构缺陷、创伤状态,及自恋固着的共情知觉上,也会选择性地与特定性地失能。那么,无防御能力地被母亲强大的焦虑回应(或被其它非理性和夸张的情绪反应)所淹没的原始恐惧,将使某些分析师禁抑自己的共情,因为他们恐惧自己可能无法抵抗被分析者的融合需求,以及因为他们必须去抵抗会以她自己的焦虑压垮孩子的原始母亲入侵的影像。这样的分析师因而会选择性地无法共情那些以一种原始的自恋纠结关系威胁着分析师的个案,并把他们特定的无能隐藏在对这类个案通常表达治疗上悲观的理性叙述里,他们也会由去了解个案在孪生移情里(或者尤其是在融合的移情里)所激活夸大自体的特定任务中防御式地撤回。

我不知道这样对于深度融合的恐惧会如何干扰到分析师在分析

治疗自恋人格时所必须执行的工作,但我估计,永久而严重地瘫痪融合的忧虑不安并不常见。但如果分析师缺乏了解、厌烦了、撤回了,或他的防御式治疗活动不能让他增加对于其任务本质的意识上的了解;如果解释和意识上的反映不能产生任何改变;而且如果禁抑的原因是联结于来自母亲的兴奋,通过失了界限和失控的淹没所散发的创伤性过度刺激的原始恐惧——那么,这样的反应应被归类为临床意义上广义的反移情。

精神分析的各学派在神经官能症起源里,对于最早期的发展和原始的心智组织给了一个显著、或者甚至是排他的地位。它们倾向于视这讨论专题里的特定现象为普遍存在发生的。由于这些学派用来解释的思想概念〔如苏利文(H. S. Sullivan,1940)的"人际"学派〕源自他们自己性格上的单轴取向,由他们的观点来看,他们视精神病理为不同程度及细微差异的精神病,或防御对抗精神病的不同形式与变异。

在与这样的背景对抗下,我们必须检视各种精神分析思想学派对于自恋异常取向的一些异同。例如,里昂·格林布戈(Leon Grinberg,1956)描述的技术上困难,与现今工作里所描述的有某些相似性。但是格林布戈的理论架构(目前在南美盛行的理论系统;它被克莱恩学派的观点强烈影响)似乎未能提供对于自恋地灌注(力比多)的客体与客体-本能的灌注(力比多)所投资的客体两者间的区别;而投射和内射被他视为主要的精神机制,是被分析者激活来面对客体的①。这样的结果是忽略了那些各种形式间精神病理上的关键差异,亦即,那些基于已分化了的精神装置的结构冲突(移情神经官能症)和那些基于由与一原始的自体-客体融合与脱离为核心问题(自恋型人格障碍)的精神疾患间精神病理上的差异。在如此理论主张下的结果,移

---

① 见第八章里讨论的精神分析的"英国学派"。

情神经官能症被解释为基于母亲和婴孩之间的原始冲突,自恋异常则被归咎为次发的投射和内射机制,而这只有在精神装置完全结构化,以及自体与客体间的分化(包括以客体-本能的灌注作为对客体的投资)完成之后,才开始存在。这与先前考虑到的格林布戈的理论取向是一致的,他视反移情为基于融合恐惧激活的普遍现象。然而,在现实里这些现象并不常见。它们出现于特定的分析师在面对特定的心理任务时的特定的脆弱性之结果。换句话说,它们出现于当自恋型人格障碍个案强烈激活了的特定自恋要求冲击着分析师的精神,而这分析师自己对于自体—客体的去分化的倾向仍未完全或可靠地转化成一种在控制下的共情形式里,作为朝向扩展尝试融合的能力的时候。

在治疗式激活被分析者的夸大自体期间,分析师的反应是很复杂的,有时候,列出各种元心理学的形式,要比去了解与分类分析师在僵固的临床状况中的相关失败还来得容易。下面对于分析师在分析特定个案期间,涉及激活到被分析者的婴儿化夸大自体时,分析师的暂时共情失败的描述,可能有助于从临床观点来说明这主题。

F小姐,二十五岁,因许多弥漫的不满而寻求分析。虽然她有在专业上活跃的事实,且有许多社交活动与一连串爱的关系,她仍觉得自己与他人不同且与他人隔绝。虽然她有很多朋友,但却不觉得与任何人亲密;而且她虽已有多次爱的关系和一些真心的追求者,她却拒绝婚姻,因为她知道这一步将会是个欺骗。在分析过程中,逐渐显示出她苦恼于情感的突然改变,这关联于一种对自己的感觉和思考的现实感的普遍蔓延的不确定。以元心理学的词汇而言,她的困扰是由于夸大自体整合入整体精神装置时的错误,结果是让她倾向于在以下两者间摆荡:(1)焦虑兴奋与扬扬得意于一种让她觉得高人一等的神秘"贵重感"的状态(在当自我靠近引渡夸大的次结构的那些时候,亦即,被强烈灌注(力比多)了的夸大自体);和(2)情绪剥夺、无刺激和无动力的状态(这反映了当自我用尽其力去阻挡非现实的、夸大的次结构时的周期性衰弱)。个案建立客体关系,基本上不是因为她被别人所吸引,而是一种逃离痛苦的自恋张力的尝试。然而,在其儿童期后期及成人期,她的社交关系表面上尚称未受干扰,但这些关系在缓和潜在自恋困扰所引起的痛苦上帮助有限。

我们可以相当有把握地在起源上重构个案母亲在个案儿童早期曾经多次忧郁的事实,这杜绝了夸大自体自恋的-表现癖的灌注的逐渐整合。在她儿时的决定性时刻,女孩的存在和活动并未引起母亲的愉悦和肯定。相反地,每当她试图述说自己时,母亲偏离、无法感知注意的焦点,而只注意到本身自我专注的忧郁,因而儿童的最佳母亲接纳被剥夺了,这种接纳可转化粗糙的表现癖,夸大成为适应上有用的自尊和自体享受。虽然夸大自体的婴儿化形式的创伤固着,因为母亲的忧郁缓和而未完成,但病态状况稍后却被她唯一的手足关系所增强。她哥哥大她三岁,也缺乏可靠的父母赞同,他恶待个案,尽可能闯入所有的舞台中心,利用自己较高的智商影响父母对个案骄傲地说或做时的注意力,因而再次干扰到个案自恋需求上的现实满足。

下面我将聚焦于描述分析师在治疗式激活夸大自体的分析期间的特定问题部分。在分析的延伸阶段,一开始,当我仍未了解个案的人格困扰的起源背景,以及对于个案精神病理的本质仍只有不清楚的观念时,下述事件的进展经常发生于分析期间。个案将会达到一种友善的情感,安静地平静下来,并开始沟通她对各种主题的想法和感受:与同事、家人,或她目前友善交往男性的互动;梦和相关的联想,包括了虽是试验性质但却真诚相关的移情;和许多关于现在与过去,以及对于分析师与类似挣扎着通往对于他人移情的各种洞见(得到这些洞见来对抗那些似乎适当的阻抗)。简言之,这阶段的第一个部分看来有自行分析进行良好的外貌。

然而,当分析师确实不过是个有兴趣的观察者时,他让自己处于预备面对下一波的阻抗里,有三种样貌区别出个案这个阶段的分析与真正她对自己的自行分析的阶段。(1)比较起在其它分析里所遭遇的自体分析阶段,她问问题的阶段拉得较长。(2)而且,我注意到自己无法维持有兴趣的注意力的态度。而这种态度在正常情形下,例如当分析师倾听被分析者在未受阻碍的自行分析期间的自由联想时,会毫不费力且自然地自行建立;我的注意力常会延迟、思考开始漂流、且与个案的沟通需要一种刻意的努力来保持我的注意力。这种失去注意力的倾向因着个案是在处理现在与过去、分析内与分析外客体导向的专注,而令人困惑。然而当她谈到当前灌注(力比多)的客体,这包括对我的幻想时,我逐渐认知到我的失去注意力是由于沟通本身似乎并非导向我,且因而自己客体—力比多的注意力回应没有自然地激活出来。(3)在一长期的忽略和误解之后,在这期间,我常不只与厌倦和缺乏注意力搏斗,而且也倾向于与个案争辩有关我诠释的正确性,并怀疑有顽固、隐藏的阻抗存在。于是我开始关键性地了解到,个案要求的是一种对其沟通的特定回应,所以她完全拒绝其它的回应方式。

　　不像真正的自行分析期间的被分析者,F小姐无法忍受我的沉默,也无法满足于没有表示确定意见的评论;但是,在接近治疗的中段时,她会对我的沉默突然激烈愤怒,并会责备我没有给她任何支持(附带一提的是,她的需要的原始特质经由这种突发状况显露了出来;像很小的儿童,从过饱转变为饥饿,或饥饿转变为过饱)。然而,我逐渐学会,只要我简单归纳或重复基本上她已说过的话,她即可变得平静和满足(诸如,"你又再度挣扎着想让自己由母亲多疑的对抗男性的纷扰中解放出来",或"你很努力地用自己的方式,了解了关于到访的英国人的幻想,其实是反映着你对我的幻想")。但是如果我逾越了个案所说和所发现的,即使只逾越了一步(诸如:"关于到访的外国人的幻想,反映着你对我的幻想,且除此之外,我认为它们是危险刺激的复苏,它们让你觉得暴露在父亲对你的幻想故事下"),她又会再度变得激烈的愤怒(而不管我所补充的,可能也是她知道的事实),而且用很紧张和高音调的声音,暴跳如雷地控诉我在暗中阴险地伤害她,我的评论已经破坏了她所建造的每一件事,以及我已经把分析毁了。

只有通过第一手数据,我的某些说服才能成立,因此在治疗过程中,有关个案行为的意义,和有关典型的僵局(包括反移情的特定面向)的重要性,我无法仔细阐释自己结论的正确性。在分析的这个阶段,借着我的肯定、赞同和共鸣的存在(镜像移情)的协助,个案企图把原始的、自恋地过度灌注(力比多)了的自体整合入她人格的其余部分。这样的过程从谨慎小心地恢复她的思考和感觉的现实感作为开始,接着逐渐移向把她强烈的暴露需求转化为对自己的价值和活动享受的自我协调(ego-syntonic)感受。她开始上舞蹈课,可作为一个重要的过渡的保证。这些课程(以及她的参与各种公开演出)为她过量的自恋表现癖需求提供了一个重要的缓冲,这些需求无法在分析情境中获得满足,也无法通过她的任何日常活动获得升华。

我逐渐开始知道,这个个案赋与我在一个儿童对世界的看法的框架中的特定角色。在这分析的阶段期间,个案开始重新激活原始、强烈灌注了的自体影像,这自体影像之前是被保存于不安全的压抑里的。伴随着夸大自体的重新激活,也激起了对于仍固着于其上的一原始客体(心理结构的一个前驱物)的更新需求,那原始客体仍不过是一种心理功能的体现,是个案的精神仍不能自行运作:对她的自恋展现的共情回应,并通过赞同、镜像和共鸣来供应她自恋的营养品。

事实上,由于在那时候我没有警觉到这种移情陷阱的要求,所以我的很多干预都干扰到结构形成的工作。但我知道阻挡我理解之路的,不只是认知领域的东西;而且我可以确定我没有逾越礼仪的法则,也没有耽溺于放肆的自我展现这类最终会让隐瞒比显明更多的情形,但在我的人格中仍有些特定的阻碍挡于路上。在审视我自己这阶段的自恋中心时,有一种关联于深沉而原始的固着点残余的坚持;以及,虽然我已有很长一段时间挣扎于处理相关的儿童期妄想和想法,整体而言,也达到可掌控它们的状况,我仍然在面对个案夸大自体重新激活的挑战时,会暂时无法妥善应付这个意识上的任务。因而我拒绝接受我不是个案的一个客体、不是个案童年期爱与恨的混合的可能性,而只是我不愿看到却开始明了的一种非人的功能,我只在与她自己重新激活了的自恋夸大和表现癖相关的领域有关时才有重要性。

因此,有一段很长的时间,我坚持个案的侮辱是相关于俄狄浦斯层次的特定移情幻想与期望——但我在这方向上无法获得任何进展。我相信最后是她声音里的高频音调导引我步上正确的轨道。我认知到这音调表达出一种对于正确的全然相信——一个儿童的全然相信——这在之前从未寻得如此表达的机会。每当我在回应个案报告她自己的发现上,做得比单纯的提供赞同和肯定多些(或少些)时,我就变成她忧郁的母亲(如个案所体验为虐待的)一般,这母亲把对儿童的自恋灌注偏向了自己。或者,我变成了她的哥哥,她觉得他扭曲了自己的想法,并把他自己放到舞台的中心。

这问题的解答,不论母亲(或哥哥在这样的情境里被个案视为与母亲联盟,亦即是母亲的一个延伸或代理人)是否真的是意识、前意识,或潜意识地虐待的,在这点上都无足轻重。原始的客体被体验为全知全能,因此它的作为和不作为的结果,总会被儿童的精神视为是故意的。个案因而假设——这在她心智组织的架构里是正确的——我在一开始时的无法了解她,并非由于我的智力与情绪上的限制,而会认为是我苛待意图的结果。我不相信这样错误的知觉应该被简单的描述为一种移情混淆。它应该被理解为治疗式退行到根本致病固着的层次上,亦即,退行到自恋地体验客体,且因而一方面在因和果之间,另一方面在行为和意图之间,达到一种相信万物有灵的混乱。

然而,不论她母亲自己的(和哥哥自己的)意识与潜意识的动机为何,从个案的心理发展的元心理学评估的观点而言,他们的行为已贡献于驱使一原始的、高度灌注(力比多)了的夸大自体压抑下来,在此压抑处,这夸大自体不可被通达而为现实所修正,也不可被自我所及而成为一种可被接受的自恋动机的泉源。在此也可附带一提她的父亲,个案更多的转向她父亲,寻求从母亲那里得不到的自恋赞同,而不是把他视为俄狄浦斯爱恋的客体;但是因为他在对小女孩的梦幻之爱以及长时间工作后情绪的撤回与没兴趣的态度之间游移不定,而使小女孩的自恋赞同进一步受到伤害。他的行为刺激了儿童的原始自恋专注,而没有以一种在可靠维持兴趣的环境里做了回应的最佳选择的现实概念,来协助她整合这些原始自恋专注。他因而干扰了一稳固的压抑屏障的建立,而且通过他的不一致、诱惑的行为,他增强了她的需求的再性欲化倾向,有点类似 A 先生的案例里发生的对于自恋恒定需求的再性欲化的情况。

前一页中所描述的临床情境,特别是分析师对此情境的治疗回应,需要进一步的说明,甚至虽然下面对于分析过程的讨论,并不直接属于目前在镜像移情里的反移情这个特定主题。

乍听之下,好像我可能是说在这类型的例子里,分析师必须纵容被分析者的一种移情期望;特别是当个案过去没有从忧郁的母亲接受到这必须的情绪共鸣或赞同时,那么分析师现在必须把它给她,以提供一种"矫正的情绪体验"(Alexander, French, et al., 1946)。

确实有些个案,对他们而言,这样的纵容不只是在分析的某些很具压力的阶段期间的一种暂时技巧上的需要,也是当个案无法迈步达到对于儿童期期望有渐增的自我统治(这是精神分析工作的特定目的)的技巧需要。更且,无疑的,偶尔耽溺于一种重要的儿童期期望——特别是如果它被证明为带有一种信服的神态,而且在治疗的气氛里带着一种爱的功效的准宗教的、神奇的涵意——对于个案的症状解除与行为改变会有延伸的帮助效果。如同雨果(Hugo)的小说《孤星泪》(*Les Miserables*)中的冉阿让(Jean Valjean)在与主教握手后一般,个案变了个人般的离开治疗〔在心理治疗计划外的一个健全体验后突然痊愈的惊人事件,可参看艾斯勒(K. R. Eissler, 1965, p. 357ff)所引用的贾斯汀(Justin, 1960)的短文〕。

然而,在可分析个案的过程中,如同 F 小姐,会发展出不同的方向。在克服某些认知和情绪的障碍后,我认知了根本的移情显现并不在材料的内容里(这相关于稍后的发展阶段,且指述个案的防御地使用情绪表浅的人际关系),而是在发生于分析时段的互动中。特别是,我认知到个案已经把我看成是她儿童早期忧郁、疑病的母亲,这母亲剥夺了她所需要的自恋养分。虽然,为了技术上的原因(例如,为了确保个案某部分自我的合作),分析师可能在这情况下短暂地必须提供所谓勉强顺从童年期的期望,但真正的分析目的不是纵容,而是基于洞见的掌握,在分析的禁戒环境(可耐受的)下所达成的。

在关于客体——本能的驱力的移情神经官能症的例子里,也是关于灌注到客体的自恋人格困扰的分析里的情形:分析师并未干扰(藉由过早的诠释或其它方式)移情期望的自然激活。通常,只有在个案因着移情期望的未被满足而停止合作,亦即移情成为一种阻抗[1]时,分析师才开始关于移情的诠释工作。再次地,如同在移情神经官能症的例子里的情形,也如同(甚至更甚)在自恋人格困扰的情形里:一旦诠释工作开始,分析师将不会期望自我对于儿童期强烈渴求的掌控,可在个案允许它们向通往意识迈开第一步的瞬间达成。相反地,分析师知道前面会是长期的修通过程,至少在开始时,个案会筑起阻抗,但比较不是坚持婴儿化愿望的实现,而是藉由想从这些愿望中撤回的更新了的企图,通常是藉由表达精神的分裂部位里要求满足的喧闹主张,而核心需求与愿望则再度隐藏了。然而,不论是分析师的未干扰移情

---

[1] 特别是在分析的早期,和移情有关的诠释并非目标对准重新激活分析过程中失去了的动能,这分析过程已被移情阻抗所阻塞,将被个案正确地了解为禁止。不论分析师如何友善而亲切地表达自己,被分析者都会听到他说的是:"不要那样,那是不现实的孩子气!"等等这类的话。

的愿望的建立，或是他对于修通过程的渐进性与复杂性的严肃接纳，都不应与藏在"矫正的情绪体验"的标题下，或代之以教育的方式（以及藉由来自分析师这方的其它活动）——这些可能在服务于建立并维持治疗联盟的需求里被鼓吹为正当的方式，而与废除了精神分析工作相混淆。

在 F 小姐的案例里，我认知到一种特定的童年期要求的再现，只构成了关于修通夸大自体的开始。在我获得对于自己的反移情阻抗（它一度使我坚持个案正挣扎于客体—本能的移情）的掌控后，我终于能够告诉她，她对我的愤怒是基于自恋的过程，特别是在与其忧郁母亲移情上的混淆，这母亲偏离了儿童的自恋需求到自己身上。这些诠释接着让她想起许多类似的记忆，在她生命后期，有关她母亲进入一种忧郁的自我专注的大量类似记忆。最后，个案鲜明地想起一组沉痛的核心记忆，在这组记忆上，一系列早期或稍后的记忆似乎有如被望远镜式的观看。在那些时光里，她会尽可能快速地冲进屋子，喜乐地盼望告诉母亲有关自己在学校的成功事迹。她记得母亲那时候是怎样地打开门，代之以母亲绽放脸庞的是依旧空白的表情；以及当个案接下来的时间里开始诉说学校与游戏，和诉说她的成就与功绩时，母亲是怎样的似乎有倾听和参与，但谈话的主题在很难觉察下转换了，母亲开始谈她自己、她的头痛与疲累，以及她其它的身体自我专注。个案对于自己的反应，所有能够直接忆起的是，她觉得突然能量流失及觉得空虚；在这些情况下，对母亲的任何暴怒感觉她已遗忘了很久了。只有在长时间的修通过程后，她才能够逐渐建立在她所体验到的对于我的暴怒与她在儿童时于自恋挫折的反应里所体验到的两者之间的联结。

我的诠释因而导致个案对于她的要求的强度，以及她对这些要求的满足需求的逐渐增加的觉察，一个她所强烈抗拒的认知，因为她现在无法去否认一种在这领域里长期以来已被藉由展现一种独立性与自给自足所掩盖了的极端强烈需求的存在。这阶段之后,会伴随着一种缓慢、引发羞耻,以及焦虑地揭露她持续的婴儿化夸大和表现癖。在这阶段期间完成的修通,最终导致原始的夸大和表现癖的自我统治的增加,且因而导致其人格在这区段里自恋的更大自信和其它有利的转化。

  然而,跳开临床的阐述,我现在将摘要分析师于分析期间的认知与情绪任务,在这些期间,个案早期阶段夸大自体的变迁会在镜像移情的各种形式里被治疗式激活。为了要能在分析这类人格障碍期间适当运作,分析师必须能对重新激活了的心理结构维持兴趣与注意力,而不顾重要的客体-本能的灌注(力比多)的缺乏。更且,他必须能接受这样的事实:自己在个案治疗式重新激活了的自恋世界观里是一个原始的前结构客体的处境(这会与主要固着的特定层次相调和),亦即,特别必须能有一种服务于维持个案自恋平衡的功能。分析师不只必须能被动忍受这些前述的心理事实(亦即,他必须既不变得没耐性,也必须不通过过早的诠释去干扰自恋移情的建立,且必须不撤回其注意力与共情),他还得以创造性的知觉力维持正向地参与个案的自恋世界,因为个案的很多体验的前语言本质必须被分析师共情地领悟,而且它们的意义必须在个案能忆起类似的稍后记忆(通过"望远镜式的")和能联结当前体验与过去的体验前,被至少尽可能近似的重构。

  分析师在理论上了解他正在处理重新激活了的夸大自体的状况,会对他执行分析期间所加给他的任务大有帮助。再者,他必须觉察到自己的自恋要求的潜在影响,这自恋要求会反抗一种慢性情境,在这慢性情境里,分析师既不被个案体验为分析师自己,甚至也不会被与个案的一个过往客体混淆。最后,在特定的例子里,分析师必须不会有因为融合而溶解的原始恐惧而有的主动困扰。他必须不去圈围自己来对抗某些个案的融合需求,也必须耐受它们的激活,而不会有过度的焦虑，且他自己也必须以对个案的自恋要求有控制下的共情领悟和有对于这些要求的必要回应形式，保有尝试融合与讯息穿透性的能力。必要回应亦即诠释与重构，这导致个案自恋结构的逐渐整合为成熟的、现实导向的人格。然而，值得我们再次重复检视这些困扰的治疗分析过程，被分析者倾向于从起初到之后的一段时间都不足以耐受自己的自恋要求，而在他的自我企图逐渐获得对它们的进一步统治前，他首先必须学会接纳并了解它们。

第十二章
自恋型人格分析中的一些治疗转化

分析期间的原始自恋情势的激活,让自恋移情得以修通,并导致非特定的与特定的两者的有益改变。最显著的非特定改变,是个案对于客体爱能力的提升与扩展;特定的改变则发生于自恋本身的领域里。

客体爱的提升与扩展

1. 在分析自恋人格时会规律地遇见客体爱能力的提升,这必须被视为是一个重要、但非特定,且次发的治疗结果。通常这新浮现的客体爱,由于先前藏于退行的自恋墙壁之后,且因而为个案所不可及的客体-力比多乱伦情结的重新激活,而开始对个案成为可及的。由此看来,当分析继续进行时,渐增的客体-力比多灌注(力比多)的可及性,经常并不表示一种由激活了的自恋转变为客体爱的改变已经发生了,它更多是因为解放先前压抑了的客体力比多;亦即,它是在原发的自恋型人格障碍个案里的次发精神病理(移情神经官能症)区段中的治疗成功结果。

2. 然而,自恋个案在某些方面扩张对客体爱的能力,是更直接相关于精神病理的原发领域里的修通过程。它们的特质并不是藉由单纯增加个案的客体灌注(力比多),而是藉由理想化力比多的更多可及性,让已经存在的(或新激活的)对于客体的渴求,能有进一步的炼净与情绪的深化。由于理想化移情的系统化修通,过剩的理想化力比多变得对于个案是可及的,而可与客体—力比多的灌注(力比多)混合。理想化的灌注(力比多)依恋到客体爱,导致个案爱的体验的深化与炼净,不论是在爱的状态里、在其长期对另一个人的钟爱里,或是在其对所珍爱的任务与目标的委身里,都是如此。在这些环境下,整体爱的体验里的自恋成分,本质上成了次要的。自恋的灌注(力比多)虽对个案爱体验的强度与风味做出贡献;然而,核心的本能投资是客体–力比多的。

3. 最后,系统化分析自恋情势的一个非特定重要结果,是增加对于客体爱的能力,这是由于自体体验的稳固,与由于相关的更强统整,和自体的更精准画界。正如自我去操作种种任务(例如,专业的追求)能力的增加,是与自体统整性增加携手并进,而自我作为客体爱执行焦点的功能增加也是如此。叙述一个在行为的、现象学的,与动力的词汇里的明显事实:一个人对于自己的可被接受觉得更安全,就更确定自己存在的感受,且会更安全地内化其价值系统——他将能更自信与有效地提供爱(亦即,扩展他的客体–力比多的之灌注),而不会过度恐惧被拒绝与羞辱。

在自恋领域内的进展与整合的发展

自恋人格的精神分析治疗的主要与根本结果是在自恋领域里,其中所获得的改变,在大多数的例子中,构成了最重要的、与治疗的决定性结果。因为这个专题的主要部分是处理自恋领域里的这些进展与整合的治疗发展,因此我限制自己只提供简短摘要,扩充一些新获得的先前未能充分讨论的复杂心理特质。

1. 在理想化的双亲影像的领域里,下列治疗结果是经由这自恋结构与自我和超我功能的整合而获得。

a. 当理想化双亲影像的早期前俄狄浦斯的(仍然原始的)特征逐渐消失时,它们是在中和的形式里被内化,并成为基本的自我驱力控制与驱力疏通的一部分。换个不同的说法,个案的精神逐渐地(且静静地)接管中和、驱力控制,与驱力疏通的功能,这些功能只有当个案感觉到与理想化的分析师融合,并产生依恋时,才得以实行操作的。

b. 当理想化双亲影像的晚期前俄狄浦斯与俄狄浦斯的(现在更高度分化了)特征消失时,它们被内化并储存在超我里,导致对这精神结构的理想化,因而强化了以它为载的价值与标准。换句话说,个案功能中的超我增强成为一个有意义的内在领导、规范,与令人振奋的赞同来源,并在自我整合与自恋恒定状态领域里提供益处,而这自恋恒定状态是只能在当个案觉得与理想化了的分析师连结,且觉得被这分析师所回应时,个案才真正可及的。

2. 在夸大自体的领域里,下面的治疗结果是经由这自恋结构的两个主要特征与逐渐的自我功能整合而获得:

a. 婴儿化的夸大逐渐建立固定在人格的企图心与目标里,不只导致成熟奋斗的活力,也导致维持一种有权利成功的正向感受。在最佳环境下,这种"征服者的感受"(Freud, 1917c, p. 26;Jones 译本,1953,

p.5）会是一种完全驯服、而却仍然活跃的早先婴儿化的唯我绝对论的精神衍生物。

b.原始的表现癖力比多再次以一种逐渐被控制了的（即中和了的）形式，通过粗糙的展现直接满足逐步从婴儿化目标中撤回，并代之以注入成人人格的适应现实，以及有社会意义的活动。先前引发羞耻的暴露欲，因而成为一种在个案的活动和成功里的自尊和自我协调的享乐的主要来源。

3.虽然自恋移情的修通，必须被视为是一种整体人格的获得，但它仍附带伴随发生原始自恋情势的治疗式激活。它也导致许多高价值的社会文化特质（诸如共情、创造力、幽默和智慧）的获得，这些特质确实已被移离它们的原来位置很远，以至于对于那些精神的最成熟层面而言，它们似乎有着完全自主的性质。在对于这个研究的剩余部分里，我将评论这四个特质，因为了解它们的角色与功能、它们的阻碍或困扰，以及它们在治疗过程里的浮现，对于自恋型人格障碍分析里的治疗目标评估，起到关键作用。

神入（共情）

共情是一种认知模式，特定适应于复杂心理结构的知觉。在最佳环境下，当收集心理资料时，自我会采用共情的观察，而当收集的资料无关于人①的内在生命领域时，自我将会采用非共情模式的知觉。在使用共情时，会有许多病态的困扰；然而，其所导致的对现实的错误知觉，可分为两类。

1.第一类属于共情被不当地用于观察复杂心理状态之外的领域。在非心理领域的观察里如此使用共情，会导致一种对现实的前理性的、万物有灵的知觉能力，以及认知上的幼稚症（infantilism）。

---

① 对于心理领域与非心理领域两者间的边界的讨论，见弗洛伊德（1915c）。

在科学心理学里，共情也一样被限制作为收集心理资料的一种工具；它本身并不带来对于数据的解释。换句话说：它是一个观察的模式。数据收集后，必须把数据条理化，以从观察本身移开的词汇，细究观察到的现象的相互联结（例如，因果的）(Hartmann, 1927)。因此，如果共情不把自己的角色限制在资料收集的过程，而代之作为科学心理学的解释部分〔共情于是只能成为听得懂的（见 Dilthey, 1924; Jaspers, 1920），而不能也成为解释的〕，那么我们就会是正在见证一种科学标准的堕落，以及一种退行至多愁善感的主观性，亦即一种在人类科学活动领域里的认知幼稚症。

2. 第二类关于知觉缺陷，在于无法在心理领域的观察中使用共情，尤其是对复杂心理结构领域的观察。在这领域里，取代共情的任何其它观察模式，都会导致一种对于心理现实机械的与缺乏生命的概念。

在这类里，共情使用的最严重缺陷是一种原发的形态；亦即，这些缺陷是特定地由于在自体发展的原始阶段领域里自恋固着与退行。它们可被归因于早期母亲—儿童关系里的困扰（由于母亲的情绪冷漠，缺少与母亲持续一致的接触，婴儿天生的情绪冷漠，母亲从无反应的婴儿撤回等等）。这些困扰似乎同时导致建立理想化的双亲影像（伴随着阻碍了婴儿与母亲共情的相互影响的最初重要阶段）上的失败，以及导致过度灌注（力比多）与固着于（自体性欲的）身体自体的原始阶段，和夸大自体的原始（前）阶段。夸大自体的进一步发展，也被儿童缺乏需要来自母亲的赞赏回应阻碍了。

常见的较少共情障碍者——诸如精神分析训练机构里的某些学生，无法在面对他们的被分析者时，达到必要的共情态度——这似乎是一种次发的形态；这种较少共情的障碍，是对抗有裂隙的共情的反向行为，经常是由于对抗面对世界是万物有灵的知觉防御而有的禁抑。在大多数的例子里，这些使用共情的困扰，必须被理解为一种一般强迫型人格困扰的一部分,在这类型的人格里,禁抑是由于稳固的反向行为,这反向行为可使神奇的信念与万物有灵的倾向,保持被压抑,或者(更常见地)被隔离或分裂。

共情经常被视为是直觉的等同物,导致建立了下面两者间的一种似有道理的对照;(a)对于他人感受的多愁善感的和主观的(亦即不科学的)直觉式共情反应;和(b)沉稳的和客观的(亦即科学的)科学数据评估。

然而,直觉原则上和共情并不相关。如同直觉到来一样冲击着观察者的反应、判断、认知或知觉等,除了心智操作实行的速度外,本质上在各方面与非直觉的反应、判断等等,并无不同。例如,天赋异禀与体验丰富的临床家的伟大医疗诊断技巧,可能让观察者有出于直觉的印象。然而现实上,这结果单纯是因为此天赋异禀的医师受训练后心灵速度较快(且多为前意识的),收集与转换了无数细节,如同已评估各种组合事实的特殊化了的计算机。因而,我们所谓的直觉,原则上可分解为快速运作的心智活动,它们与那些在这特殊意义下冲击我们的如同不寻常的心智活动者并无不同。然而,这里必须补充一点,去信仰直觉式的心智行动实行者(源自其想要维持未被改变的原始夸大自体的全能感的欲求),以及去信仰发号施令者(源自其对一令人畏惧的理想化双亲影像的需求)对这两者的神奇信仰,当然可能会形成阻抗以反对将直觉式行动现实地分解为各成分。

在许多领域里,才能、训练和体验结合产生的结果,有时候像直觉一样会冲击我们;因而我们可在工作中发现直觉,这不只是在复杂心理状态领域的共情观察里(诸如被精神分析师所使用的),也会在例如上述所说的医疗诊断里,或在西洋棋冠军的策略决定里,或在一个生理学家的实验计划里被发现。另一方面,缓慢而费力的非直觉心智过程,并不限于对于物质世界的非共情细究里,它们也可能被用于共情的观察中。事实上,它可说是精神分析的特定贡献之一,它将艺术家与诗人的直觉共情转化为一个训练有素的科学研究者的观察工具,无怪乎体验丰富之精神分析临床家的某些判断,可能会冲击观察者如同是直觉的,正如一个内科医师的类似诊断操作。

通常,科学心理学家与尤其是精神分析师,不只必须有通往共情了解的无碍通道,他们也要有能放弃共情的态度。如果他们不能共情,他们就无法观察与收集所需的资料;如果他们无法超越共情,他们就无法建立假说与理论,最终因而无法达成解释。

我暂时将转移到一更宽广的脉络上,在此可附带比较收集资料的共情和用于搜寻解释的心智过程间的对照,是相关于(但非完全一致)实务与理论间常引发的对立。甚至如果临床工作未能包括超越共情的渐增了解(即领悟)的话,可能只会导致昙花一现的结果。而缺乏与只可在共情下被观察的素材持续接触的理论工作,将很快的变得贫瘠与空洞,而倾向于专注在心理机制与结构的细微末节上,失去了与宽且深的人类体验的接触,这体验最终会是所有的精神分析所立足的。

因而,在检视这些事实后,训练分析师的一个特定任务,是去松动被训练的分析师人格里的自恋情势区段,这些区段关系着他的共情能力。在这领域里的一个成功修通过程结果的症候,是我们见到了自我掌控(ego dominance)已被建立的证据,亦即被训练者已获得了能依手边专业任务的急迫性,自由的(自主的)使用,或废除共情态度的能力。

对分析师共情能力的许多特定困扰,以及某些起源的因素会造成(a)共情的旺盛发展(且因而间接地选择一种需要使用共情的事业),和(b)共情的阻碍与不当发展,这一点已被讨论过(第十一章),在此将不再占用篇幅来讨论。然而,关于共情能力的范围渐增、精炼与深化,是被分析者冰冻了的原始自恋的治疗式激活成长,现在对此将提出某些论点。通常自恋人格(不论其为训练分析或纯粹的被治疗者)的成功分析,将会增加被分析者的共情能力,然而这也常同时倾向于降低其先前的直觉能力。是否直觉能力的降低是真实的,或者只是主观的感受,是很难评估的。因为潜藏在减少达到直觉式结论与决定的癖好下的心理改变,是将神奇的思考和全能的期望取代为(归纳的)逻辑的、体验论的,以及知识与技巧的现实限制的接纳,这不论在心理的或非心理的知识与技巧的追求上,都是如此。直觉式心智活动的放弃,在许多例子里,单纯只是因着对于它们的需求降低,以及新获得了毋须跳跃到结论,而是去耐受延迟的能力,这耐受延迟的能力,是藉由仔细的观察和对数据的细密评估而来的。

然而有些例外。尤其在某些个体内在已经形成对抗神奇思想,及信仰自己全能(关联于固着在两个主要的原始自恋结构上的心理倾向)的强烈反向行为时,对于激活了的自恋分析所供应的理性增加,可能导致不只在观察与在评估观察所得到的意义和重要性时,有一较大的自由,而且如果环境许可这样的认知过程的话,会让这些观察与评估,变得前意识且快速,取代先前孜孜不倦、劳苦耕耘,且无想象力的情形。

然而,无论何种直觉趋向,在成功的分析里,共情的扩展总是真实的。原始自恋结构的激活,和它们在理想化客体与夸大自体两领域中的修通,导致共情能力的增加——在理想化客体的情况里,对他人共情的领域较多;在夸大自体的情况里,则是对自己共情的领域占优势(例如,对被分析者自己的过去体验共情;或者对他的种种当前体验共情;或者是对预期其未来可能是什么,觉得自己像什么,或者未来自己可能如何反应的共情)。虽然个案常体验到扩展和深化的共情是非常可喜的,且对于分析的这般结果常表达深深的感激,但有许多阻抗会在这个特定方向上阻塞分析过程,或者在它被达成后短暂逆转。

由于对共情困扰的起源因素变异很大(见第十一章),分析中对于获得共情的相关阻抗也有不同种类。最常见的情况是,如果共情的困扰原发地相关于个案的缺乏共情(或相关于他们的错误或不可靠的共情),儿童已用疏离的方式包围自己,这些方式保护他去对抗未被了解与未被正确回应的创伤性失望(比较目前的考虑与第一章中对于类精神分裂人格防御的讨论)。在激活了自恋结构的分析疗程里,进入共情回应之门再度打开,精神感受到的暴露于此领域的危险,有下列两种。(1)无视想与他人处于共情接触的意识上期望,以及在被分析者身上唤起了共情的抓住另一个人心智状态的立即喜悦,这喜悦常伴随一种被痛苦地激动与刺激的感受,带着对于退行的融合体验的危险焦虑,这样的融合体验常以对他人肉体认同之暂时幻觉形式显现,导致企图通过整体性欲化来结合或释放张力(见第八章中对于创伤状态的一般讨论)。(2)藉由前述相关于恐惧被动性的精神经济失衡,促使更深层精神功能运作契合的阻抗,常被男人体验为屈从阴性的危险。对这危险的恐惧,最可能发生于回应新获得的共情了解里,这共情了解是,分析师也是个人,他能以情绪和共情回应被分析者。

当分析提供了与另一个人共情接触,并参与到世界的可能性时,由自恋的隔离所提供给人格的保护,以及放弃这项安全防护的危险性就提高了,这可藉由个案Q的一个梦生动地描述。这个男子在他很小的时候就失去了他的母亲,且在这最初的丧失之后,接着失去许多其它具有母亲形象的个体。他梦到自己单独在自己的房子里,钓鱼装备在身旁,他望着窗外。在窗外,他看到许多大大小小且迷人的鱼游来游去,并且他渴望去钓鱼。然而,他了解自己的房子是在湖底,一旦他打开窗户到鱼那儿,整个湖水将会灌入房子,并把他淹没。

这些阻抗的更轻微形式,常以拒绝分析师的自以为赐恩般了解的形式发生。特别是当它被一种想要直接通过给与爱的了解去治愈的态度所包围时,共情可能真的变得彻底地傲慢和恼人;亦即它可能是基于治疗师未被解决的全能幻想。然而,如果分析师与自己想直接通过自己爱的了解的魔法去治愈个案的期待达成了大致的协议,且真的不是恩赐个案(亦即,他能认知共情为一种观察的与适当沟通的工具),结果会是个案放弃对抗被共情了解与回应而在早期失望的原始恐惧时暴露自己的防御。他可能暂时变得多疑,觉得分析师正操弄他的心灵,即分析师残酷地为了要让他失望而引诱他等等。这些暂时的妄想态度的发生并非少见,但是,虽然它们似乎像是警讯,却经常是短暂的,且可被正确的动力与起源上的诠释解决。然而,无论是阻抗的何种变迁形式,一种对别人的共情能力逐渐增加,和逐渐接受他人也能了解个案的感受、愿望与需求,这种期待在自恋人格分析的适当处理里,确实可被很规律地观察到。

创造力

在很多自恋人格的分析疗程里,创造力也是这样,它的范围由新发现的带着热情进取心的能力,执行有限范围的任务,到耀眼的有创作天才的艺术方案,或有穿透力的科学计划,可能会似乎自然地浮现。它的出现,再次特定地与先前冻结了的在夸大自体与理想化的双亲影像两领域里的自恋灌注的激活相关。

我将先谈颇为微妙的问题,即是否不只艺术的,并且也包括科学的追求,应当被列为创造力的活动,因而独立于下述问题。这问题是,是否这样的活动在分析疗程里是自然地发生,或者是精神经济的、动力的与结构的转换所带来的结果。必须去检查这个理论上的问题,是因为科学与艺术活动在自恋人格困扰分析过程中的上升与消退,是在相同的基本背景下;亦即,它们构成被分析者先前原始自恋的转化。

客观而言,科学与艺术之间乍看之下好像有严格的区别。这区别是基于主张科学的目标在于发现既存(pre-existing)形式,而艺术则引介新的结构进入世界(Eissler, 1961, p. 245f.)。然而,即使在客观感受里(亦即忽略涉及科学探索与艺术出产的心理过程),这个基本区别并不像第一眼时所以为的那么清楚。伟大的科学发现并非单纯描述既存现象,而是这些发现给世界一个崭新的模式,或者显示它们的重要性,或者呈现它们与彼此的关系;而一个完成先驱发现的伟大科学家,可能疏通科学发展进入一个特定的方向,正如一个创造出新风格的艺术天才,可能因而决定其艺术领域之发展方向。可能是一种高估我们的科学世界观的真实状态,而相信科学只能走在它的发展恰巧已被引导到①的方向里。另一方面,我们也不能忘记,某些伟大的艺术作品并非新的创作,而是某些既存的反映,通过艺术家的(有创造力地选择性)应用于画布或化为书页的语言做不朽的演出。尽管如此,如果我们在一个客观的非心理的架构里评估,并比较科学与艺术的作品,我们将维持倾向于为后者保留创造力的特质,并且当我们也把它应用到前者时,会觉得我们已以隐喻的方式说过了。

  如果我们从比较科学家的人格与艺术家的人格间的客观评估离开,转为检查科学家与艺术家对自己作品(尤其是在特定关注于自恋灌注发展的这个研究架构里)的心理关系,那么就会对这个问题领域投入某些新的亮光,因而可能完成进一步的区分。

  概括而言,比起有创造力的科学家,艺术家的自恋灌注倾向于较少被中和,而他表现癖的力比多,比起科学家,常常显得特别带着较大的流动性,在他自己和他自恋投资的产品之间转换。反过来说,也再次是在对于全盘趋势而言会有许多例外的充分了解里而言,有人可能会说,一方面,过度的箝制艺术家的表现癖,将容易困扰他的生产力,但另一方面,原始夸大自体的未修饰夸大与表现癖要求的侵犯,将会是往有效科学出产上的阻碍。

  对比年轻时的弗洛伊德雀跃傲慢的给弗鲁斯(Fluss)的信②,和弗洛伊德渐增地对于任何朝向表现癖沉溺(他对于包含于恭贺讯息里之

---

  ① 关于准艺术过程被用于某些物理学上的伟大发现的复杂微妙的讨论,见 Alexandre Koyré,特别是他的《后设物理学与测量:十七世纪科学里的科学革命论文》(*Metaphysics and Measurement*: *Essays in Scientific Revolution in 17th Century Science*,1968)。

  ② 写于1872至1874年间(见 Freud, 1969)。也见 Gedo 与 Wolf(1970)对这通信的透视观点。

伪善的与神奇的混合之警戒觉察)的欲求的严格控制,良好地描绘了一个科学家的人格发展之典型生命曲线。换句话说,以弗洛伊德为例证的伟大科学家,变得愈来愈难忍受对其个人领域的表现癖之直接刺激,并会限制自己将目标抑制的与中和的自恋灌注(力比多)部署在工作上。

所以通常可以这么说,比起用于艺术工作的产品,科学家的工作常涉及更高度中和了的自恋灌注,及更多客体灌注的混合。当我们注意到艺术品一旦被艺术家(他可以是一个作曲家、雕刻家、画家,或是一个诗人、小说家)完成,就变得神圣不可侵犯,以及不论有任何潜在改善的可能,原则上都不能被别人变动的事实时,这个差异变得最为清楚。艺术家的作品潜意识地被认为不可改变地与它的创造者人格密切相关,而且它绝对不能经由他人的入侵而被擅自更动。这与科学创造物的不同是明显的。当科学家综合论述了一种新理论,而另一位科学家发现其中的瑕疵,并改变先前的综合论述,后一位科学家并未对先前的作品施加任何暴力。事实上,他很清楚,虽然先前的作为有部分瑕疵或不完全,但没有先前的作为,这新发现或改善是不可能的。换句话说,科学家的工作更远离科学工作者的人格,比艺术家的工作更被视为是较独立的客体。

虽然对于前面陈述的某些少数修正可能仍属必须,但我相信就整体趋势的表达而言,它们是真实的。我略去了例外的例子,在那样的例子里,一个科学家的发现,会以一种类似艺术家作品的形式来看世界的光亮,并且被反应得有如它是个艺术作品。然而,必须承认,在艺术领域里真有被匿名了的大师(或被艺术家团体,或被艺术家的继承人)完成伟大作品的例子,这似乎与艺术作品是与其创作者亲密且难分难解地交织着的教条背道而驰。相关例子是中世纪的匿名雕刻品与大教堂建筑,尤其是那些早期哥德式时期。关于雕刻品,由于不知道创作者是谁,很容易辨识出我们仍然对其创作作品的反应,是作为一种有如对其艺术行动的不变表达；例如，人们不会想要将一中世纪圣母像（由一名匿名的大师所做）的形状不完美的耳朵或鼻子，以更讨好人的样式来代替。然而，关于伟大的哥德式教堂的建造者的继承者，情况则较为复杂。这些真的是创作者中和了的自恋灌注其中的艺术创作，而最终产物独立于创作者，一如在科学作品中的情形吗？或者这任务的浩大，从一开始即有赖于连续数代建筑者的奉献努力，因而创造了此处的例外状况，而让它与其它人类艺术努力的有意义比较成为不可能吗？

但不可能在此追逐这些问题。与科学家相比较，通常艺术家以较少中和的自恋力比多投资其工作，且与其作品保持较紧密的认同，知道这样已然足够。然而，过度强调这些差异是不明智的。它们不是立足于质的规条，而是立足于自恋能量的中和程度，以及自恋投资到工作上的程度。而且，无疑如同稍早提到的，在自恋型人格障碍分析期间的某些阶段所遭遇到的，与科学和艺术的活动有类似的现象，并在分析过程中占据类似的位置。因此，在关于下述临床讨论的程度里，这两种活动将不会被分开，而会一起被检查，如同构成一条重要的大道，这大道可通过它们在自恋人格的治疗分析过程里转化，向自恋的灌注敞开。

在自恋人格分析里的那些修通过程阶段期间，艺术或科学活动的急剧增加并非少见，而当个案对自我必须处理先前压抑的自恋力比多的突然灌入没有好好处理时，这种活动的急剧增加通常是短暂的。如果一直追求修通过程，那么夸大—表现癖的或理想化的力比多，经常将会被投资到许多先前已指出的新的稳定分布里（例如，强化自尊，或投资于理想的形成），而过去曾被暂时激活的明显突出的艺术或科学活动，将再度沉寂下来（例如，见 F 小姐在跳舞方面的短暂事业）。

当然，当升华活动并非开始于自恋型人格障碍分析期间，而是解放了的自恋力比多能流入已经预先形成的科学或艺术活动的模式时，情况会有所不同。就某一程度而言,这样的形态可能存在于所有利用这个出口部署其自恋能量的个案,由于在青春期期间,某些带着创造力的试验确实会发生。但是在那些放弃所有创造性追求兴趣而让青春期过去,和那些执着的个体之间,有一个决定性的量的差异,而不论他们的任何情绪贫乏和禁抑。在这些情况里,我们常能逐步看清楚治疗式激活的自恋灌注(力比多),现在是如何将先前只不确定地被维持着的兴趣丰富,以及一个似乎不重要的嗜好,是如何变成有深度成就的活动——一个非预期,但受欢迎的奖赏——这可能甚至只通过公众对其成就的肯定,招来对个案自尊的外在支持。不幸地,想去详细清楚说明先前无社交的自恋结构是如何被转化为一重要的艺术和科学产物的这一意图,却因为保护个案身分的义务,而变得不智。

例如,E 先生的艺术活动,最初只出现于被用来担任一种救急方式,让他在尝试周末与分析师分离期间得以维持自己(见第五章)。然而,当分析继续进行下去时,个案转而增加对某些创造性艺术追求(这些追求相关于前述艺术的救急方式,但又非全然相同)的奉献和成功,这准确地构成先前驱使他从事危险偷窥活动的自恋灌注的再部署。这个性错乱的偷窥活动,表达原始的融合需求,这些融合需求在儿童期后期首次出现于表现癖冲动受挫的环境里。他增加奉献于升华活动的能量,提供自己可被接受的(视觉的)接触需求的一种出口,它的强度很容易从个案的早期生活中理解。他是个早产儿,曾被置于早产儿保育器里;甚至当他被带回家时,也很少被父母碰触;在他的儿童期后期期间,他的母亲逐渐病重,且无法接近他;他十六岁时母亲终于过世了。在分析后期他所从事的艺术工作,不只让他对融合与接触需求的升华释放成为可能,也成为一种外在肯定与甚至是经济上成功的重要来源。

对于分析师与个案而言,去检视与了解那些通常对抗着镜像移情的变迁背景,是很有益处的,这变迁会前后震荡于以下两者之间;(a)

藉由暂时退行到性错乱冲动(以及甚至短暂的与其死去的母亲融合的幻觉体验)作为其原始融合需求的表达,和(b)他已有能力从事的复杂微妙的艺术活动。在分析的较早阶段期间,每当他与分析师分离,因为时间、空间,或觉得不再被分析师(共情地)了解时,他就不能完成他的艺术工作。稍后,他变得愈来愈能忍受距离与延迟,且甚至当分析师误解了他,或当个案觉得分析师由他身上撤回情绪时,他也能维持他的工作,因为他现在已能预期一种稍后会返回的共情亲近感。

　　E先生建立的一种可靠的艺术升华的能力,虽非例外,也不是必然的规则。他能以艺术工作达此益处,无疑地因为在他接受分析前已有一些艺术工作的体验。多数这类(如F小姐的跳舞)升华活动只短暂出现,且当新释放的自恋力比多发现其它用途时,即会尽快的停止。

　　E先生于分析期间的艺术活动变迁,尤其是在建立这些艺术活动的过渡期间,亦即,在它们最终获得相当可靠的自主程度前,通过升华的艺术或科学追求,示范了微量修通(成熟地且发展的;或在分析里迟来的)更原始的自恋需求阶段,而让这些需求有目标抑制下的满足成为必须。E先生的偷窥症状,最早是出现于儿童期后期,当他母亲不能适当回应男孩的表现癖欲求的时候。当她对他在市集场所英勇的荡秋千表现显得没兴趣时,他转往男厕去偷窥。同样的结果发生于分析的长时间里。每当个案对于一种共鸣或共情肯定的需求未被分析师了解,或被分析师以其它方式挫折时,个案的升华活动即降低,且倾向于回到原来的性错乱活动。

　　然而,被挫折了的接触需求和对于融合的持续欲求之间的密切连结,逐渐改变为一种与环境的广阔、升华的共情融合,且最终带来对世界尖锐敏感态度的发展,这可见于某些艺术家与某些著名的诗人。例如,约翰·基特(John Keat)的倾向于去认同其所观察的客体——甚至是诸如撞球这类的无生命的客体——将冲击我们视之如同病态的,以为难道这是因他未能增加与沟通出他的丰富感受的突出能力结合吗?

这情形是只要他觉得被朋友注意与肯定所支持,就可继续被维持着的(见 Gittings,1968,p.152f.;esp. n. 2)。

当诗人主张他认同一个撞球时,他做了有创造力者的基本上自恋的本质与其环境相关方面关系的证言。然而,毋须独独依靠如此粗略的例子作为有创造力行动的自恋本质的证明。微量的创造潜能——无论其范围可能如何窄小——存在于很多人的体验领域里,而有创造力的行动(事实上,有创造力兴趣的客体是被投资以自恋力比多的)的自恋本质,可通过平常的自我观察和共情来趋近了解。例如,未解决的智力与美学问题,创造出一种自恋的不平衡,这依次迫使客体去解决——它现在或要去完成一个填字游戏,或去寻找新沙发在起居室里的完美地点(见 Zeigarnik,1927)。然而,智能或美学问题的解决,尤其当正确答案在相当短时间里变得明显时,总会导致自恋愉悦的感受,这是突然恢复了的自恋平衡 的情绪伴随物。①

一种远远地却相关于与分析师的微量共情接触需要的现象,对于维持新获得的艺术升华能力是必须的事实,也可在某些有创造力的人格显出强烈创造力期间需要的特定关系里(如同自恋的移情里)被观察到(十足非病理领域的)。当发现物导致创造性心灵进入先前未被他人②探索过的孤独领域时,这个需求会特别强烈。创造性心灵的隔离感受是既令人振奋而又骇人的,因后者是儿童期早期的孤独、被抛弃、不被支持的恐惧的重复创伤体验。在这样一种情况里,甚至天才也可能会在其环境里选择一个人,这个人他可视之为全能的人物,是他可暂时混合的。某些形态的自恋固着人格(甚至达妄想的程度),带

---

① 密切相关于完形心理学的"阿哈!片段的体验"(见 Bühler,1908;Maier,1931;and Duncker,1945),可在先前考虑的光照下被良好评估,且相调和。也见亨德里克(Hendrick,1942)所用的各种不同取向,他以"掌控本能"解释某些同源体验。

② 在这背景下,关于科学家面对崭新与未知的恐惧,见塞凯伊(Székely)有知觉力的贡献(1968,1970)。

着他们明显绝对的自信与确定,让他们自己特定地成为这样的角色①。相比于发生于移情神经官能症分析期间者,这样的被创造性心灵于强烈创造力期间建立的移情,与自恋人格分析期间发生的移情来得密切的。换句话说,我们或者是在处理一活跃的、创造性的自体(类似于镜像移情的变异之一)的扩展,或者更可能的情形是,我们是在处理由理想化的客体(理想化的移情)获得力量的欲求,这理想化了的客体明显是被灌注(力比多)以客体力比多的过往人物的复苏。弗利斯(Fliess)在弗洛伊德最重要的创造期间,很可能已具体成为这样一个自恋移情的对象;而弗洛伊德能调配对弗利斯的伟大感的幻觉感受,及调配自恋的关系——这对比于藉由洞见解决移情——在他已完成他的伟大创造性任务之后。

当然,刚才描述的关系,可能不只发展在正迈向先驱探索的重要关键的科学家身上,也发展于处于重要创造力期间的艺术家身上。例如,一封梅尔维尔(Melville)给霍桑②(Hawthorne)的信,藉由隐喻的选择暗示,提及对于一理想化人物之肯定,以及与它自恋融合的强烈潜藏欲求;他说道,霍桑正啜饮其生命之壶里的酒。"而当我把它拿靠近我的唇边,"梅尔维尔继续说道,"哎呀,它们是你的,而不是我的。我觉得神性像在汤中化开的面包,而我们就是其中的碎屑。"在想象他的生命与工作如同一封给这位伟大朋友(和另我?)的连续信后,他以祈求融合幻想的终极再保证作为结尾:"在你身上有超凡的磁性,而我的磁性回应着。哪个是较大的呢?这是个愚蠢的问题——它们是同一个。"

---

① 在这背景下,见第九章评论关于薛伯父亲的弥赛亚式(救世主式)的非凡魅力,以及扩而言之的其它诸如希特勒的弥赛亚式的领导者。

② 查尔斯·克里格曼(Charles Kligerman)医师向我介绍这文件,他说到一种"自恋融合的移情",引用它于其关于自恋的阻抗(Narcissistic Resistance, 1969, p. 943)的讨论里。对于梅尔维尔与霍桑间的自恋移情的广泛讨论,以及它对于梅尔维尔的创造力变迁的影响,见克里格曼(1953)。

前述讨论是关注科学与艺术的创造力的例子,这创造力会发生于分析中期。下面,我将检查治疗结束阶段期间的类似升华活动的浮现。创造性的、艺术的与科学的活动,在此通常也仍然倾向于是昙花一现。然而,这些获得物常常会显得好像是持续的〔例如,见1957年我所描述的个案 H(pp. 399–403),我意外发现他仍然活跃参与其有创造力的音乐追寻,比他十年前结束分析时更厉害〕。

精神分析里的创造力是另一个值得特别注意的问题领域。我的印象是,朝成功的训练分析的结尾时,自恋情势的转化可能不只导致共情能力增加,和导致被分析者非防御地把注意力转移到超越自己精神限制的心理素材上,但有时候,也激起了真正的创造力。去探查个体的精神病理残余与有创造力的精神分析师去研究特定领域的兴趣间的关系,会是很有趣的。正如其它科学里的追求,精神分析师里面的创造力被来自许多来源的许多刺激和喂养所激励,这些来源包括了工作者本身潜在的致病冲突。然而,分析师的科学创造力和他的精神病理间的关系,有时候比我们领域之外的类似创造活动的情形更特别。我相信真正精神分析的创造力,可能可被调查某些心理领域的激励所激活,那些领域在个人的分析里,仍保持是未被完全阐明的。训练分析的不完全性的所在,是由于对被分析者里面之分析,无法克服其内在阻抗,或者是由于来自训练分析师这方的障碍(例如,反移情),结果将会是企图通过再分析(见 Freud, 1937a)或自我分析(仍见 Freud, 1937a;以及 M. Kramer, 1959)来解决这僵局。然而,分析工作的不完全性的所在,是由于精神分析这门科学本身仍未完成相关探索的事实〔一个惊人的例子见弗洛伊德于〈分析的有尽与无尽〉(*Analysis Terminable and Interminable*)一文里,关于当他仍不知道负向移情的存在期间之叙述〕,于是它可能变成朝向探索超越个人的、有创造力的解答的推力。

然而,必须附带一提的,如果训练分析的不完全性未被公开面对处里,而被掩盖了,那么受到训练分析结束后的残余心理张力状态影响的有创造力的心理研究中的潜在孕育力量,就可能会被阻塞。自相矛盾的是,一个在这方面显而易见的错误是,似乎未立足于未来朝扩展所知的创造性努力的路途上,而是与其它领域一样,小真理或部分真理,是真理的最大敌人。因而,如果在分析结束时,被分析者剩余的精神病理仍被封存于自我的影响里(一致于训练分析师的欲求,他因为错误的知觉,或自恋动机下的扭曲,给被分析者沟通错误的信仰,而去相信精神分析地有效自我掌控已被获得,事实上,它仍未被获得①),将不会在一仍属未知的心理领域里积极寻求科学解答。

让我在此只附带提下一个观念,某些有潜在创造力的分析师对于某些训练分析师的未解决的自恋移情,可能在分析后期或分析结束后,转往弗洛伊德——我们这门科学的开山鼻祖——的影像去。在这类分析师里的创造性努力,于是可能变得聚焦于弗洛伊德的父亲影像的各种冲突里。例如,自恋移情的丧失所引起的恐惧,可能会阻塞超越弗洛伊德发现观点的重要第一步的完成。或者似乎更常发生的是,失去与原始父亲影像(或者失去来自内化不足的原始影像的肯定共鸣)自恋融合的恐惧,将激励反恐惧的背叛态度发展。然而,这些不只导致扩展了超越弗洛伊德发现观点的知识疆界的创造力,而且也导致了一种(常是强烈地)对于弗洛伊德的工作的批判态度。显现的结果——相关例子在精神医学和精神分析的文献中很常见——一再的理论争辩形式里常常见到,然而,这些理论争辩绝不能得到真正摆脱父权的内在束缚,换句话说,绝不能得到一种可构成扩展我们对于人类的或健康或疾病的心理了解的正向特质。

通常,分析师在他们的治疗活动期间,去深度仔细观察个案的升

---

① 这些观点的讨论,见科胡特(1970b),以及1967年5月4日科学活动委员会就这特定议题的会议纪录。

华活动的机会不足。我的印象是，在治疗分析的早期和中期，一种强烈而延长的聚焦于这类活动，经常会被视为是为防御服务的。由个案一方看来，在分析早期专注于科学的或艺术的工作，可能形成那些防御操作的一部分，常被视为是"逃到健康里"（flight into health）。从另一方面而言，分析师的过度强调其个案的创造活动，可能会背离通过诠释努力去获得自我扩展的这倾向，而代之以藉由通过教育与建议的方式，企图产生自我的改变——经常是经由个案对于分析师的大量认同机制（见第七章）。然而，尤其是在自恋人格分析的结案阶段期间，当个案真的获得解决自己与分析师的自恋移情纠缠时，我们常看到各种非防御地被使用的、升华的创造性活动。它们常建构出一种类似潜伏期与青春期期间努力的复苏。

分析师很少在分析结束阶段，由对环绕它们周围之暂时浮现材料的直接分析观察，学习到关于这些活动的较深动力。但偶尔可能回溯发现自恋的力量，这些力量现在指向新的自体–客体，创造性的工作在更早时曾经活跃，但之后在自恋移情的架构里，已专心于费心经营无创造力的自恋张力状态。特别是在自恋个案的梦里，有时候可清楚认出艺术生产力的前驱物。

下述梦的例子，可被视为一个这类艺术产品的前驱物。个案 P 述说这个梦，他是一位有才能、敏感、有点妄想的三十多岁男士，他在长期治疗的尾声，开始写许多短篇故事，其中的某些故事优美得让我印象深刻。这些故事（我只知道那些个案在分析期间谈到的——其中的有些故事稍后已被出版）处理的是一青春期晚期或年轻男子的体验。它们描述他的孤单、他与世界的疏离、他敏感的自我专注、他的恐惧会通过粗糙的性刺激（诸如他故事里的英雄在低级酒吧、脱衣舞场，及类似地方所遭遇的），困扰自己的自恋平衡，并且，他寻找一个基本上类似于自己的朋友，且因而能通过他的共情，保护他免于遭受过度创伤刺激的危险。这些故事的特定移情意义，写成于某个分析期间个案确实在处理濒临失去一另我移情的时候,并不与我们目前的脉络相关。在此我们要聚焦于这些稍后的艺术成就,与较早在一个梦里之更内部塑造的(autoplastic)费心经营类似问题间的连结。虽然个案在分析过程早期,有一个梦是精神平衡(通常是这危险促使个案开始接受分析)受到危险困扰所激活恐惧的直接表达,这梦的被报告,与先前提过的一个藉由暗示与类似物说明的梦有关。然而,那是二十年前的梦了,伴随着个案的第一次射精:那是一次"梦遗"。个案对那梦的记忆鲜明,且他叙述得似乎它像是一件近期的强烈体验。

在这梦里,个案凝视着一非常美丽平和的风景。有一温暖、深绿、斜坡的草地,以及充满了华美流水的蜿蜒小河,河水倒映着云天之蓝。小树丛环绕着乡土风味的人家,虽然不见一人,却是生意盎然:牛在吃草,特别是有着正吃草的羊,清楚的轮廓,对照着草地的绿色背景。这平和被一远方的隆隆声干扰了。个案往上看并发现他所欣赏的风景是在一高坝底部的山谷。威胁的隆隆声似乎由那儿发出的,而突然间,个案注意到坝上的一个深裂缝。风景的颜色全都变了,轻微但显著①。蓝色的天和水变为暗黑的蓝,绿草改变成一种刺眼不自然的绿,而树木显得更黑了。坝上的裂缝变宽,然后,突然间丑陋、肮脏、破坏的洪水漩涡向前倾泻,泛滥漫过乡间美景,冲走了树木、房子和动物。在他战栗着醒来前,最后的不可磨灭印象,是白色的羊正改变成白头巾的精纺纯白的景色,并吞没了一切。

要解决包含于这美丽的梦里的凝缩的复杂性,超过了目前的讨论界线。简单地说,它是一种充满幸福的、自体吸收的自恋状态(风景象征着个案自己的身体)被伴随着射精的性虐待元素侵犯困扰的准艺术演出的体验。因而,许多描述儿童期早期自恋的与自体性欲的体验,

---

① 事实上,这有颜色的梦(尤其是这梦后段不自然的技术加工般的颜色)是表达一个梦者的自我无法获得新体验的完全整合;不能完全吸收驱力所要求的强度或内容(有颜色的梦的重要性讨论,见第七章)。

可在这梦中被辨识出来。

如同我先前指出的,一个有艺术天赋的自我之诗的力量,这自我已获得了转化这个案之(前)自恋张力为美丽的、但内部塑造的梦的想象力,稍后并充分地被释放参与到艺术产物(短篇故事)的形塑里;亦即,它们现在投资到更高次序的自体—客体。个案创造力的这个改变,由梦的作品(关于他对其身体的自体性欲的与自恋灌注(力比多)变迁的体验)到艺术的工作(处理关于其青春期的孤单、自体吸收的,及寻找—另我的友谊的体验),证明在其自恋发展的进展尺度上,有了一个重要的进步。虽然新释放之将其自恋安装入社会脉络的创造能力已获得,而且——尤其是,只要治疗成功的测量是被关注的话——这转换让个案的自恋张力的一种重要且可靠的(升华的)释放成为可能,这自恋张力先前对个案的情绪健康构成了严重的威胁,且导致许多情绪失衡的危险状态。

虽然必须承认有例外,我的观点是,在自恋人格(类似于某些训练分析师结束阶段中盛开的共情能力)分析结案阶段里的许多创造性活动,构成了先前分析工作的美好结果,而且它们真正是由先前致病的自恋状况转化而成的。因着这个缘故,它们并不构成需要寻常意义下的精神分析诠释的材料(关于藉由分析的结束阶段里升华的与有创造力的活动所提出的技术问题的进一步评论,见 Kohut, 1966b, p. 203f.)。

幽默与智慧

我希望以确认我的信念作为开始,即真诚的幽默能力的浮现,构成了另一个重要——且受欢迎——的征候,即在自恋人格的分析过程里,一种原始致病的自恋灌注的转化已发生了。自恋人格个案所能有的幽默,我相信在这些个案的分析过程里,是互补于另一个喜爱的结果。单独幽默本身(尤其当它含有听来似乎是口腔—虐待的讽刺时)

可能仍是防御的,且因而不表示是自恋灌注的转化;而且一种隔离、庄严、强烈的新发现的理想(类似于妄想的"原由")的灌注,可能仍未标示出成功的自恋状况修通,而只是在新的伪装里简化它们的外貌。在评估个案的进展时,分析师能够确定个案的奉献于其价值与理想并非一种狂热盲信,而是伴随着可通过幽默表达的一种均衡感受,这一点具有重要的决定性。理想主义与幽默的共存,不只展现了自恋情势的内容与心理位置已经改变,也展现出自恋能量现在已被驯服与中和,且正跟随目标-抑制的过程。一方面,如果个案的价值现在占据较重要的心理位置,也与其自我的现实目标结构成为整合,而默默提供他生命的新意义,另一方面,他现在也能带着幽默审视先前僵化地包含自恋情势的非常领域,于是分析师可能确实感受到修通过程已经成功,而且所完成的收获已经巩固。

只有详细的临床描述,才能说明个案的夸大幻想或其表现癖努力的逐渐转化,以及他对于自恋体验客体的神奇完美信仰的放弃;并以平衡了的理想与幽默混合的外貌代之。

或许在大多数例子里,幽默的显现是突然的,并构成个案的自我在默默增加支配的迟来的外显表现,这种支配与个案先前的夸大自体和理想化客体相比,是一种何等可怕力量。突然间,有如阳光不预期地破云而出,分析师将带着莫大喜悦见证一种真正幽默感受如何被个案表达出来,证明其自我现在能以合乎现实的比率来看待婴儿化夸大自体的伟大渴望,或先前理想化的双亲影像要求无限完美与力量的事实,而现在自我有趣地审视这些老构造,是其自由度的一种表现。

然而,在过渡的阶段,有些具有教育性的例子是,个案的自我似乎逗留下面两者间的边界;它对于未被征服的自恋结构的持续恐惧,以及新获得的让它着手尝试朝幽默态度移动的勇气。我已学会在这种情形下不要过早嘲笑个案,而是藉由进一步诠释浮现的材料,以及藉由共情传递地解释个案这过渡的自我状态来协助他(一个介于尝试的幽默以及仍然持续的担心忧虑间的过渡状态的临床描绘,见第七章所报告的 C 先生的梦,此梦发生于当已被强化的自我突然被原始夸大的剧增所威胁的时候)。

然而,我将不多做任何追求分析期间各种形式的幽默显现的主题,且只引用 F 小姐的评论,一个像儿童且自体—吸收的人格,她一直到长期分析的尾声,才获得一种足够的幽默感,这让她能回溯的综合论述其移情问题,她告诉我:"我想你所犯的不可饶恕之罪是——你不是我。"

现在有个对于智慧的简短评论,它是一个认知的与情绪的状态,这位置的达到,可被视为人类发展高峰之一,不只是狭义地在自恋型人格障碍的分析里,而且也在所有人类的人格成长与实践里。

当自恋个案的企图心的现实感增加时,他的理想、创造力,以及特别是幽默感的成长强化,经常是成功分析的结尾清楚证明。一种甚至只是认为治疗可达微量智慧的主张,可能似乎都是夸大的。但由见闻(information)通过知识(knowledge),到达智力的进展,显示出一种在成功生存、模范的生命的认知领域里的演化特性,也能在成功的分析里被观察到。当治疗开始时,分析师和被分析者正处在收集关于个案与其历史的见闻。在分析的中期,被收集到的资料变得有次序,且整体适合于个案心灵的整合功能运作,以及存在于现在与过往间连续性的较广与较深的知识。最后,在一个良好分析的结案阶段里,分析师的知识和个案对自己的了解,已带有智能的质量。为了要达到这体验,个案首先必须与其未被修饰的婴儿化自恋达成协议,无论他的主要固着是在原始的夸大自体上,或者是在原始的、自恋地扩大了的、理想化自体-客体上。

然而,在两个大的自恋结构领域里的自我掌控(ego dominance)的建立,只是我们所称为智慧的整体态度的前提,而不是智慧本身。智慧的获得是一个我们不可期待的个案的丰功伟业,其实也不须如此期待我们自己。因为我们必须承认，它的完全达到，包括对于个案短暂存在的情绪接纳，可能只有少数人可达成，而它的稳定整合更可能超过了人类的心理能力。

但微量的智慧，尤其当它释放到个案对他自己、对他的分析师，以及对分析工作的结果的态度时，确实并非罕见。分析师不应以获得智慧为目的，也确实不应如此期待；而且我们不应藉由任何压力，一直的或巧妙的，诱使个案努力挣扎于获得智慧。如前所述，来自分析师这方的这类压力与期待，只会导致不稳固的不分青红皂白的认同的建立，如此建立的认同，或者是分析师真正如此，或者是个案对分析师的幻想，或者是分析师可能试图呈现给个案的人格。

然而，一种在被分析者身上智慧态度的自然浮现，在朝向成功分析的结尾时常会被观察到，虽然如上所述，是以一种不太多的和有限的形式浮现。微量的智慧确实发生于分析的结案阶段期间（有时候在治疗结案之后，它可能更明显的建立自己），让个案无视于认知到自己的限制，而能维持他的自尊，并且无视于对分析师本身的冲突与限制的认知，而能对分析师觉得尊重与感激。而且最后，个案和分析师在治疗的结案时，可能分享对于这分析本身虽有必要但结果仍维持有所不完全的事实的了解。在共同拥有稳健和智慧的态度里，依然没有讥讽或悲观，分析师与个案将承认，由于他们正分离中，不是所有的问题都已被解决，某些冲突、禁抑和症状，以及某些原始的朝自体夸大和婴儿化理想化的倾向仍维持存在着。然而，这些脆弱之处现在熟悉了，而且它们已可被带着忍耐与沉着来加以审视。

案例索引

条目后的页码系原文书页码,检索时请查正文侧边的数码

A 先生　理想化移情的典范描绘
10, 57–73, 78, 84–85, 168, 170–173, 193, 240, 289

B 先生　镜像移情;创伤状态
80–82, 85, 121, 126–128, 130, 233–235, 237–238

C 先生　孪生(另我)移情
149, 189, 193–196, 249, 257, 326

D 先生　149, 257

E 先生　镜像移情;自恋需求的升华
10, 15, 117–118, 130–132, 136, 158–159, 173, 313–315

F 小姐　镜像移情;分析师的反移情
5, 178, 283–293, 312, 314, 326

G 先生　边缘型(精神分裂病)
1, 67, 93–94, 126, 135–136, 150

H 先生　150，318

I 先生　镜像移情；分析的结案阶段
159-161，167-168

J 先生　精神的"垂直"与"水平"分裂之间的关系
169，179-183，226-227，240-242，257

K 先生　镜像移情的典范描绘
25，139-140，196，242-259

L 小姐　分析师对抗理想化移情的阻抗
135，138-139，260-262

M 先生 128-129

N 先生 151

O 先生　95

P 先生　321-324

Q 先生　306-307

参考文献

Abraham, K. (1919), A Particular Form of Neurotic Resistance against the Psycho-Analytic Method. *Selected Papers of Karl Abraham.* London: Hogarth Press, 1927, pp. 303-311.

Adler, A. (1912), *The Neurotic Constitution.* New York: Moffat Yard, 1916; London: Kegan Paul, Trench & Trubner, 1918.

Aichhorn, A. (1936), The Narcissistic Transference of the "Juvenile Impostor." In: *Delinquency and Child Guidance: Selected Papers by August Aichhorn,* ed. O. Fleischmann, P. Kramer, & H. Ross. New York: International Universities Press, 1964, pp. 174-191.

Alexander, F., French, T. M., et al. (1946), *Psychoanalytic Therapy: Principles and Applications.* New York: Ronald Press.

Andreas-Salomé, L. (1962), The Dual Orientation of Narcissism. *Psychoanal. Quart.,* 31:1-30.

Argelander, H. (1968), Der psychoanalytische Dialog. *Psyche,* 22:325-339.

Arlow, J. A. (1966), Depersonalization and Derealization. In: *Psychoanalysis—A General Psychology,* ed. R. M. Loewenstein, L. M. Newman, M. Schur, & A. J. Solnit. New York: International Universities Press, pp. 456-478.

―――― & Brenner, C. (1964), *Psychoanalytic Concepts and the Structural Theory.* New York: International Universities Press.

―――― & ―――― (1969), The Psychopathology of the Psychoses: A Proposed Revision. *Int. J. Psycho-Anal.,* 50:5-14.

Balint, M. (1937), Early Developmental Stages of the Ego: Primary Object-Love. *Primary Love and Psycho-Analytic Technique.* London: Hogarth Press, 1952, pp. 90-108.

―――― (1968), *The Basic Fault: Therapeutic Aspects of Regression.* London: Tavistock Publications.

Barande, R. et al. (1965), Remarques sur le narcissisme dans le mouvement de la cure. *Rev. Franç. Psychoanal.,* 29:601-611.

Basch, M. F. (1968), External Reality and Disavowal (unpublished).

Baumeyer, F. (1955), Der Fall Schreber. *Psyche*, 9:513-536. English: The Schreber Case. *Int. J. Psycho-Anal.*, 37:61-74, 1956.

Bender, L. & Vogel, B. F. (1941), Imaginary Companions of Children. *Amer. J. Orthopsychiat.*, 11:56-66.

Benedek, T. F. (1949), The Psychosomatic Implications of the Primary Unit: Mother-Child. *Amer. J. Orthopsychiat.*, 19:642-654.

────── (1956), Toward the Biology of the Depressive Constellation. *J. Amer. Psychoanal. Assn.*, 4:389-427.

────── (1959), Parenthood as a Developmental Phase. *J. Amer. Psychoanal. Assn.*, 7:389-417.

Benedict, R. (1934), *Patterns of Culture*. New York: Penguin, 1946.

Benjamin, J. D. (1950), Methodological Considerations in the Validation and Elaboration of Psychoanalytic Personality Theory. *Amer. J. Orthopsychiat.*, 20:139-156.

────── (1961), Some Developmental Observations Relating to the Theory of Anxiety. *J. Amer. Psychoanal. Assn.*, 9:652-668.

Beres, D. (1956), Ego Deviation and the Concept of Schizophrenia. *The Psychoanalytic Study of the Child*, 11:164-233.

────── (1962), The Unconscious Fantasy. *Psychoanal. Quart.*, 31:309-328.

Bernstein, H. (1963), Identity and Sense of Identity. Paper read to the Chicago Psychoanalytic Society.

Bibring, E. (1947), The So-Called English School of Psychoanalysis. *Psychoanal. Quart.*, 16:69-93.

Bibring, G. L. (1964), Some Considerations Regarding the Ego Ideal in the Psychoanalytic Process. *J. Amer. Psychoanal. Assn.*, 12:517-521.

Bing, J., McLaughlin, F., & Marburg, R. (1959), The Metapsychology of Narcissism. *The Psychoanalytic Study of the Child*, 14:9-28.

────── & Marburg, R. O. (1962). Panel Report: Narcissism. *J. Amer. Psychoanal. Assn.*, 10:593-605.

Binswanger, L. (1956), *Sigmund Freud: Reminiscences of a Friendship*, tr. N. Guterman. New York: Grune & Stratton, 1957.

Bond, D. D. (1952), *The Love and the Fear of Flying*. New York: International Universities Press.

Boyer, L. B. (1956), On Maternal Overstimulation and Ego Defects. *The Psychoanalytic Study of the Child*, 11:236-256.

Braunschweig, D. R. (1965), Le narcissisme: aspects cliniques. *Rev. Franç. Psychanal.*, 29:589-600.

Brenner, C. (1968), Archaic Features of Ego Functioning. *Int. J. Psycho-Anal.*, 49:426-429.

Bressler, B. (1965), The Concept of the Self. *Psychoanal. Rev.*, 52:425-445.

Brodey, W. M. (1965), On the Dynamics of Narcissism. *The Psychoanalytic Study of the Child*, 20:165-193.

Bühler, K. (1908), Tatsachen und Probleme zu einer Psychologie der Denkvorgänge. Translated as: On Thought Connections. In: *Or-*

ganization and Pathology of Thought, tr. & ed. D. Rapaport. New York: Columbia University Press, 1951, pp. 39-57.

———— (1930), *The Mental Development of the Child: A Summary of Modern Psychological Theory*. New York: Harcourt, Brace.

Bullock, A. (1952), *Hitler: A Study in Tyranny*. New York & Evanston, Ill.: Harper & Row, rev. ed., 1962.

Burlingham, D. & Robertson, J. (1966), *Nursery School for the Blind*. Film produced by the Hampstead Child-Therapy Clinic, London. [Distributor in the U.S.: New York University Film Library, 26 Washington Place, New York, N.Y. 10003.]

Bychowski, G. (1947), The Preschizophrenic Ego. *Psychoanal. Quart.*, 16:225-233.

Deutsch, H. (1942), Some Forms of Emotional Disturbance and Their Relation to Schizophrenia. *Neurosis and Character Types*. New York: International Universities Press, 1965, pp. 262-286.

———— (1964), Some Clinical Considerations of the Ego Ideal. *J. Amer. Psychoanal. Assn.*, 12:512-516.

Dilthey, W. (1924), Ideen über eine beschreibende und zergliedernde Psychologie. *Gesammelte Schriften*, 5. Leipzig: Teubner.

Duncker, K. (1945), On Problem-Solving. *Psychological Monographs*, Vol. 58, No. 5. Washington, D.C.: American Psychological Association.

Eidelberg, L. (1959), The Concept of Narcissistic Mortification. *Int. J. Psycho-Anal.*, 40:163-168.

Eisnitz, A. J. (1969), Narcissistic Object Choice, Self Representation. *Int. J. Psycho-Anal.*, 50:15-25.

Eissler, K. R. (1961), *Leonardo da Vinci: Psychoanalytic Notes on the Enigma*. New York: International Universities Press.

———— (1963a), *Goethe: A Psychoanalytic Study*, 2 Vols. Detroit: Wayne State University Press.

———— (1963b), Die Ermordung von wievieler seiner Kinder muss ein Mensch symptomfrei ertragen können, um eine normale Konstitution zu haben? *Psyche*, 17:241-272.

———— (1965), *Medical Orthodoxy and the Future of Psychoanalysis*. New York: International Universities Press.

———— (1967), Perverted Psychiatry? *Amer. J. Psychiat.*, 123:1352-1358.

Elkisch, P. (1957), The Psychological Significance of the Mirror. *J. Amer. Psychoanal. Assn.*, 5:235-244.

Ephron, L. R. (1967), Narcissism and the Sense of Self. *Psychoanal. Rev.*, 54:499-509.

Erikson, E. H. (1950), *Childhood and Society*. New York: Norton.

———— (1956), The Problem of Ego Identity. *J. Amer. Psychoanal. Assn.*, 4:56-121.

Federn, P. (1952), *Ego Psychology and the Psychoses*, ed. E. Weiss. New York: Basic Books, esp. pp. 283-322, 323-364.

Ferenczi, S. (1919), On Influencing of the Patient in Psycho-Analysis.

Further Contributions to the Theory and Technique of Psycho-Analysis. London: Hogarth Press, 1950, pp. 235-237.

Fliess, R. (1942), The Metapsychology of the Analyst. *Psychoanal. Quart.,* 11:211-227.

Frankl, V. E. (1946), *Ein Psychologe erlebt das Konzentrationslager.* Vienna: Verlag für Jugend und Volk. English: *From Death Camp to Existentialism.* Boston: Beacon Press, 1959.

—— (1958), On Logotherapy and Existential Analysis. *Amer. J. Psychoanal.,* 18:28-37.

Freeman, T. (1963), The Concept of Narcissism in Schizophrenic States. *Int. J. Psycho-Anal.,* 44:293-303.

—— (1964), Some Aspects of Pathological Narcissism. *Int. J. Psycho-Anal.,* 12:540-561.

Freud, A. (1951), Obituary: August Aichhorn. *Int. J. Psycho-Anal.,* 32:51-56.

—— (1952), The Mutual Influences in the Development of Ego and Id. *The Psychoanalytic Study of the Child,* 7:42-50.

—— & Burlingham, D. (1942), *Young Children in War-Time.* London: Allen & Unwin.

—— —— (1943), *Infants Without Families: The Case For and Against Residential Nurseries.* London: Allen & Unwin.

—— & Dann, S. (1951), An Experiment in Group Upbringing. *The Psychoanalytic Study of the Child,* 6:127-168.

Freud, S. (1900), The Interpretation of Dreams. *Standard Edition,* 4 & 5. London: Hogarth Press, 1953.

—— (1905), Three Essays on the Theory of Sexuality. *Standard Edition,* 7:125-245. London: Hogarth Press, 1953.

—— (1911), Psycho-Analytic Notes on an Autobiographical Account of a Case of Paranoia (Dementia Paranoides). *Standard Edition,* 12:3-82. London: Hogarth Press, 1958.

—— (1912), The Dynamics of Transference. *Standard Edition,* 12:97-108. London: Hogarth Press, 1958.

—— (1913), On the Beginning of Treatment. *Standard Edition,* 12:121-144. London: Hogarth Press, 1958.

—— (1914), On Narcissism. *Standard Edition,* 14:69-102. London: Hogarth Press, 1957.

—— (1915a), Instincts and Their Vicissitudes. *Standard Edition,* 14:117-140. London: Hogarth Press, 1957.

—— (1915b), Repression. *Standard Edition,* 14:141-158. London: Hogarth Press, 1957.

—— (1915c), The Unconscious. *Standard Edition,* 14:159-204. London: Hogarth Press, 1957.

—— (1917a [1915]), Mourning and Melancholia. *Standard Edition,* 14:237-258. London: Hogarth Press, 1957.

—— (1917b), A Difficulty in the Path of Psycho-Analysis. *Standard Edition,* 17:137-144. London: Hogarth Press, 1955.

────(1917c), A Childhood Recollection from *Dichtung und Wahrheit*. *Standard Edition*, 17:145-156. London: Hogarth Press, 1955.
────(1921), Group Psychology and the Analysis of the Ego. *Standard Edition*, 18:67-143. London: Hogarth Press, 1955.
────(1923), The Ego and the Id. *Standard Edition*, 19:3-66. London: Hogarth Press, 1961.
────(1924a [1923]), Neurosis and Psychosis. *Standard Edition*, 19:149-153. London: Hogarth Press, 1961.
────(1924b), The Loss of Reality in Neurosis and Psychosis. *Standard Edition*, 19:183-187. London: Hogarth Press, 1961.
────(1925), Negation. *Standard Edition*, 19:235-239. London: Hogarth Press, 1961.
────(1926 [1925]), Inhibitions, Symptoms and Anxiety. *Standard Edition*, 20:77-175. London: Hogarth Press, 1959.
────(1927), Fetishism. *Standard Edition*, 21:149-157. London: Hogarth Press, 1961.
────(1937a), Analysis Terminable and Interminable. *Standard Edition*, 23:216-253. London: Hogarth Press, 1964.
────(1937b), Constructions in Analysis. *Standard Edition*, 23:255-269. London: Hogarth Press, 1964.
────(1940 [1938]), Splitting of the Ego in the Process of Defence. *Standard Edition*, 23:271-278. London: Hogarth Press, 1964.
────(1969 [1872-1874]), Some Early Unpublished Letters of Freud. *Int. J. Psycho-Anal.*, 50:419-427.
Frosch, J. (1960), The Psychotic Character. Abstr. in: *J. Amer. Psychoanal. Assn.*, 8:544-548.
────(1967a), Delusional Fixity, Sense of Conviction, and the Psychotic Conflict. *Int. J. Psycho-Anal.*, 48:475-495.
────(1967b), Severe Regressive States during Analysis: Introduction and Summary. *J. Amer. Psychoanal. Assn.*, 15:491-507, 606-625.
────(1970), Psychoanalytic Considerations of the Psychotic Character. *J. Amer. Psychoanal. Assn.*, 18:24-50.
Gedo, J. E. & Goldberg, A. (1969), Systems of Psychic Functioning and Their Psychoanalytic Conceptualization (unpublished manuscript).
──── & Wolf, E. (1970), Die Ichtyosaurusbriefe. *Psyche*, 24:785-797.
Gitelson, M. (1952), Re-evaluation of the Rôle of the Oedipus Complex. *Int. J. Psycho-Anal.*, 33:351-354.
────(1958), On Ego Distortion. *Int. J. Psycho-Anal.*, 39:245-257.
Gittings, R. (1968), *John Keats*. New York: Little, Brown.
Glover, E. (1939), *Psycho-Analysis*. London, New York: Staples Press, 2nd ed., 1949.
────(1943), The Concept of Dissociation. *On the Early Development of Mind*. New York: International Universities Press, 1956, pp. 307-327; cf. esp. pp. 316-317.
────(1945), Examination of the Klein System of Child Psychology. *The Psychoanalytic Study of the Child*, 1:75-118.

Greenacre, P. (1949), A Contribution to the Study of Screen Memories. *The Psychoanalytic Study of the Child,* 3/4:73-84.

——— (1964), A Study on the Nature of Inspiration. *J. Amer. Psychoanal. Assn.,* 12:6-31.

Greenson, R. R. (1965), The Working Alliance and the Transference Neurosis. *Psychoanal. Quart.,* 34:155-181.

——— (1967), *The Technique and Practice of Psychoanalysis.* New York: International Universities Press.

Grinberg, L. (1956), Sobre algunos problemas de técnica psicoanalítica determinados por la identificación y contraidentificación proyectivas. *Rev. Psicoanál.,* 13:507-511.

Grinker, R. R. (1968), *The Borderline Syndrome: A Behavioral Study of Ego Functions.* New York: Basic Books.

Hammett, V. B. D. (1965), A Consideration of Psychoanalysis in Relation to Psychiatry Generally, circa 1965. *Amer. J. Psychiat.,* 122:42-54.

Hart, H. H. (1947), Narcissistic Equilibrium. *Int. J. Psycho-Anal.,* 28:106-114.

Hartmann, H. (1927), Understanding and Explanation. *Essays on Ego Psychology.* New York: International Universities Press, 1964, pp. 369-403.

——— (1939), *Ego Psychology and the Problem of Adaptation.* New York: International Universities Press, 1958.

——— (1947), On Rational and Irrational Action. *Essays on Ego Psychology.* New York: International Universities Press, 1964, pp. 37-68.

——— (1950a), Psychoanalysis and Developmental Psychology. *Essays on Ego Psychology.* New York: International Universities Press, 1964, pp. 99-112.

——— (1950b), Comments on the Psychoanalytic Theory of the Ego. *Essays on Ego Psychology.* New York: International Universities Press, 1964, pp. 113-141.

——— (1952), The Mutual Influences in the Development of Ego and Id. *Essays on Ego Psychology.* New York: International Universities Press, 1964, pp. 155-181.

——— (1953), Contribution to the Metapsychology of Schizophrenia. *Essays on Ego Psychology.* New York: International Universities Press, 1964, pp. 182-206.

——— (1956), The Development of the Ego Concept in Freud's Work. *Essays on Ego Psychology.* New York: International Universities Press, 1964, pp. 268-296.

——— (1960), *Psychoanalysis and Moral Values.* New York: International Universities Press.

——— (1964), *Essays on Ego Psychology.* New York: International Universities Press.

―――― & Kris, E. (1945), The Genetic Approach in Psychoanalysis. *The Psychoaanlytic Study of the Child,* 1:11-30.
Hendrick, I. (1942), Instinct and the Ego during Infancy. *Psychoanal. Quart.,* 11:33-58.
―――― (1964), Narcissism and the Prepuberty Ego Ideal. *J. Amer. Psychoanal. Assn.,* 12:522-528.
Jacobson, E. (1957), Denial and Repression. *J. Amer. Psychoanal. Assn.,* 5:61-92.
―――― (1964), *The Self and the Object World.* New York: International Universities Press.
―――― (1967), *Psychotic Conflict and Reality.* New York: International Universities Press.
Jaspers, K. (1920), *Allgemeine Psychopathologie.* Berlin: Springer, 2nd ed., 1946.
Joffe, W. G. (1969), A Critical Review of the Status of the Envy Concept. *Int. J. Psycho-Anal.,* 50:533-545.
―――― & Sandler, J. (1967), Some Conceptual Problems Involved in the Consideration of Disorders of Narcissism. *J. Child Psychother.,* 2:56-66.
Jones, E. (1910), The Oedipus Complex as an Explanation of Hamlet's Mystery. *Amer. J. Psychol.,* 21:72-113.
―――― (1913), The God Complex. *Essays in Applied Psycho-Analysis,* 2:244-265. London: Hogarth Press, 1951.
―――― (1949), *Hamlet and Oedipus.* London: V. Gollancz.
―――― (1953), *The Life and Work of Sigmund Freud,* Vol. I. New York: Basic Books.
―――― (1957), *The Life and Work of Sigmund Freud,* Vol. III. New York: Basic Books.
Justin (1960), Menschen und Paragraphen: Die Versuchung. *Die Weltwoche,* No. 1395:24 (August 5). As quoted by Eissler, K. R. in: *Medical Orthodoxy and the Future of Psychoanalysis.*
Kanzer, M. (1964), Freud's Uses of the Terms "Autoerotism" and "Narcissism." *J. Amer. Psychoanal. Assn.,* 12:529-539.
Kaplan, S. M. & Whitman, R. M. (1965), The Negative Ego-Ideal. *Int. J. Psycho-Anal.,* 46:183-187.
Kernberg, O. (1966), Structural Derivatives of Object Relationships. *Int. J. Psycho-Anal.,* 47:236-253.
―――― (1967), Borderline Personality Organization. *J. Amer. Psychoanal. Assn.,* 15:641-685.
―――― (1968), The Treatment of Patients with Borderline Personality Organization. *Int. J. Psycho-Anal.,* 49:600-619.
―――― (1969), Factors in the Psychoanalytic Treatment of Narcissistic Personalities. *Bull. Menninger Clin.,* 33:191-196.
―――― (1970), Factors in the Psychoanalytic Treatment of Narcissistic Personalities. *J. Amer. Psychoanal. Assn.,* 18:51-85.

Khan, M. M. R. (1960a), Regression and Integration in the Analytic Setting. *Int. J. Psycho-Anal.*, 41:130-146.

—— (1960b), Clinical Aspects of the Schizoid Personality: Affects and Techniques. *Int. J. Psycho-Anal.*, 41:430-437.

—— (1963), Ego Ideal, Excitement and the Threat of Annihilation. *J. Hillside Hosp.*, 12:195-217.

Kleeman, J. (1967), The Peek-a-boo Game. *The Psychoanalytic Study of the Child*, 22:239-273.

Klein, M. (1946), Notes on Some Schizoid Mechanisms. *Int. J. Psycho-Anal.*, 27:99-110.

Kligerman, C. (1953), The Psychology of Herman Melville. *Psychoanal. Rev.*, 40:125-143.

—— (1968), In Panel: Narcissistic Resistance, rep. N. P. Segel. *J. Amer. Psychoanal. Assn.*, 17:941-954, 1969.

Koff, R. H. (1957), The Therapeutic Man Friday. *J. Amer. Psychoanal. Assn.*, 5:424-431.

Kohut, H. (1957), Observations on the Psychological Functions of Music. *J. Amer. Psychoanal. Assn.*, 5:389-407.

—— (1959), Introspection, Empathy and Psychoanalysis. *J. Amer. Psychoanal. Assn.*, 7:459-483.

—— (1961), Discussion of D. Beres's paper: "The Unconscious Phantasie." Meeting, Chicago Psychoanalytic Society. Abstr. in: *Phila. Bull. Psychoanal.*, 11:194-195.

—— (1964), Some Problems of a Metapsychological Formulation of Fantasy. *Int. J. Psycho-Anal.*, 45:199-202.

—— (1965), Autonomy and Integration. *J. Amer. Psychoanal. Assn.*, 13:851-856.

—— (1966a), Forms and Transformations of Narcissism. *J. Amer. Psychoanal. Assn.*, 14:243-272.

—— (1966b), Discussion of M. Schur's paper: Some Additional "Day Residues" of the Specimen Dream of Psychoanalysis. Read to the Chicago Psychoanalytic Society, Sept. 27, 1966.

—— (1966c), Termination of Analysis: Discussion. In: *Psychoanalysis in the Americas*, ed. R. E. Litman. New York: International Universities Press, pp. 193-204.

—— (1967), Chairman, Ad Hoc Committee on Scientific Activities of the American Psychoanalytic Association. Minutes of the Meeting of May 4, 1967.

—— (1968), The Psychoanalytic Treatment of Narcissistic Personality Disorders. *The Psychoanalytic Study of the Child*, 23:86-113.

—— (1970a), Moderator's opening and closing remarks [Discussion of D. C. Levin: The Self: A Contribution to Its Place in Theory and Technique]. *Int. J. Psycho-Anal.*, 51:176-181.

—— (1970b), Scientific Activities of the American Psychoanalytic Association: An Inquiry. *J. Amer. Psychoanal. Assn.*, 18:462-484.

───── & Seitz, P. F. D. (1963), Concepts and Theories of Psychoanalysis. In: *Concepts of Personality*, ed. J. M. Wepman & R. Heine. Chicago: Aldine, pp. 113-141.

Koyré, A. (1968), *Metaphysics and Measurement: Essays in Scientific Revolution in 17th Century Science*. Cambridge: Harvard University Press.

Kramer, M. K. (1959), On the Continuation of the Analytic Process after Psycho-Analysis. *Int. J. Psycho-Anal.*, 40:17-25.

Kris, E. (1950), Notes on the Development and on Some Current Problems of Psychoanalytic Child Psychology. *The Psychoanalytic Study of the Child*, 5:24-46.

───── (1951), Ego Psychology and Interpretation in Psychoanalytic Therapy. *Psychoanal. Quart.*, 20:15-30.

───── (1956a), The Recovery of Childhood Memories in Psychoanalysis. *The Psychoanalytic Study of the Child*, 11:54-88.

───── (1956b), On Some Vicissitudes of Insight in Psycho-Analysis. *Int. J. Psycho-Anal.*, 37:445-455.

Kubie, L. S. (1958), *Neurotic Distortions of the Creative Process*. New York: Noonday Press.

───── (1967), The Relation of Psychotic Disorganization to the Neurotic Process. *J. Amer. Psychoanal. Assn.*, 15:626-640.

───── (1971), The Destructive Potential of Humour in Psychotherapy. *Amer. J. Psychiat.*, 127:861-866.

Lagache, D. (1961), *La Psychanalyse et la Structure de la Personnalité*. Paris: Presses Universitaires de France.

Lampl-de Groot, J. (1947), The Origin and Development of Guilt Feelings. *The Development of the Mind*. New York: International Universities Press, 1965, pp. 126-137.

───── (1953), Depression and Aggression. In: *Drives, Affects, Behavior*, ed. R. M. Loewenstein. New York: International Universities Press, Vol. 1, pp. 153-168.

───── (1954), Problems of Psycho-Analytic Training. *Int. J. Psycho-Anal.*, 35:184-187.

───── (1956), The Role of Identification in Psycho-Analytic Procedure. *Int. J. Psycho-Anal.*, 37:456-459.

───── (1960), On Adolescence. *The Psychoanalytic Study of the Child*, 15:95-103.

───── (1962), Ego Ideal and Superego. *The Psychoanalytic Study of the Child*, 17:94-106.

───── (1963), Superego, Ego Ideal, and Masochistic Fantasies. *The Development of the Mind*. New York: International Universities Press, 1965, pp. 351-363.

Langer, S. (1942), *Philosophy in a New Key*. Cambridge: Harvard University Press, 3rd ed., 1957, p. 248.

Levin, D. C. (1969), The Self: A Contribution to Its Place in Theory and Technique. *Int. J. Psycho-Anal.*, 50:41-51.

Lewin, B. D. (1954), Sleep, Narcissistic Neurosis and the Analytic Situation. *Psychoanal. Quart.*, 23:487-510.

Lichtenstein, H. (1964), The Role of Narcissism in the Emergence and Maintenance of a Primary Identity. *Int. J. Psycho-Anal.*, 45:49-56.

Limentani, A. (1966), A Re-evaluation of Acting Out in Relation to Working Through. *Int. J. Psycho-Anal.*, 47:274-285.

Little, M. (1966), Transference in Borderline States. *Int. J. Psycho-Anal.*, 47:476-485.

Loch, W. (1966), Studien zur Dynamik, Genese und Therapie der frühen Objektbeziehungen. *Psyche*, 20:881-903.

——— (1967), Psychoanalytische Aspekte zur Pathogenese und Struktur depressiv-psychotischer Zustandsbilder. *Psyche*, 21:758-779.

Loewald, H. W. (1960), On the Therapeutic Action of Psycho-Analysis. *Int. J. Psycho-Anal.*, 41:16-33.

——— (1962), Internalization, Separation, Mourning, and the Superego. *Psychoanal. Quart.*, 31:483-504.

——— (1965), On Internalization (unpublished). Quoted in: Schafer, R. (1968), *Aspects of Internalization*. New York: International Universities Press, p. 10 (fn.).

Loewenstein, R. M. (1957), Some Thoughts on Interpretation in the Theory and Practice of Psychoanalysis. *The Psychoanalytic Study of the Child*, 12:127-150.

Lustman, S. L. (1968), The Economic Point of View and Defense. *The Psychoanalytic Study of the Child*, 23:189-203.

Mahler, M. S. (1952), On Child Psychosis and Schizophrenia. *The Psychoanalytic Study of the Child*, 7:286-305.

——— (1968), *On Human Symbiosis and the Vicissitudes of Individuation*. New York: International Universities Press.

——— & Gosliner, B. J. (1955), On Symbiotic Child Psychosis. *The Psychoanalytic Study of the Child*, 10:195-212.

——— & La Perriere, K. (1965), Mother-Child Interaction during Separation-Individuation. *Psychoanal. Quart.*, 34:483-498.

Maier, N. (1931), Reasoning in Humans. *J. Comp. Psychol.*, 12:181-194.

Moser, Tilmann (1969), 26. Internationaler Psychoanalytikerkongress: Bericht aus Rom. Broadcast August 8, 1969.

Murphy, L. (1960), Pride and Its Relation to Narcissism, Autonomy and Identity. *Bull. Menninger Clin.*, 24:136-143.

Murray, J. M. (1964), Narcissism and the Ego Ideal. *J. Amer. Psychoanal. Assn.*, 12:477-511.

Nagera, H. (1964), Autoerotism, Autoerotic Activities, and Ego Development. *The Psychoanalytic Study of the Child*, 19:240-255.

Nemiah, J. C. (1961), *Foundations of Psychopathology*. New York: Oxford University Press.

Niederland, W. G. (1959a), The "Miracled-up" World of Schreber's Childhood. *The Psychoanalytic Study of the Child*, 14:383-413.

——— (1959b), Schreber: Father and Son. *Psychoanal. Quart.*, 28:151-169.

———— (1960), Schreber's Father. *J. Amer. Psychoanal. Assn.,* 8:492-499.

———— (1965), Narcissistic Ego Impairment in Patients with Early Physical Malformations. *The Psychoanalytic Study of the Child,* 20:518-534.

———— (1969), Klinische Aspekte der Kreativität. *Psyche,* 23:900-928.

Nunberg, H. (1932), *Allgemeine Neurosenlehre auf psychoanalytischer Grundlage.* Bern: Hans Huber.

———— (1937), Theory of the Therapeutic Results of Psychoanalysis. *Practice and Theory of Psychoanalysis,* 1:165-173. New York: International Universities Press, 2nd ed., 1961.

Ophuijsen, J. H. W. van (1920), On the Origin of the Feeling of Persecution. *Int. J. Psycho-Anal.,* 1:235-239.

Ostow, M. (1967), The Syndrome of Narcissistic Tranquillity. *Int. J. Psycho-Anal.,* 48:573-583.

Peto, A. (1961), The Fragmentizing Function of the Ego in the Transference Neurosis. *Int. J. Psycho-Anal.,* 42:238-245.

———— (1963), The Fragmentizing Function of the Ego in the Analytic Session. *Int. J. Psycho-Anal.,* 44:334-338.

———— (1967), Dedifferentiations and Fragmentations during Analysis. *J. Amer. Psychoanal. Assn.,* 15:534-550.

Piers, G. & Singer, M. B. (1953), *Shame and Guilt: A Psychoanalytic and Cultural Study.* Springfield, Ill.: Thomas.

Pollock, G. H. (1964), On Symbiosis and Symbiotic Neurosis. *Int. J. Psycho-Anal.,* 45:1-30.

Rangell, L. (1954), The Psychology of Poise. *Int. J. Psycho-Anal.,* 35:313-332.

———— (1955), Panel Report: The Borderline Case. *J. Amer. Psychoanal. Assn.,* 3:285-298.

———— (1968), The Psychoanalytic Process. *Int. J. Psycho-Anal.,* 49:19-26.

———— (1969), The Intrapsychic Process and Its Analysis: A Recent Line of Thought and Its Current Implications. *Int. J. Psycho-Anal.,* 50:65-77.

Rapaport, D. (1950), The Autonomy of The Ego. *Collected Papers.* New York: Basic Books, 1967, pp. 357-367.

Reich, A. (1960), Pathologic Forms of Self-Esteem Regulation. *The Psychoanalytic Study of the Child,* 15:215-232.

Reich, W. (1933), *Character-Analysis,* tr. T. P. Wolfe. New York: Orgone Institute Press, 1945.

Riesman, D. (1950), *The Lonely Crowd: A Study of the Changing American Character* [in collaboration with Reuel Denney and Nathan Glazer]. New Haven: Yale University Press.

Rosen, V. H. (1958), Abstract Thinking and Object Relations. *J. Amer. Psychoanal. Assn.,* 6:653-671.

———— (1960), Some Aspects of the Role of Imagination in the Analytic Process. *J. Amer. Psychoanal. Assn.,* 8:229-251.

――― (1966), Disturbances of Representations and Reference in Ego Deviations. In: *Psychoanalysis—A General Psychology,* ed. R. M. Loewenstein, L. M. Newman, M. Schur, & A. J. Solnit. New York: International Universities Press, pp. 634-654.
Rosenfeld, H. (1964), On the Psychopathology of Narcissism. *Int. J. Psycho-Anal.,* 45:332-337.
――― (1969), On the Treatment of Psychotic States by Psychoanalysis. *Int. J. Psycho-Anal.,* 50:615-631.
Ross, N. (1960), Rivalry with the Product. *J. Amer. Psychoanal. Assn.,* 8:450-463.
――― (1967), The "As If" Concept. *J. Amer. Psychoanal. Assn.,* 15: 59-82.
Sandler, J., Holder, A., & Meers, D. (1963), The Ego Ideal and the Ideal Self. *The Psychoanalytic Study of the Child,* 18:139-158.
――― & Rosenblatt, B. (1962), The Concept of the Representational World. *The Psychoanalytic Study of the Child,* 17:128-145.
Saul, L. (1947), *Emotional Maturity: The Development and Dynamics of Personality.* Philadelphia: Lippincott.
Saussure, R. de (1965), Les sources subjectives de la theorie du narcissisme chez Freud. *Rev. Franç. Psychanal.,* 29:475-483.
Schafer, R. (1968), *Aspects of Internalization.* New York: International Universities Press.
Schreber, D. G. M. (1865), *Das Buch der Erziehung an Leib und Seele.* Leipzig: Fleischer Verlag, 3rd ed., 1891.
Schreber, D. P. (1903), *Memoirs of My Nervous Illness.* London: Dawson, 1955.
Schumacher, W. (1970), Bemerkungen zur Theorie des Narzissmus. *Psyche,* 24:1-22.
Schur, M. (1966), Some Additional "Day Residues" of "The Specimen Dream of Psychoanalysis." In: *Psychoanalysis—A General Psychology,* ed. R. M. Loewenstein, L. M. Newman, M. Schur, & A. J. Solnit. New York: International Universities Press, pp. 45-85.
Schwing, G. (1940), *A Way to the Soul of the Mentally Ill.* New York: International Universities Press, 1954.
Segel, N. P. (1969), Panel Report: Narcissistic Resistance. *J. Amer. Psychoanal. Assn.,* 17:941-954.
Silberer, H. (1909), Report on a Method of Eliciting and Observing Certain Symbolic Hallucinations. In: *Organization and Pathology of Thought,* tr. & ed. D. Rapaport. New York: Columbia University Press, 1951, pp. 195-207.
Spiegel, L. A. (1966), Affects in Relation to Self and Object. *The Psychoanalytic Study of the Child,* 21:69-92.
Spitz, R. A. (in collaboration with K. Wolf) (1949), Autoerotism. *The Psychoanalytic Study of the Child,* 3/4:85-120.
――― (1950), Relevancy of Direct Infant Observation. *The Psychoanalytic Study of the Child,* 5:66-73.

────── (1957), *No and Yes: On the Genesis of Human Communication.* New York: International Universities Press.
────── (1961), Some Early Prototypes of Ego Defenses. *J. Amer. Psychoanal. Assn.,* 9:626-651.
────── (in collaboration with W. G. Cobliner) (1965), *The First Year of Life.* New York: International Universities Press.
Stein, M. (1958), The Cliché: A Phenomenon of Resistance. *J. Amer. Psychoanal. Assn.,* 6:263-277.
Sterba, E. (1960), In Panel: The Psychology of Imagination, rep. H. Kohut. *J. Amer. Psychoanal. Assn.,* 8:159-166.
Sterba, R. F. (1934), The Fate of the Ego in Analytic Therapy. *Int. J. Psycho-Anal.,* 15:117-126.
────── (1960), In Panel: The Psychology of Imagination, rep. H. Kohut. *J. Amer. Psychoanal. Assn.,* 8:159-166.
────── (1969), The First Psychoanalytic Hour. Discussion at 3rd Panamerican Congress for Psychoanalysis, New York.
Stern, A. (1938), Psychoanalytic Investigation of and Therapy in the Borderline Neuroses. *Psychoanal. Quart.,* 7:467-489.
Stone, L. (1967), The Psychoanalytic Situation and Transference. *J. Amer. Psychoanal. Assn.,* 15:3-58.
Sullivan, H. S. (1940), *Conceptions of Modern Psychiatry.* Washington: William Alanson White Psychiatric Foundation, 1947.
Székely, L. (1967), The Creative Pause. *Int. J. Psycho-Anal.,* 48:353-367.
────── (1970), Über den Beginn des Maschinenzeitalters: Psychoanalytische Bemerkungen über das Erfinden. *Schweiz. Z. Psychol.,* 29:273-282.
Tartakoff, H. H. (1966), The Normal Personality in Our Culture and the Nobel Prize Complex. In: *Psychoanalysis—A General Psychology,* ed. R. M. Loewenstein, L. M. Newman, M. Schur, & A. J. Solnit. New York: International Universities Press, pp. 222-252.
Tausk, V. (1919), On the Origin of the "Influencing Machine" in Schizophrenia. *Psychoanal. Quart.,* 2:519-556, 1933.
Tolpin, P. H. (1969), Some Psychic Determinants of Orgastic Dysfunction. Presented to the Chicago Psychoanalytic Society in October, 1969 (unpublished).
Waals, H. G. van der (1965), Problems of Narcissism. *Bull. Menninger Clin.,* 29:293-311.
Waelder, R. (1936), The Problem of the Genesis of Psychical Conflict in Earliest Infancy: Remarks on a Paper by Joan Rivière. *Int. J. Psycho-Anal.,* 18:406-473, 1937.
────── (1939), Kriterien der Deutung. *Int. Z. Psychoanal.,* 24:136-145.
Weiss, J. (1966), Panel Report: Clinical and Theoretical Aspects of "As If" Characters. *J. Amer. Psychoanal. Assn.,* 14:569-590.
Whitman, R. M. & Kaplan, S. M. (1968), Clinical, Cultural and Literary Elaborations of the Negative Ego-Ideal. *Comprehensive Psychiatry,* 9:358-371. Copyright: H. M. Stratton, Inc.

Winnicott, D. W. (1953), Transitional Objects and Transitional Phenomena. *Int. J. Psycho-Anal.*, 34:89-97.

Wulff, M. (1946), Fetishism and Object Choice in Early Childhood. *Psychoanal. Quart.*, 15:450-471.

——— (1957), Therapeutic Alliance in the Psychoanalysis of Hysterical Syndromes (unpublished paper).

Zeigarnick, B. (1927), Über das Behalten von erledigten und unerledigten Handlungen. *Psychol. Forsch.*, 9:1-85.

Zetzel, E. R. (1956), Current Concepts of Transference. *Int. J. Psycho-Anal.*, 37:369-376.

——— (1965), The Theory of Therapy in Relation to a Developmental Model of the Psychic Apparatus. *Int. J. Psycho-Anal.*, 46:39-52.

出版后记

科胡特一生共有三本著作，分别为《自体的分析》《自体的重建》《精神分析治愈之道》。这三本书不仅以其观点卓越而著称，还因其内容艰涩而闻名。其中，《自体的分析》是科胡特第一次系统描述自体心理学的作品，也是自体心理学发展旅程的开始。

无论是对于读者、译者，还是对于编者，这都是一本颇具挑战性的书，都需要灌注大量心力。专业的译者们一边进行读书会深度讨论和剖析此书内容，一边辛苦将其翻译成对应的中文。另外，因为此次引进的中文译本为台湾繁体译本，所以在此版编辑中，编者对很多句式表述上进行了大量修改，力求在贴切地表达原文观点的基础上，尽量保留作者的行文风格。

精神分析理论的发展脉络

精神分析理论的发展大致有以下几个派别：首先是弗洛伊德和费伦奇等人的经典精神分析学派，随后，在这个框架中，逐渐发展出以荣格为首的分析心理学派、以哈特曼为首的自我心理学派（ego psychology）、以克莱茵为首的经典客体关系学派、以沙利文为首的人际关系学派、以拉康为首的拉康学派（Lacanian）等。

上述几个派别都有自己的理论特色，都在弗洛伊德的经典精神分析理论框架背景下，对其理论做了不同程度的扩展和调整。例如，客体关系理论是在精神分析的框架中探讨人际关系，尤其是重视母婴关系对个体的影响。分析心理学派的核心理论是集体潜意识，突出了心理结构的整体论，扩大了潜意识的内涵和功能。拉康学派则认为自我只是一个幻想，而自我的建构离不开自身，也离不开自我的对应物（即镜中自我的影像）；自我正是通过与这个影像的认同而实现。人际关系学派注重人的社会性本质，认为人格、精神病、诊断和治疗等都可以从人际关系的角度来理解和处理。

在上述几个理论派别中，以哈特曼为首的自我心理学派则认为，自我独立于本我。他们赋予自我独立性和自主性，将精神分析的一些命题恰当地纳入普通心理学。自体心理学派正是从自我心理学发展而来的，他们关注一个人的"自体"如何能够存活，将"自恋"作为人格的核心部分，该理论也更加强调关系的变迁。

健康的自恋与病理性自恋

人人皆自恋？是的，科胡特对于这个问题的答案是肯定的。在他看来，自恋是一种自我价值感，而且是由个体胜任的经验而产生的，是一中认为自己是值得珍惜、值得保护的感觉。所以，个体适度的自恋是健康的，也是必需的。

科胡特还将自恋分为健康的自恋和病理性的自恋。健康的自恋是有强大的自我，能够扩展自己的能力和满足自己的需要，而病理性自恋的人拥有的是一个虚弱的自我，需要通过假装的自大来寻求稳定。这挑战了弗洛伊德的经典精神分析理论：以弗洛伊德观点来看，自恋的人是没有移情能力的，所以是不能被治疗的；自体心理学则认为，自恋的人不是没有客体，而是他们的客体是"自体—客体"罢了。

在科胡特看来，自恋性人格障碍的形成，可以追溯到婴儿时期。每个孩子在婴儿期都有自体自大的倾向，认为自己是全能的上帝，世界是围绕自己转的。如果此时他或她不能被满足，就会因为自己的全能感遭受挫折无法实现而暴怒；如果婴儿的需要长期不被满足，就可能会以自体幻想性循环回路来替代补偿这一自恋需要。这样的幻想往往阻碍了自体了解正常自恋的现实性，而超出常人所能接受的范围而形成自己独有和过分的自恋，于是就会有以上自恋性人格障碍的类似夸大性格的表现。因此，科胡特还得出了以下意义深刻的总结性结论：一个功能良好的心理结构，最重要的来源是父母的人格，特别是他们以没有敌意的坚决和不含诱惑的深情去回应孩子驱力需求的能力。

自体心理学成立之初，受到经典精神分析学派的攻击。科胡特本人及其弟子巴史克等人也受到了经典派的鄙视和不公正的待遇。但后来这一形势则因为实践和研究的发展而获得扭转，自体心理学影响了全世界二十世纪八十年代之后至今的美国临床心理治疗。